V-Ray for SketchUp
入门与进阶学习手册

高力　主编　　欧艺伟　杨俊涛　王泽恺　副主编

化学工业出版社

·北京·

内容简介

本书在V-Ray官方软件介绍的基础上，用通俗易懂的语言对V-Ray复杂的理论和功能进行了讲解，而且将V-Ray渲染的技巧与经验进行了归纳总结，梳理出合理的渲染工作流程与操作方法。本书内容包含V-Ray软件介绍、灯光系统、材质系统、几何体系统、设置系统、元素系统、渲染与工作流程7个章节，结构清晰，内容充实。

本书讲解全面，内容翔实，适合建筑学、城市规划、环境艺术、园林景观等专业的师生作为教材阅读，也可作为相关行业从业者的自学参考书。

图书在版编目（CIP）数据

V-Ray for SketchUp入门与进阶学习手册 / 高力主编；欧艺伟，杨俊涛，王泽恺副主编. -- 北京：化学工业出版社，2025. 7. -- ISBN 978-7-122-48341-6

Ⅰ. TU201.4

中国国家版本馆CIP数据核字第2025VS3277号

责任编辑：吕梦瑶　　文字编辑：冯国庆
责任校对：李雨函　　装帧设计：卡古鸟

出版发行：化学工业出版社（北京市东城区青年湖南街13号　邮政编码100011）
印　　装：河北尚唐印刷包装有限公司
787mm×1092mm　1/16　印张13½　字数300千字　2025年10月北京第1版第1次印刷

购书咨询：010-64518888　　售后服务：010-64518899
网　　址：http://www.cip.com.cn
凡购买本书，如有缺损质量问题，本社销售中心负责调换。

定　　价：98.00元

前言

V-Ray for SketchUp 是Chaos Group为SketchUp平台开发的专业级渲染引擎，以其强大的真实感渲染能力和高效的工作流集成，成为建筑可视化、室内设计、景观规划等领域不可或缺的工具。本书聚焦于建筑学、环境设计及空间表现领域，系统讲解V-Ray在SketchUp中的核心技术，帮助设计师实现从模型到照片级效果图的跨越。

V-Ray的界面逻辑紧密贴合设计师工作习惯，参数调控直观高效，配合SketchUp的实时建模环境，可快速完成灯光布置、材质编辑与渲染输出。其与SketchUp的无缝协作特性，以及对PBR（基于物理的渲染）流程的深度支持，使设计师能够精准控制光影、质感与空间氛围。同时，V-Ray丰富的资源库和灵活的插件生态（如Cosmos资产库、场景优化工具），进一步拓展了其在建筑表现领域的应用边界，深受建筑师、室内设计师及可视化艺术家的推崇。

截至2025年，V-Ray for SketchUp已迭代至V-Ray 6版本，持续优化渲染速度与交互体验。本书共分8章，涵盖软件基础、灯光系统、材质系统、几何体系统、渲染设置、元素输出及全流程实战，内容从安装配置到高阶技法层层递进，兼顾初学者入门与专业人士进阶需求。

为强化V-Ray在建筑可视化领域的实战价值，本书第8章精选室内外效果图案例，详解从模型准备、灯光设计、材质调整到渲染后期的完整工作流，并附赠配套操作视频。读者可关注微信公众号“卓越软件官微”，获取本书配套资源。

本书内容体系庞大，编写中难免存在疏漏，恳请读者通过出版社或官方邮箱反馈宝贵意见，您的建议将推动后续版本的完善。

卓越软件课程研发中心
2025年6月

目录

第3章 V-Ray for SketchUp 材质系统

第4章 V-Ray for SketchUp 几何体系统

第 1 章　V-Ray for SketchUp 软件介绍

1.1　软件概述

1.2　配置要求

1.3　安装卸载

1.4　界面介绍

1.1 软件概述

V-Ray是一款高质量的三维可视化渲染器，同时也是全球范围内非常受欢迎的渲染引擎。基于V-Ray内核开发的有V-Ray for 3ds Max、C4D、Maya、Rhino等诸多版本，为不同领域的三维建模软件提供了高质量的静帧图片和动画渲染。本书介绍的是基于V-Ray内核开发的V-Ray for SketchUp，迄今为止，它为SketchUp提供了高质量的渲染工作。

1.1.1 版本简介

V-Ray for SketchUp由ChaosGroup公司于2013年发布。版本大迭代历经六次，分别是V-Ray 1.0至V-Ray 6.0六个版本。

1.1.2 功能特点

1.1.2.1 高质量的光线追踪

光线追踪技术可谓V-Ray for SketchUp的独门秘技，它为三维模型提供了更为贴近现实的光线，可让三维模型的每个角落都接收到更多的光线，从而达到更为真实的渲染效果。这也是十多年来V-Ray称霸全球市场的主要原因之一。

1.1.2.2 强悍的材质系统

V-Ray for SketchUp的材质系统除了几乎贴近现实的通用材质的表现力外，还配备了便捷实用且丰富全面的材质库，分类多达几十种，可满足建筑、城市规划、景观、室内等设计领域的基本需求。

1.1.2.3 迅捷的渲染速度

V-Ray for SketchUp整合了Enscape和Corona两大渲染器的优势，增强了实时渲染和灯光混合等使用功能，使其渲染速度突飞猛进。同时，结合与之相匹配的且价格低廉的云渲染服务，V-Ray for SketchUp的渲染速度在模拟渲染器队列中首屈一指。

1.2 配置要求

1.2.1 操作系统要求

系统版本： 建议Windows 10 家庭普通版或Mac OS X及以上版本。

Explorer： Microsoft® Internet Explorer9.0及以上版本。

运行库： .NET Framework 4.0及以上版本。

显卡驱动： 建议安装品牌官方网站原版独立显卡驱动安装包。

计算机用户名： 用户名必须由非中文字符组成，例如：Administrator123@。

搭载平台： SketchUp 2017及以上版本。

1.2.2 计算机硬件要求

CPU： 建议四核及以上，主频2.0以上。

显卡： 建议NVIDIA系列或AMD系列的独立显卡，显存4GB以上。

内存： 建议8GB及以上。

硬盘： 建议采用存储量64GB以上的固态硬盘。

鼠标： 建议含滚轮的三键鼠标。

显示器： 建议1920×1080及以上分辨率。

1.3　安装卸载

1.3.1　V-Ray for SketchUp 的安装

1.3.1.1　下载 V-Ray for SketchUp 安装包

扫描前言末尾的二维码，进入“卓越软件官微”公众号，后台回复“软件安装”，查找并进入“V-Ray安装教程”，下载软件安装包。

1.3.1.2　安装 V-Ray for SketchUp

步骤 01　打开从公众号中下载的安装包并解压，双击“V-Ray”（V-Ray for SketchUp）安装程序，如图1-1所示。

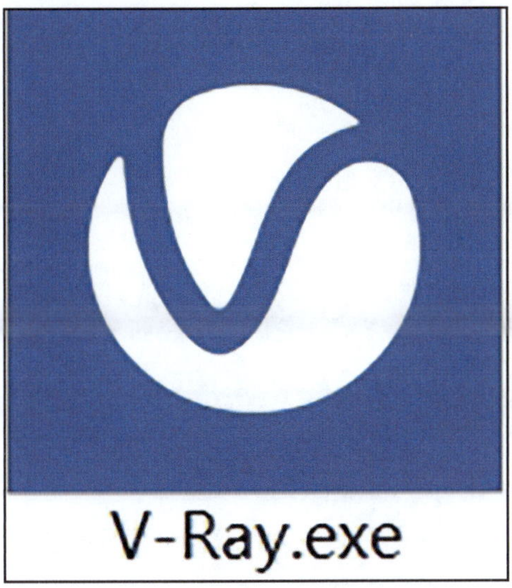

图1-1　V-Ray for SketchUp安装程序

步骤 02　单击“I Agree”按钮，如图1-2所示。

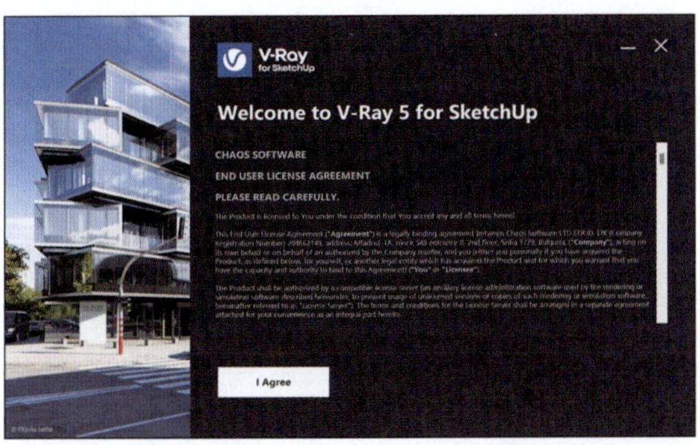

图1-2　V-Ray for SketchUp协议

步骤 03　勾选“SketchUp 2022”并单击“Insttall”按钮，如图1-3所示。

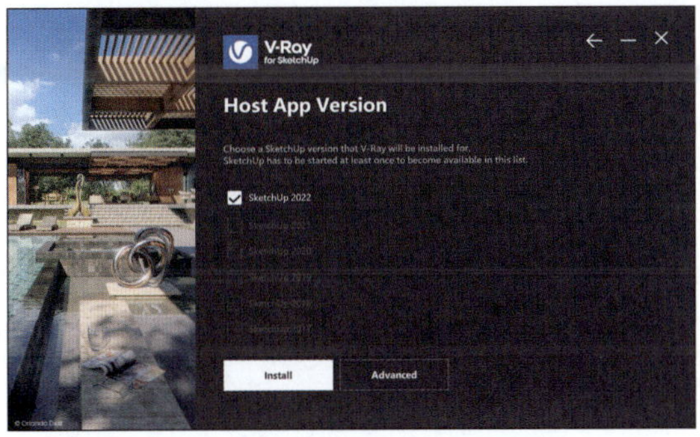

图1-3　V-Ray for SketchUp初始安装

步骤 04　单击“Done”按钮，完成安装，如图1-4所示。

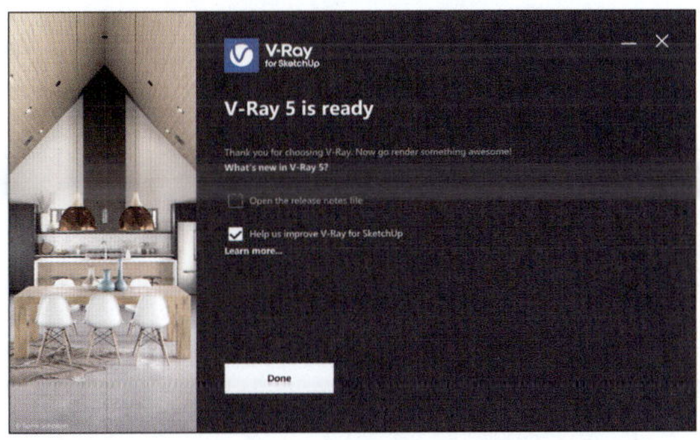

图1-4　V-Ray for SketchUp完成安装

△ 提示

若安装过程中程序出错，导致软件安装失败，可尝试以下几种解决方法：

① 重试安装V-Ray for SketchUp程序；

② 检查是否开启其他版本的V-Ray应用程序，保持SketchUp处于关闭状态；

③ 检查并清理计算机C盘空间，保持C盘剩余空间在4GB以上；

④ 检查计算机中是否有未卸载或未卸载干净的V-Ray程序，如果有可参考“1.3.2”小节对V-Ray for SketchUp进行卸载。

1.3.2 卸载V-Ray for SketchUp

步骤 01 打开计算机桌面上的“控制面板”，或按“Windows+R”打开运行窗口，输入指令“Control”并确定，打开控制面板后进入程序的子菜单“卸载程序”，如图1-5所示。

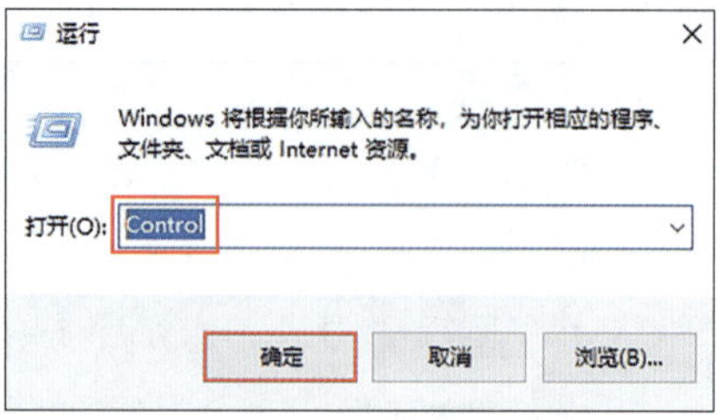

图1-5 打开控制面板

步骤 02 在程序列表中找到程序“V-Ray for SketchUp”“V-Ray Swarm”“Chaos Cosmos Browser”并逐一双击卸载即可，如图1-6所示。

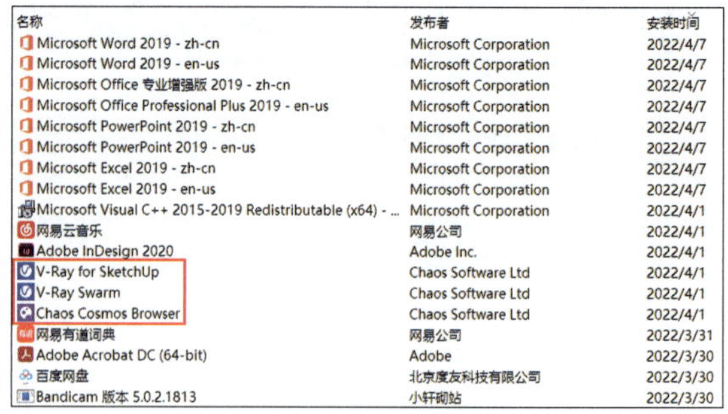

图1-6 V-Ray for SketchUp卸载

> **提示**
>
> 若卸载过程中程序出错，导致软件卸载失败，可尝试以下几种解决方法：
>
> ① 首先删除根目录“X:\Program Files”中的“Chaos Group”文件，然后重复“1.3.2”小节中的操作步骤。
>
> ② 使用“GeekUninstaller”卸载工具对V-Ray for SketchUp进行卸载。

1.4 界面介绍

V-Ray for SketchUp的软件界面由五个部分组成，分别是主工具栏、灯光栏、几何体栏、实体工具栏、菜单栏。可通过执行“视图>工具栏”菜单指令打开工具栏，勾选“V-Ray for SketchUp、V-Ray Lights、V-Ray Objects、V-Ray Utilities”加载V-Ray所有工具栏，如图1-7所示。

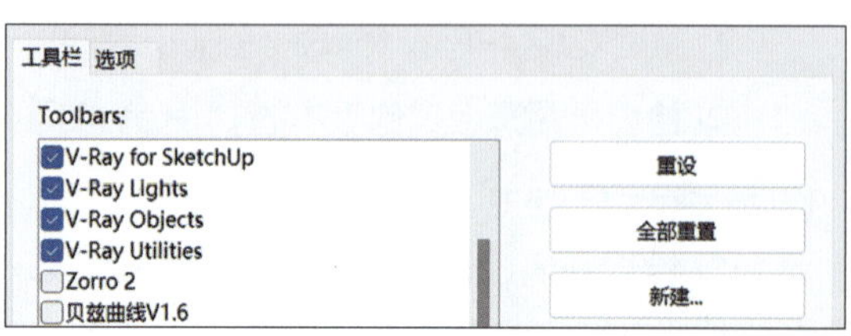

图1-7 加载V-Ray工具栏

本节将介绍V-Ray工具栏的所有界面构成，以及菜单栏中有关V-Ray的其他功能。

1.4.1 V-Ray for SketchUp 工具栏

V-Ray for SketchUp工具栏，中文简称主工具栏，该工具栏集成了V-Ray资源编辑器、资源库和渲染等主要功能，详细界面如图1-8所示。

图1-8 主工具栏界面

1—资源编辑器；2—资源库；3—渲染；4—互动式渲染；5—云渲染；6—开启V-Ray视野；7—视口渲染；8—视口局部渲染；9—帧缓存；10—批量渲染；11—批量云渲染；12—锁定相机方向

1.4.2 V-Ray Lights 工具栏

V-Ray Lights工具栏，中文简称灯光栏，该工具栏集成了面光源和点光源两大类灯光，详细界面如图1-9所示。

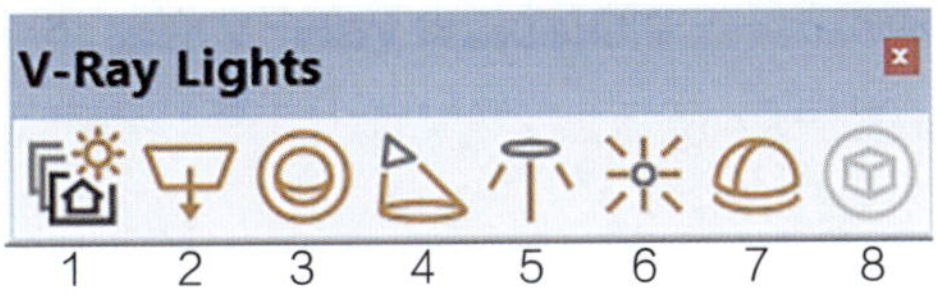

图 1-9　灯光栏界面
1—灯光生成器；2—矩形灯；3—球形灯；4—聚光灯；5—IES灯；6—泛光灯；7—半球灯；8—转换为网格灯

1.4.3　V-Ray Object 工具栏

V-Ray Object工具栏，中文简称几何体栏，该工具栏集成了代理物体、毛发和散布等功能，详细界面如图1-10所示。

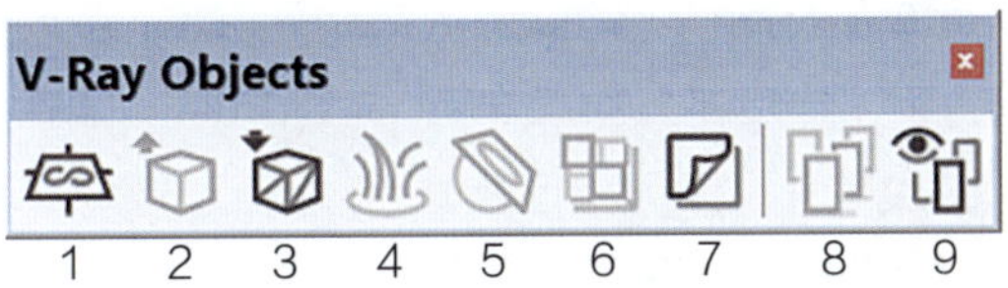

图1-10　几何体栏界面
1—无限平面；2—导出代理物体；3—导入代理物体或V-Ray场景；4—添加毛发到选项；5—转换为剖切；6—添加替换物到选项；7—封装；8—在选项上散布；9—散布预览

1.4.4　V-Ray Utilities 工具栏

V-Ray Utilities工具栏，中文简称实体工具栏，该工具栏集成了实体部件、投影类型和场景交互工具等功能，详细界面如图1-11所示。

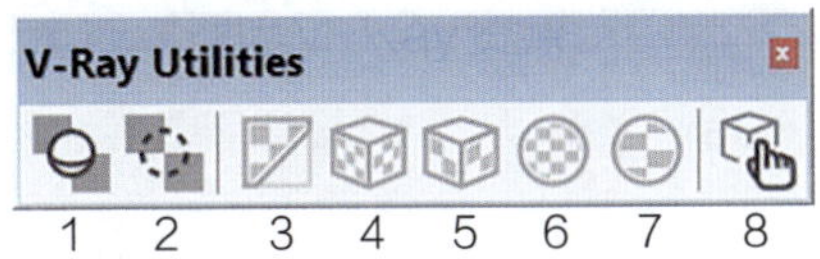

图1-11　实体工具栏界面
1—启用实体部件；2—隐藏V-Ray部件；3—移除材质；4—三平面投影（世界）；5—三平面投影（适应）；6—球面投影（世界）；7—球面投影（适应）；8—场景交互工具

1.4.5　V-Ray 菜单栏

V-Ray 菜单栏包含V-Ray实时链接、工具箱和打包项目等功能，详细界面如图1-12所示。

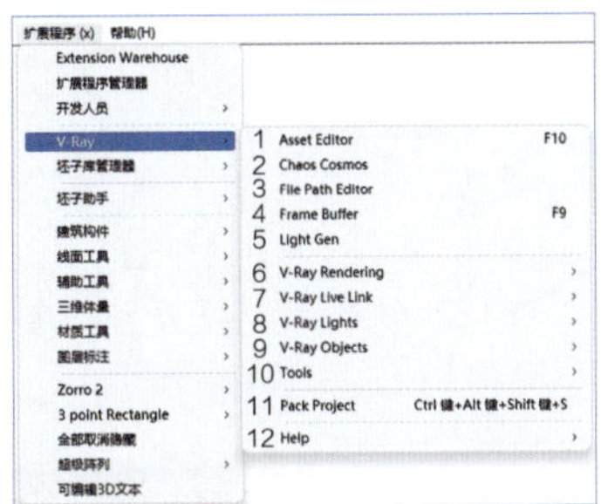

图1-12　V-Ray菜单栏界面
1—资源编辑器；2—资源库；3—文件路径编辑器；4—帧缓存；5—灯光生成器；6—渲染；7—实时链接；8—灯光；9—几何体；10—工具箱；11—打包项目；12—帮助

1.4.5.1　V-Ray Live Link

V-Ray Live Link，中文简称实时链接工具栏，该栏涉及实时链接的功能，详细界面如图1-13所示。

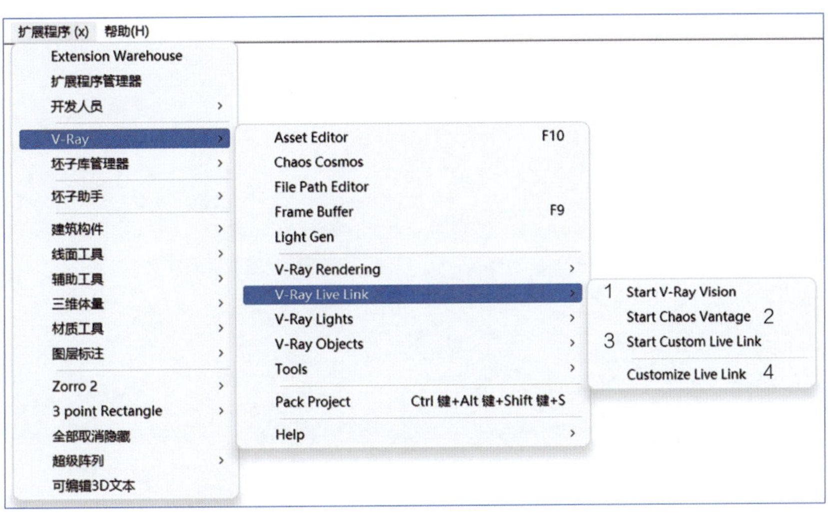

图1-13　V-Ray Live Link界面
1—开启V-Ray视野；2—开启Chaos光线追踪；3—开启自定义实时链接；4—自定义实时链接

1.4.5.2 Tools

V-Ray Tools，中文简称工具箱，涉及相机对焦工具和擦除V-Ray数据等功能，详细界面如图1-14所示。

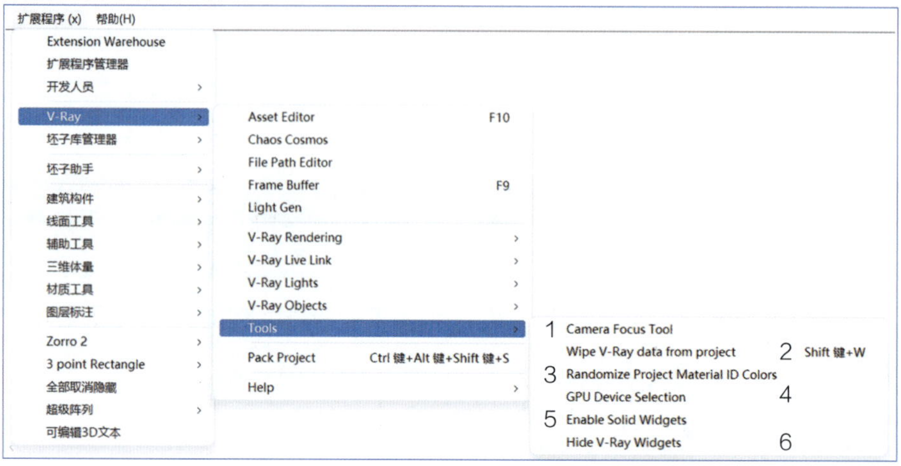

图1-14 V-Ray Tools界面

1—相机对焦工具；2—从项目中擦除V-Ray数据；3—随机分配材质ID颜色；4—GPU设备选项；5—启用实体部件；6—隐藏V-Ray部件

> △ 提示
>
> V-Ray 菜单栏中，除了实时链接工具栏和V-Ray工具箱以外，其余工具，均在其他工具栏中有所体现，可参考1.2.1~1.2.4小节，此处不再赘述。

第 2 章　V-Ray for SketchUp 灯光系统

2.1 灯光基础操作

灯光，泛指用作照明或者发光的物体，在V-Ray中指太阳光、矩形灯、球形灯、聚光灯、IES灯、泛光灯、穹顶灯和网格灯等，如图2-1所示。各种灯光形状不一，可发出不同类型的光线，用户可以在各种场景中选择合适的灯光来进行照明和渲染。本节包括灯光面板和灯光基础操作等内容。

图2-1 V-Ray灯光工具栏
1—灯光生成器；2—矩形灯；3—球形灯；4—聚光灯；5—IES灯；6—泛光灯；7—穹顶灯；8—转换为网格灯

2.1.1 灯光面板界面介绍

打开“V-Ray资源编辑器”，V-Ray资源编辑器中包含材质、灯光、几何体、渲染元素和纹理等多种资源。

用鼠标左键单击某个资源图标，即可打开该资源列表；按住“Ctrl”键，可同时打开多个资源列表。

用鼠标右键单击某个资源图标，即可为该资源创建一个新的项目；如果某个资源列表为空，用鼠标左键单击该资源图标，则能为该资源创建一个新的项目。

V-Ray灯光系统如图2-2所示。点击“灯

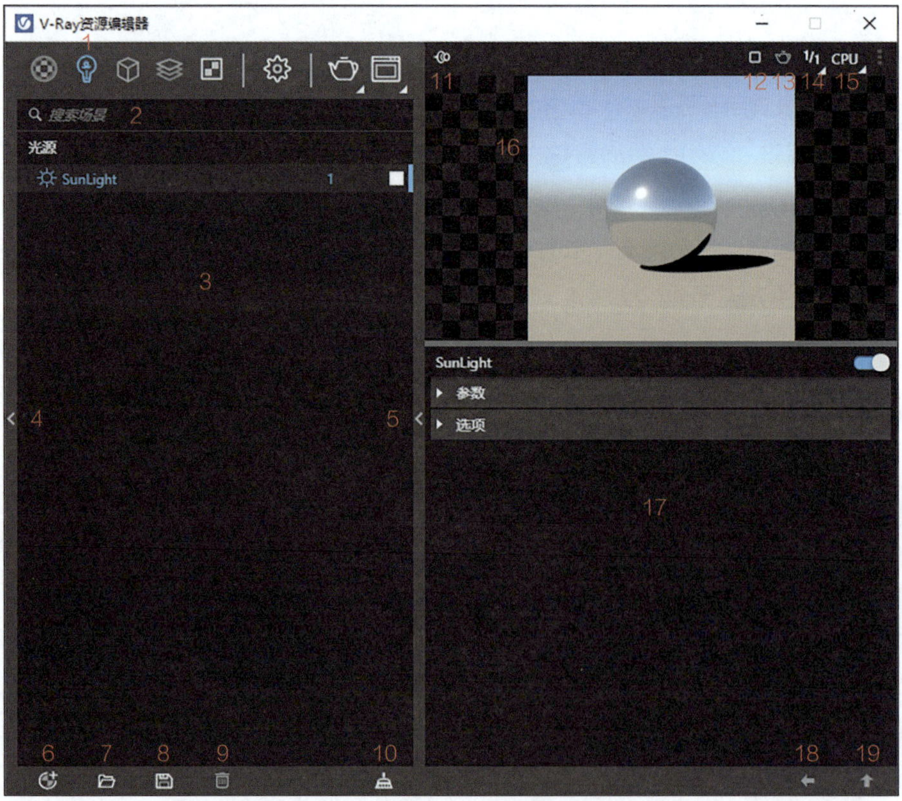

图2-2 V-Ray灯光系统
1—灯光资源（系统）；2—灯光列表搜索栏；3—灯光列表；4—展开/收缩材质库；5—展开/收缩灯光参数面板；6—新建V-Ray资源；7—导入V-Ray资源文件；8—保存V-Ray资源为文件；9—删除V-Ray资源；10—清理未使用的资源；11—固定/不固定预览窗口；12—开始/暂停实时预览；13—预览一次当前资源；14—预览窗口分辨率；15—用CPU（中央处理器）或GPU（图形处理器）渲染预览图像；16—V-Ray资源预览窗口；17—参数面板；18—返回上一次打开的参数面板；19—返回上一级参数面板

光”，即可打开“灯光”资源列表，左侧为灯光列表，右侧为灯光参数面板。

① **灯光资源（系统）**——单击鼠标左键可打开灯光列表；单击鼠标右键可创建新的灯光。

② **灯光列表搜索栏**——输入灯光名称可检索到对应的灯光；删除灯光名称可取消检索，并显示所有已创建的灯光。

③ **灯光列表**——显示已创建的灯光。

用鼠标左键单击“灯光名称”，即可选中该灯光，并可在右侧参数面板中修改该灯光的参数。

按住“Ctrl”键，可加选或减选灯光。

在选中“灯光1”的情况下，按住“Shift”键的同时选择“灯光2”，即可在灯光列表中同时选中位于“灯光1”和“灯光2”之间的所有灯光（包括“灯光1”和“灯光2”）。

④ **展开/收缩材质库**——单击4即可打开或收缩材质库。

⑤ **展开/收缩灯光参数面板**——单击5即可打开或收缩灯光参数面板。

⑥ **新建V-Ray资源**——创建新的V-Ray资源，包括材质、灯光、几何体、渲染元素和纹理等。

⑦ **导入V-Ray资源文件**——将计算机中的“.vrmat”文件导入V-Ray资源编辑器的列表中，“.vrmat”文件包括材质、灯光、几何体、渲染元素和纹理等V-Ray资源文件。

⑧ **保存V-Ray资源为文件**——将V-Ray资源编辑器列表中的材质、灯光、几何体、渲染元素和纹理等V-Ray资源保存为“.vrmat”文件，并存储到计算机中。

⑨ **删除V-Ray资源**——删除已创建的V-Ray资源，包括材质、灯光、几何体、渲染元素和纹理等。

⑩ **清理未使用的资源**——删除仅存在于V-Ray资源编辑器列表中，但是没有应用到SketchUp的V-Ray资源，包括材质、灯光、几何体、渲染元素和纹理等。

⑪ **固定/不固定预览窗口**——用鼠标左键单击图钉，即可切换“固定”或“不固定”预览窗口。

图钉朝左，表示“不固定”预览窗口，预览窗口显示当前选中的材质、灯光、几何体、渲染元素或纹理等V-Ray资源。

图钉朝下，表示“固定”预览窗口，预览窗口仅显示被固定的材质、灯光等V-Ray资源，不再显示其他被选中的V-Ray资源。

> △ 提示
>
> 即使预览窗口被固定，右侧参数面板仍然会显示被选中的材质、灯光等资源的详细参数。

⑫ **开始/暂停实时预览**——用鼠标左键单击12，即可“开始”或“暂停”实时预览。

开始实时预览，预览窗口图像会随着参数变化而变化。

暂停实时预览，预览窗口图像不再随着参数变化而变化。

⑬ **预览一次当前资源**——暂停实时预览后，预览窗口图像不再随着参数变化而变化。用鼠标左键单击13，即可更新一次当前资源的预览窗口。

⑭ **预览窗口分辨率**——用鼠标左键单击14，即可切换预览窗口的图像分辨率。

共有“1/1”“1/2”“1/4”“1/8”四个选项，分别表示以“完整分辨率”“1/2分辨率”“1/4分辨率”“1/8分辨率”来显示预览窗口图像。

⑮ **用CPU或GPU渲染预览图像**——用鼠标左键单击15，即可切换用CPU（中央处理器）或GPU（图形处理器）来渲染预览窗口的图像。

⑯ **V-Ray资源预览窗口**——显示被选中

的材质、灯光、几何体、渲染元素或纹理等V-Ray资源的渲染结果。

⑰ **参数面板**——包含被选中的材质、灯光、几何体、渲染元素或纹理等V-Ray资源的详细参数。

⑱ **返回上一次打开的参数面板**——返回上一次打开的参数面板（可以返回至任意资源、任意级别的参数面板）。

⑲ **返回上一级参数面板**——返回上一级参数面板（仅可返回至当前资源的上一级参数面板）。

2.1.2 灯光面板基础操作

灯光面板基础操作主要有新建灯光、灯光开关、灯光强度、灯光颜色、选择场景中的对象、重命名灯光、制作灯光副本、另存为灯光材质、删除灯光、清理未使用项等。

2.1.2.1 新建灯光

新建灯光：创建一个新的V-Ray灯光。

操作方法

（1）在SketchUp中创建V-Ray灯光

方法 01 V-Ray灯光工具栏

如图2-3所示，在V-Ray灯光工具栏中，用鼠标左键单击需创建的灯光的图标，即可在SketchUp场景中创建V-Ray灯光。

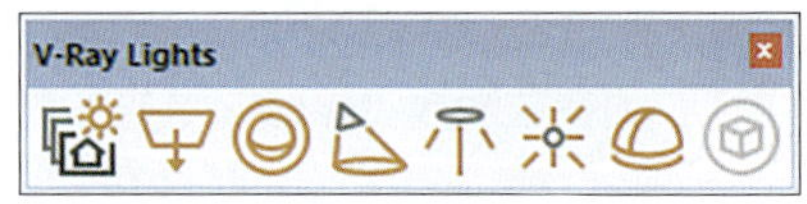

图2-3 V-Ray灯光工具栏

方法 02 SketchUp菜单栏

如图2-4所示，执行“扩展程序>V-Ray>V-Ray Lights”菜单指令，选择需创建的灯光，即可在SketchUp场景中创建V-Ray灯光。

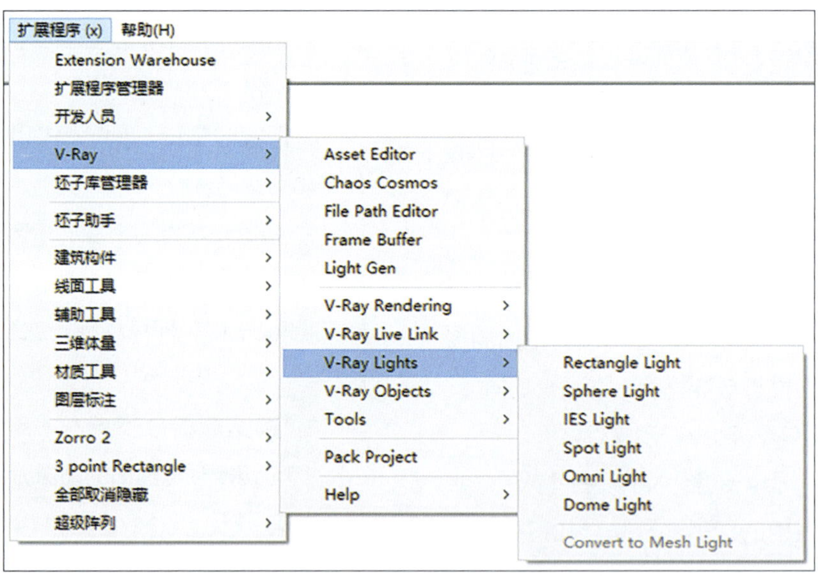

图2-4 V-Ray灯光菜单指令

> △ 提示
>
> ① 由于V-Ray灯光的形状类型各异，不同灯光的创建步骤也不尽相同，具体步骤详见各个灯光小节。
>
> ② 在SketchUp中创建V-Ray灯光，会同步呈现在V-Ray资源编辑器的灯光列表中。

（2）在V-Ray资源编辑器中创建V-Ray灯光

方法 01 如图2-5所示，用鼠标右键单击“灯光资源”图标，选择需创建的灯光，即可在灯光列表中创建一个新的V-Ray灯光。

方法 02 如图2-6所示，用鼠标左键单击

“新建资源”图标，选择“灯光”资源，再选择需创建的灯光，即可在灯光列表中创建一个新的V-Ray灯光。

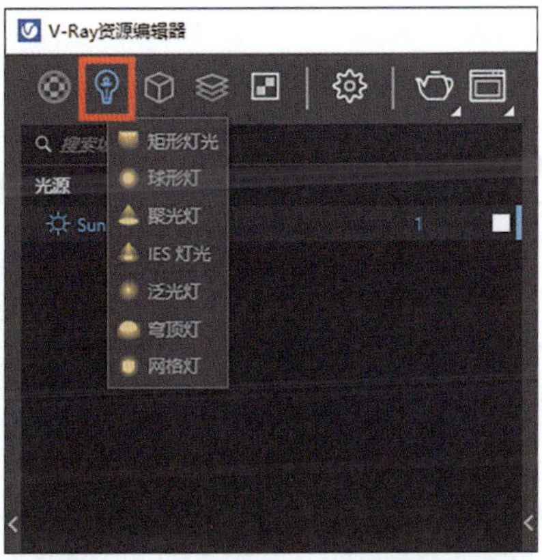

图2-5　用鼠标右键单击“灯光资源”图标

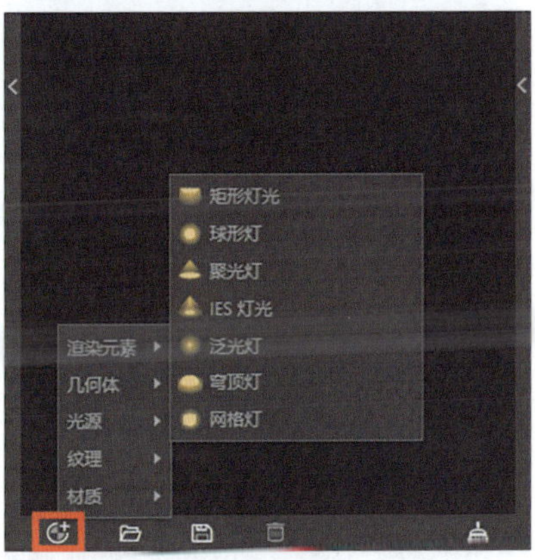

图2-6　新建V-Ray资源图标

△ 提示

① 在V-Ray资源编辑器中创建灯光，并不会直接呈现在SketchUp模型空间中，而是存在于SketchUp默认面板的“组件”面板中。

步骤 01　如图2-7所示，点击“在模型中”图标，即可显示已创建的V-Ray灯光。

步骤 02　在组件列表中，选择所需灯光，在SketchUp模型空间中单击鼠标左键，即可放置该灯光。

②“IES灯光”和“网格灯”的创建方法较为不同，详见本书2.6.1小节和2.8.1小节。

③ 在SketchUp中创建的V-Ray灯光，在V-Ray灯光列表中以英文呈现；在V-Ray资源编辑器中创建的V-Ray灯光，在V-Ray灯光列表中以中文呈现；但两者无本质区别。

图2-7　SketchUp组件面板

2.1.2.2　灯光快捷操作

灯光快捷操作：在灯光列表中，包含灯光开关、灯光名称、灯光强度和灯光颜色等快捷操作按钮，如图2-8所示。

图2-8　灯光列表快捷功能
1—灯光开关；2—灯光名称；
3—灯光强度；4—灯光颜色（颜色框）

① **灯光开关**——用鼠标左键单击1，即可“打开”（亮显）或“关闭”（暗灰）灯光。

② **灯光名称**——用鼠标左键双击2，输入名称并回车，即可修改灯光名称。

△ 提示

“太阳光”的名称“Sunlight”不能被修改。

③ **灯光强度**——用鼠标左键单击“灯光强度”数值框，输入数值并回车，即可修改灯光强度。

用鼠标右键单击“灯光强度”数值框，选择“重置”，即可恢复灯光强度的默认值。

△ 提示

将鼠标光标悬停放置在V-Ray数值框上，均可以显示该数值框可输入的最小值（Min）和最大值（Max），部分可以显示默认值（Default）。

在V-Ray数值框上单击鼠标右键，选择“重置”，即可将数值恢复至原始参数。

④ **灯光颜色（颜色框）**——用鼠标左键单击4，弹出“V-Ray颜色选择器”，选择所需颜色后，点击关闭，即可修改灯光颜色（“V-Ray颜色选择器”使用方法详见本书2.1.2.5小节）。

用鼠标右键单击“颜色框”，可以选择“复制”或“重置”。选择“复制”，可将该颜色复制到剪切板；选择“重置”，可将灯光颜色重置为白色。

复制完颜色后，用鼠标右键单击“颜色框”，可以选择“复制”“重置”或“粘贴”。在任意一个颜色框，用右键选择“粘贴”，即可将上一次复制的颜色粘贴到当前颜色框。

用鼠标左键将“颜色框A”拖拽到“颜色框B”上，可以将“颜色A”复制到“颜色框B”。

2.1.2.3 右击灯光列表

右击灯光列表：在灯光列表中，选择任意一个灯光，并在“矩形灯光”名称部分单击鼠标右键，弹出右键菜单，如图2-9所示，包含选择场景中的对象、重命名、制作副本、另存为、删除等选项。

“太阳光”较为特殊，系统预设的“太阳光”，只能使用“另存为”选项。

“网格灯”如图2-10所示，除了上述选项外，还包含“应用到选择物体”选项。

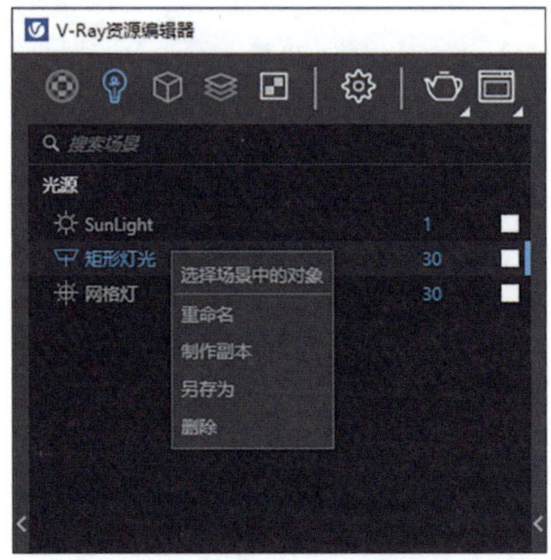

图2-9　灯光列表右键菜单

图2-10　“网格灯”右键菜单

△ 提示

按住“Ctrl”键，可加选或减选灯光。

在选中“灯光1”的情况下，按住“Shift”键的同时选择“灯光2”，即可在灯光列表中同时选中位于“灯光1”和“灯光2”之间的所有灯光（包括“灯光1”和“灯光2”）。

操作方法

① **选择场景中的对象**——在SketchUp模型空间中选中该灯光（如果存在）。可同时选择

多个灯光。

步骤 01　选择一个或多个灯光。

步骤 02　用鼠标右键单击灯光名称，如图2-9所示，选择“选择场景中的对象”，即可在SketchUp模型空间中选中所有的灯光（如果存在）。

② **重命名**——修改灯光名称。每次只能修改一个灯光的名称。

方法 01　选择一个灯光，用鼠标右键单击灯光名称，如图2-9所示，选择“重命名”，输入灯光名称并回车确认，即可修改该灯光的名称。

方法 02　在任意一个灯光的名称上双击鼠标左键，输入灯光名称并回车确认，即可修改该灯光的名称。

③ **制作副本**——创建一个与原灯光一样的复制品（灯光），即副本，副本灯光是一个全新的灯光（组件）。每次只能给一个灯光创建副本。

步骤 01　选择一个灯光（矩形灯光）。

步骤 02　用鼠标右键单击“矩形灯光”的名称，选择“制作副本”，即可在V-Ray灯光列表中创建出“矩形灯光”的副本。副本灯光自动命名，在原灯光名称后添加“#＋数字”作为新的灯光名称。

> **△ 提示**
>
> “V-Ray灯光”在SketchUp模型空间中是一个“组件”，在SketchUp模型空间中复制V-Ray灯光，V-Ray灯光列表中不会产生灯光副本，即V-Ray灯光列表中的“矩形灯光”代表SketchUp模型空间中的所有“矩形灯光”个体。
>
> 如果在SketchUp模型空间中把“矩形灯光”的个体“设定为唯一”，即创建出另一个“组件”，可在V-Ray灯光列表中创建出“矩形灯光”的副本（新组件）。副本灯光自动命名，在原灯光名称后添加“#＋数字”作为新的灯光名称。

④ **另存为**——将V-Ray资源编辑器列表中的灯光保存为“.vrmat”文件，并存储到计算机中。可同时选择多个灯光并存储。

步骤 01　选择一个或多个灯光。

步骤 02　用鼠标右键单击灯光名称，如图2-9所示，选择“另存为”。

或者如图2-11所示，单击“Save Asset to File”的图标（ ）。

图2-11　灯光列表

步骤 03　弹出“Save V-Ray Asset File As...”窗口，如图2-12所示，选择“存储位置”，输入“文件名”并单击“保存”即可。

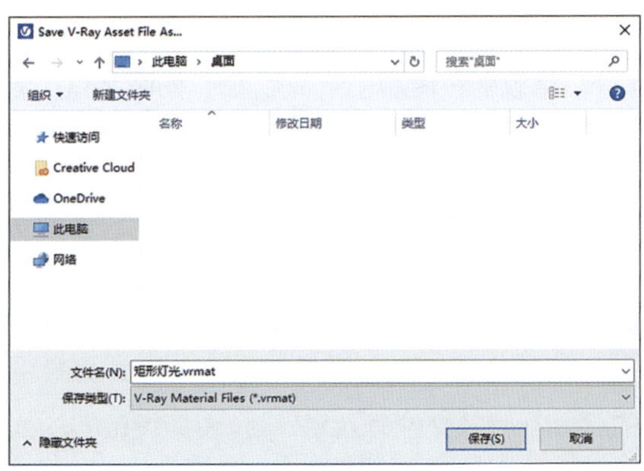

图2-12　V-Ray灯光存储为“.vrmat”文件

> **△ 提示**
>
> 多个灯光同时保存时，不能输入“文件名”。

⑤ **删除**——删除已创建的V-Ray灯光。可

同时删除多个灯光。

步骤 01　选择一个或多个灯光。

步骤 02　用鼠标右键单击灯光名称，如图2-9所示，选择“删除”。

或者如图2-11所示，单击“Delete assets”的图标（ ）。

步骤 03　弹出“Delete assets”对话框，如图2-13所示，“Permanently delete the selected assets?”意为“永久删除被选中的资源？”。

选择“Delete”，即可删除被选中的灯光；选择“Cancel”，可取消删除。

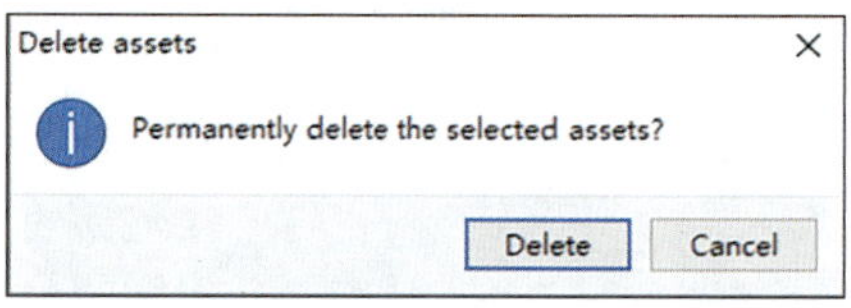

图2-13　“Delete assets”对话框

⑥ **应用到选择物体**——只有“网格灯”可以使用该选项，可以把SketchUp模型转变为网格灯。

步骤 01　在SketchUp模型空间中选择一个或多个物体（必须是群组或组件）。

步骤 02　在V-Ray灯光列表选择“网格灯”，用鼠标右键单击灯光名称，如图2-10所示，选择“应用到选择物体”，即可将被选中的群组或组件转换为网格灯（“网格灯”创建方法，详见本书2.8.1小节“网格灯创建”）。

2.1.2.4　导入和清除

① **导入V-Ray资源文件**——将计算机中的“.vrmat”文件导入V-Ray资源编辑器的列表中，“.vrmat”文件包括材质、灯光、几何体、渲染元素和纹理等V-Ray资源文件。

操作方法

步骤 01　如图2-11所示，单击“Import Asset File”的图标（ ）。

步骤 02　弹出“Select a V-Ray Asset File”窗口，如图2-14所示，选择计算机中的“.vrmat”文件，单击“打开”即可导入V-Ray资源编辑器中。

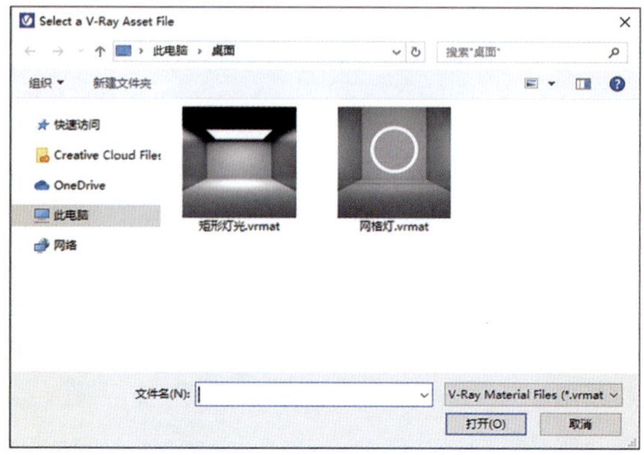

图2-14　导入“.vrmat”文件

② **清理未使用的资源**——删除仅存在于V-Ray资源编辑器列表中，但是没有应用到SketchUp的V-Ray资源，包括材质、灯光、几何体、渲染元素和纹理等。

操作方法

步骤 01　如图2-11所示，单击“Purge Unused Assets”的图标（ ）。

步骤 02　弹出“Purge Assets”对话框，如图2-15所示，“Purge Unused Assets?”意为“清除未使用的资源？”。

选择“Purge”，即可清除未在SketchUp中使用的灯光；选择“Cancel”，可取消清除。

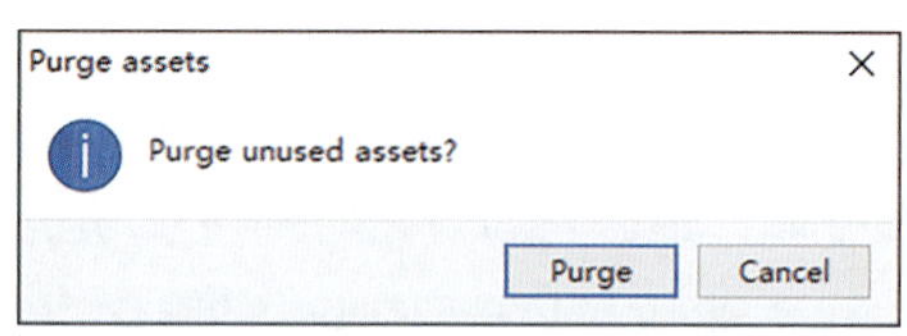

图2-15　“Purge assets”对话框

2.1.2.5　参数面板通用操作

在V-Ray参数面板中，常见的参数调整方式有“颜色框＋颜色滑杆＋颜色贴图框”和“数值框＋数值滑杆＋数值贴图框”，如图2-16和图2-17所示。

本章节其他部分不再详细说明“颜色框＋

颜色滑杆 + 颜色贴图框”和“数值框 + 数值滑杆 + 数值贴图框”的具体操作步骤。

图2-16　“颜色框 + 颜色滑杆 + 颜色贴图框”

图2-17　“数值框 + 数值滑杆 + 数值贴图框”

（1）“颜色框 + 颜色滑杆 + 颜色贴图框”

“颜色框”——当前参数的颜色。

操作方法

用鼠标左键单击“颜色框”，弹出“V-Ray 颜色拾取框”，如图2-18所示，选择所需颜色后点击关闭，即可修改“颜色框”的颜色。

用鼠标右键单击“颜色框”，可以选择“复制”或“重置”。选择“复制”，可将该颜色复制到剪切板；选择“重置”，可将灯光颜色重置为白色。

用户复制过颜色后，用鼠标右键单击“颜色框”，可以选择“复制”“重置”或“粘贴”。在任意一个颜色框，用右键选择“粘贴”，即可将上一次复制的颜色粘贴到当前颜色框。

用鼠标左键拖拽“颜色框 A”到“颜色框 B”上，可以将“颜色 A”复制到“颜色框 B”。

“V-Ray 颜色拾取框”操作方法如下。

如图2-18和图2-19所示，在V-Ray颜色拾取框中各项说明如下。

① **调色窗**——选择并调整某一颜色的饱和度和明度。

横轴表示颜色饱和度，即颜色的鲜艳程度；纵轴表示颜色明度，即颜色的明亮程度。

② **色相环（带）**——选择某一颜色，色相指颜色的质地面貌等。

③ **色彩空间**——更改显示颜色值的模式，有“屏幕（sRGB）”和“渲染（RGB）”两种模式。

更改模式不会在视觉上影响所选颜色，只会改变描述颜色值。

屏幕（sRGB）——显示的颜色值与渲染图像中的颜色值匹配（帧缓存窗口默认设置）。

渲染（RGB）——显示的颜色值与V-Ray

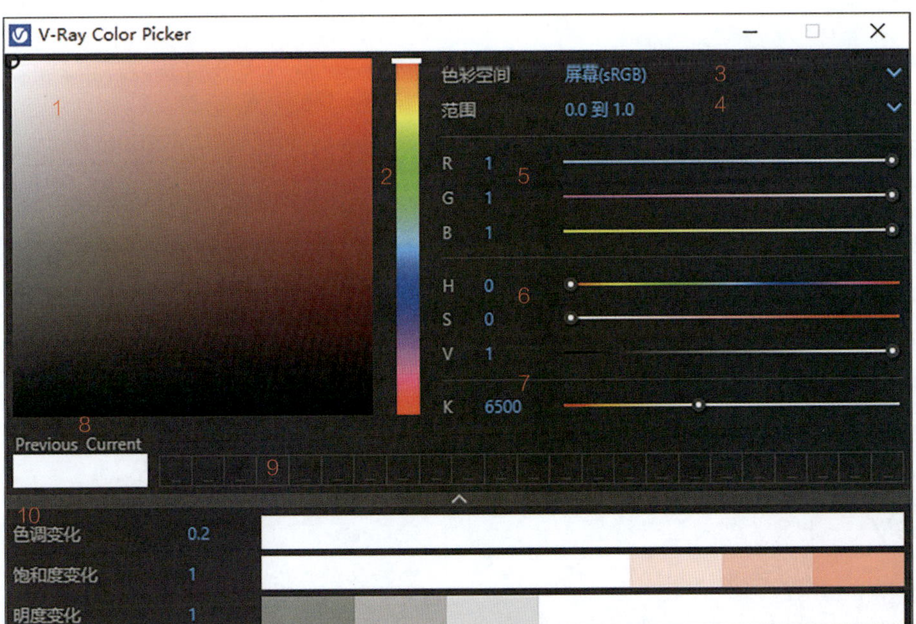

图2-18　V-Ray颜色拾取框

1—调色窗；2—色相环（带）；3—色彩空间；4—范围；5—RGB；6—HSV；7—K（色温值）；8—先前色和当前色；9—储色框；10—快捷选色面板

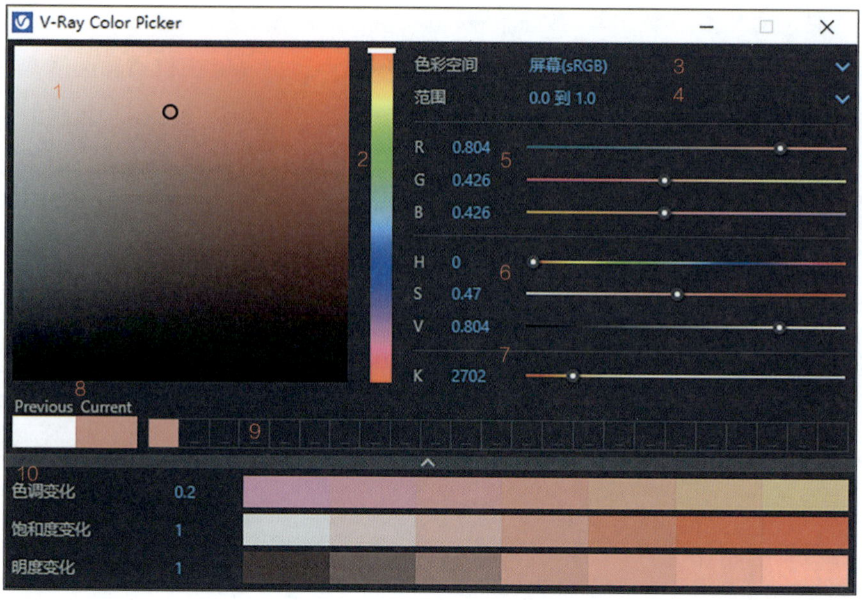

图2-19 V-Ray颜色拾取框拾取颜色
1—调色窗；2—色相环（带）；3—色彩空间；4—范围；5—RGB；6—HSV；7—K（色温值）；8—先前色和当前色；9—储色框；10—快捷选色面板

内部计算的颜色值匹配。

④ **范围**——更改“R”“G”“B”颜色数值的范围，有“0.0到1.0”和“0到255”两种模式。

更改模式不会在视觉上影响所选颜色，只会改变描述的颜色值。

⑤ **RGB**——RGB色彩模式是一种颜色标准，是通过红（Red）、绿（Green）、蓝（Blue）三个颜色通道的变化以及它们相互之间的叠加来得到各种各样的颜色，R、G、B分别代表红、绿、蓝三个通道的颜色，这个标准几乎包括了人类视力所能感知的所有颜色，显示器大都是采用了RGB颜色标准。

在“R”“G”“B”右侧的数值框输入数值并按“回车”键，或者调整右侧滑块，即可修改RGB颜色的数值。

⑥ **HSV**——HSV对人眼来说是一种直观的色彩模式，通过色相（Hue）、饱和度（Saturation）、明度（Value）来调试并选择所需的颜色。RGB色彩模式是面向硬件的，而HSV色彩模式是面向用户的。

在“H”“S”“V”右侧的数值框输入数值并按“回车”键，或者调整右侧滑块，即可修改HSV的数值。

⑦ **K（色温值）**，色温是表示光线中包含颜色成分的一个计量单位，单位为开尔文（K）。

色温值小于3000K，颜色偏黄（暖）；色温值为3000~5000K，颜色偏白；色温值大于5000K，颜色偏蓝（冷）。

在“K”右侧的数值框输入数值并按“回车”键，或者调整右侧滑块，即可修改K的数值。

⑧ **先前色和当前色**——先前色指被调试前的颜色；当前色指当前调试的颜色。

⑨ **储色框**——储存某一个颜色。

用鼠标左键单击“先前色”，可将“当前色”转为“先前色”。

用鼠标左键单击“当前色”，可将“当前色”储存在左侧第一个“储色框”，储色框中已有颜色依次向右递进移动。

用鼠标左键拖拽“先前色”或“当前色”，可将颜色储存在任意一个“储色框”中。

用鼠标右键单击“储色框”，可删除框中已

有颜色。

⑩ **快捷选色面板**——将“当前色”分别按照“色调”“饱和度”“明度”的变化程度划分为7种颜色，其变化程度可用数值控制，便于用户选择某一系列的颜色。

在数值框中输入数值并按“回车”键，即可修改“色调”“饱和度”“明度”的变化程度。

用鼠标左键单击“快捷选色面板”中的任一颜色，即可将“当前色”切换为该颜色。

用鼠标左键拖拽“快捷选色面板”中的任一颜色，可将颜色储存在任意一个“储色框”中。

“颜色滑杆”——快速调整当前颜色的明度。

操作方法

移动“颜色明度滑杆”上的滑块，即可修改“颜色框”中颜色的明度。

滑块向左移动，表示降低颜色明度；滑块向右移动，表示增加颜色明度。

“颜色贴图框”——在“颜色贴图框”中添加一张图片，则当前参数呈现出贴图的颜色或图案。

操作方法

步骤 01 用鼠标左键单击“贴图框”（灰色表示“贴图框”中无贴图），弹出“贴图列表”，如图2-20所示。

步骤 02 选择所需的贴图类型（各类“贴图”的功能详见本书第3章“V-Ray材质系统”）。

以“位图”为例，在“贴图列表”中选择“位图”，弹出“Select an image”窗口，如图2-21所示。

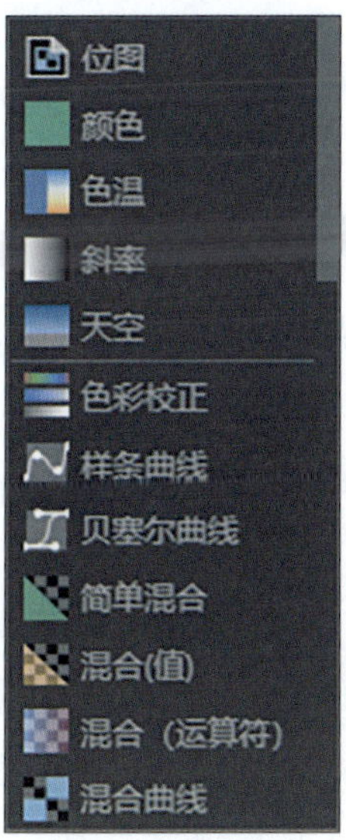

图2-20　贴图列表

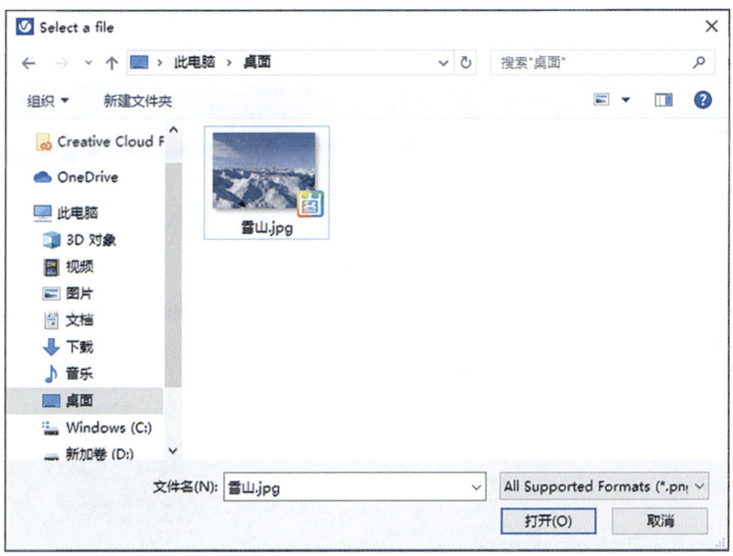

图2-21　“Select an image”窗口

步骤 03 在窗口右下角“文件类型”中选择所需的图片类型（“.jpg”“.hdr”“.png”等），如图2-22所示。

步骤 04 选择所需图片，如图2-23所示，并点击“打开”，即可将该图片添加到“V-Ray贴图框”中，此时“贴图框”显示为蓝色（蓝色表示“贴图框”中已添加贴图）。

> **△ 提示**
>
> ① 在“贴图框”中添加图片后，图片自动平铺以充满整个贴图框。
>
> 个别“贴图框”会改变“原图片”的长宽比例，如遇其他特殊情况，本书另作说明。
>
> ② “贴图框”中没有贴图，“贴图框”显示为灰色（ ■ ）；“贴图框”中有贴图，“贴图

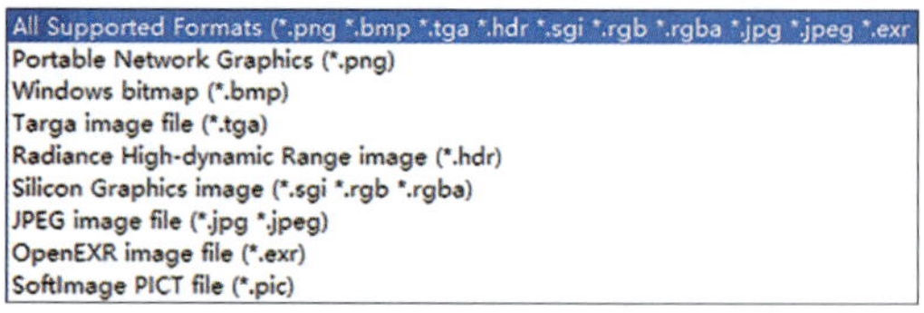

图2-22　图片类型

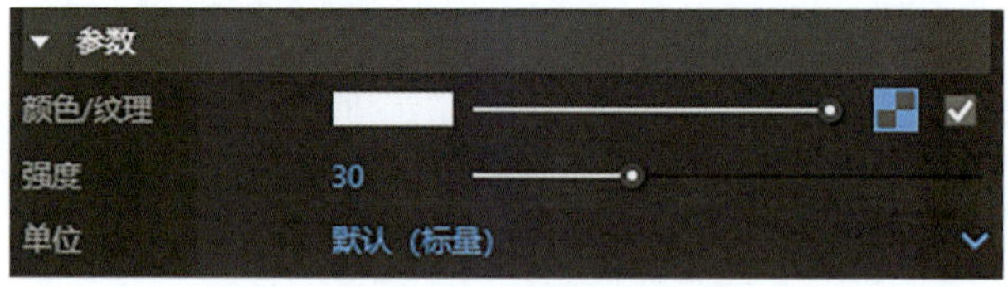

图2-23　添加“贴图”

框”显示为蓝色（ ）。

③若“颜色框”和“贴图框”同时存在：

如果“贴图框”中没有添加贴图，则使用“颜色框”中的颜色；

如果“贴图框”中已添加贴图，但没有勾选“贴图框”，仍然使用“颜色框”中的颜色；

如果“贴图框”中已添加贴图，且已勾选“贴图框”，则优先使用“贴图框”中图片的颜色。

④“贴图框”复制与粘贴。在蓝色“贴图框A”（有贴图）上单击鼠标右键，选择“复制”，即可复制“贴图A”。

复制“贴图A”后，在灰色“贴图框B”（无贴图）上单击鼠标右键，有“粘贴为副本”和“粘贴为实例”两个选项，“粘贴为副本”表示“贴图B”和“贴图A”一样，但两者之间没有关联性；“粘贴为实例”表示“贴图B”和“贴图A”不仅一样，且两者具有关联性，修改两者之间任意一个贴图，则两者同时发生变化。

复制“贴图A”后，在蓝色“贴图框C”（有贴图）上单击鼠标右键，粘贴“贴图A”可以直接把“贴图C”替换掉。

在蓝色“贴图框D”（有贴图）上单击鼠标右键，选择“剪切”，即可剪切“贴图D”，当“贴图D”粘贴到其他贴图框内后，原“贴图框D”同时清除贴图。

在蓝色“贴图框E”（有贴图）上单击鼠标右键，选择“清除”，即可删除“贴图E”。

用鼠标左键拖拽“贴图X”到“贴图框Y”上，可以快速将“贴图X”复制到“贴图框Y”。

（2）“数值框＋数值滑杆＋数字贴图框”

“数值框”——当前参数的值的大小。

操作方法

用鼠标左键单击“数值框”，输入数值并按“回车”键，即可修改当前参数的值。

用鼠标右键单击“数值框”，选择“重置”，即可将数值恢复为默认值。

将鼠标光标悬停放置在V-Ray数值框上，均可以显示该数值框可输入的最小值（Min）和最大值（Max），部分可以显示默认值（Default）。

“数值滑杆”——快速调整当前数值的大小。

操作方法

移动“数值滑杆”上的滑块，即可修改“数值框”中数值的大小。

滑块向左移动，表示减小数值；滑块向右移动，表示增大数值。

△ 提示

“数值滑杆”的最左端和最右端代表“数值框”的最小值和最大值；超出“数值滑杆”范围的数值，需要先在“数值框”中调整，随后“数值滑杆”会改变推荐范围，以便于用户微调。

个别数值滑块“向左”或“向右”移动分别表示“增大”或“减小”数值，如遇特殊情况，本书另作说明。

“数值贴图框”——在“数值贴图框”中添加一张图片，图片的灰度信息可以控制“数值”的“倍数”，黑色部分表示“0倍”（无数值），白色部分表示“1倍”（正常数值），黑色和白色之间部分表示渐变过渡。

操作方法

添加“贴图”的方法同“颜色贴图框”。

> △ 提示
>
> “贴图框”内部参数详见本书2.3.5.1小节“颜色/纹理”。

2.2 太阳光

太阳光/Sunlight：太阳光是放置在特定位置的球形光源，模拟太空中的太阳。太阳光发射出的光线是平行光线，从而产生平行阴影。

V-Ray默认的自然光系统由“太阳光”和“天空光”组成，“V-Ray太阳光”提供太阳的光线和阴影，“V-Ray天空光”提供真实的天空贴图，两者相互组合再现了真实的太阳和天空环境。

如图2-24所示，选择“Sunlight”，即可在右侧参数面板修改“太阳光”的参数。

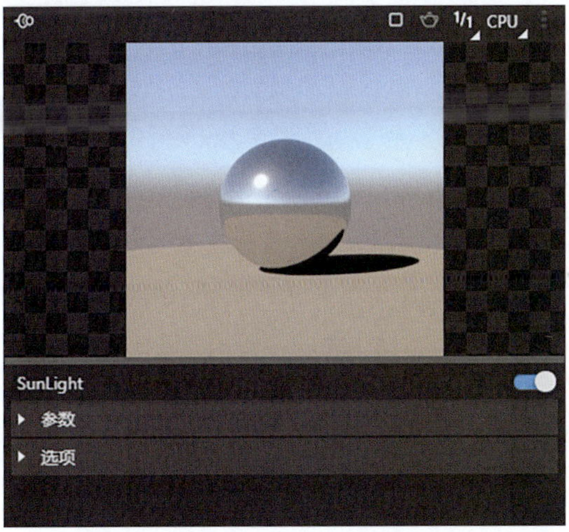

图2-24 “太阳光”参数面板

图2-25 “天空光”天空背景贴图

如图2-25所示，在“V-Ray资源编辑器>设置>环境>背景图像”中，可以打开或关闭“天空光”的天空背景贴图。

如图2-26所示，在“Sunlight>参数>天空>天空模型”中，可以修改不同的天空模型。“天空模型”与图2-25中的“天空背景贴图”是一致的，修改“天空模型”即可同时修改“天空光”的天空背景贴图。

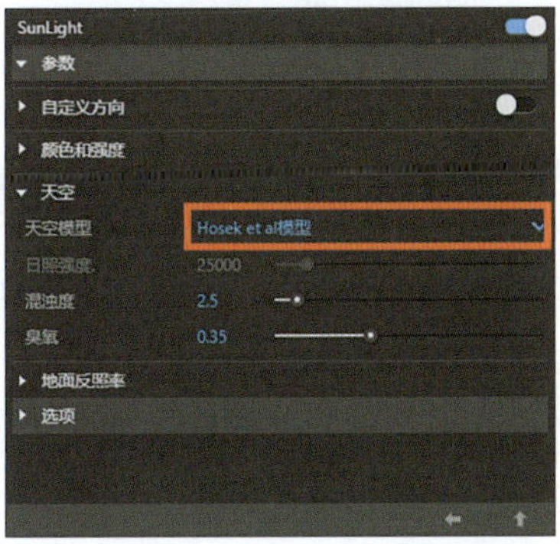

图2-26 太阳光的“天空模型”

如图2-27所示，同时打开“太阳光”和“天空光”，呈现真实的太阳和天空环境。

图2-27 “太阳光”+“天空光”

如图2-28所示，关闭“环境光”（即在图2-25中取消勾选“背景图像”中的“贴图”），则只有“太阳光”。

图2-28　只有“太阳光”

如图2-29所示，关闭“太阳光”，只呈现出天空背景的光线。

如果同时关闭“太阳光”和“天空光”，则场景中无任何光线，渲染结果为纯黑色。

图2-29　只有“天空光”

2.2.1　“太阳光”创建

“太阳光”创建：太阳光是在场景中自动创建的，无需用户手动添加，在V-Ray工具栏中没有图标，在V-Ray资源编辑器的灯光列表中可见。

2.2.2　“太阳光”删除

“太阳光”删除：“太阳光”不能被删除，不能被重命名。

2.2.3　“太阳光”开关

“太阳光”开关：打开或关闭“太阳光”。

操作方法

方法 01　如图2-30所示，用鼠标左键单击“灯光开关”的按钮（ ），即可打开或关闭“太阳光”。

图2-30　“太阳光”参数面板

方法 02　如图2-31所示，在灯光列表中，用鼠标左键单击1，即可“打开”（亮显）或“关闭”（暗灰）“太阳光”。

图2-31　灯光列表

2.2.4　“太阳光”位置

“太阳光”位置：“V-Ray太阳光”的默认位置和SketchUp中“太阳光”的位置一致。

如图2-32和图2-33所示，SketchUp模型的“阴影”和V-Ray渲染的“阴影”是一致的，则在SketchUp模型中调整阴影位置，即可调整“V-Ray太阳光”的位置。

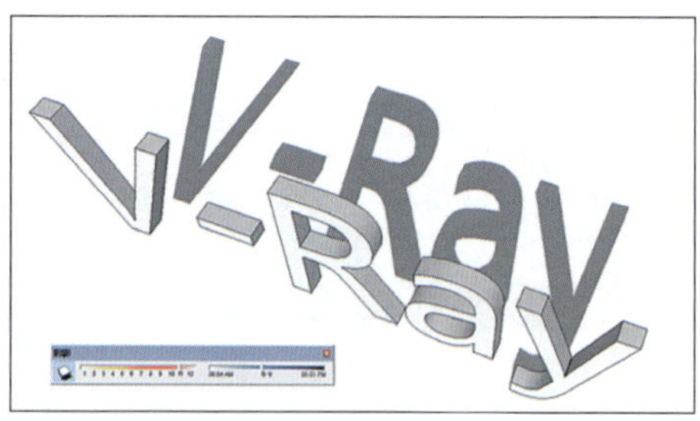

图2-32　SketchUp阴影

图2-33　V-Ray渲染阴影

操作方法

如图2-34所示，在“SketchUp>默认面板>阴影”中，调整“时间”“日期”等参数，即可调整SketchUp模型（“V-Ray太阳光”）的阴影长度和角度。

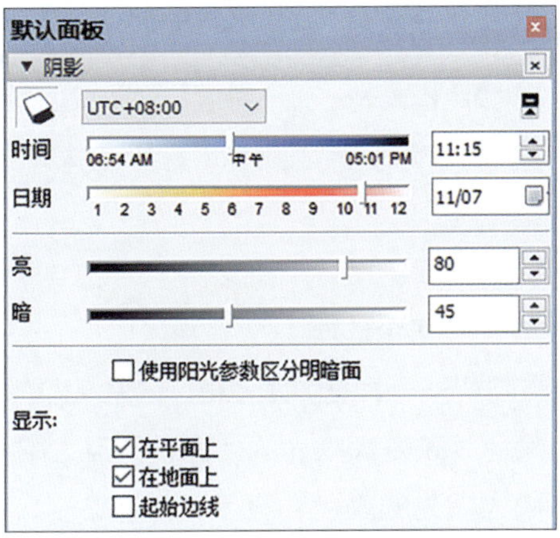

图2-34 SketchUp阴影面板

2.2.5 “太阳光”参数

“太阳光”参数：“太阳光”参数包括自定义方向、颜色和强度、天空、地面反照率等，如图2-35所示。

图2-35 “太阳光”参数

2.2.5.1 自定义方向

自定义方向：自定义“太阳光”的方向和高度。

如图2-36所示，用鼠标左键单击“自定义方向”的按钮（ ），即可打开或关闭“自定义方向”。开启“自定义方向”后，“V-Ray太阳光”不再与SketchUp阴影保持一致，此时V-Ray太阳光的方位和角度以“自定义方向”为准，并且太阳位置还会改变天空的背景和太阳光的颜色。

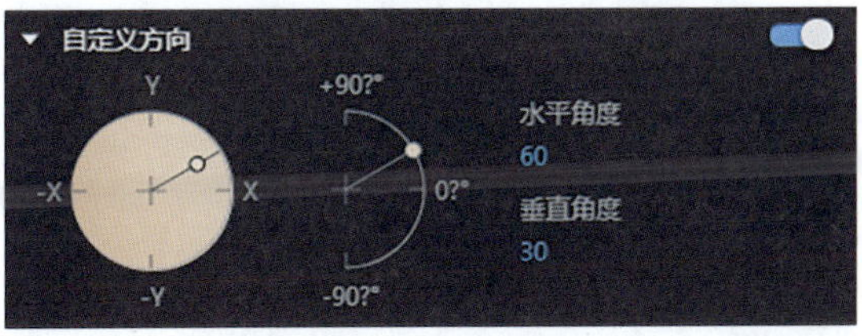

图2-36 自定义方向

操作方法

步骤 01 如图2-36所示，用鼠标左键单击“自定义方向”的按钮（ ），开启“自定义方向”。

步骤 02 如图2-36所示，左侧圆盘为方位圆盘；右侧半圆弧为高度圆弧。

旋转“方位圆盘”上的滑块，或者输入“水平角度”值并按“回车”键确认，即可修改太阳的方位；

旋转“高度圆弧”上的滑块，或者输入“垂直角度”值并按“回车”键确认，即可修改太阳的高度（图2-37~图2-39）。

图2-37 垂直角度10°

图2-38 垂直角度30°

图2-39　垂直角度90°

2.2.5.2　颜色和强度

颜色和强度： 如图2-40所示，包括颜色、颜色模式、强度倍增、尺寸倍增等内容。灯光列表如图2-41所示。

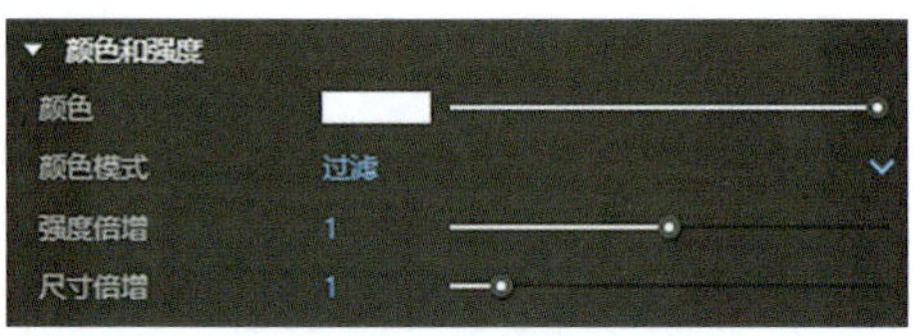

图2-40　“颜色和强度”

图2-41　灯光列表
1—颜色；2—颜色模式

① **颜色**——太阳光的颜色，也称“过滤色”，如图2-42~图2-44所示。

图2-42　“白色，100%明度”

图2-43　“红色，100%明度”

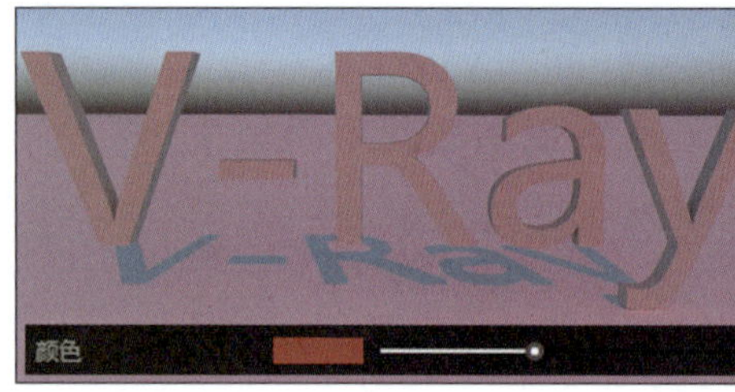

图2-44　“红色，50%明度”

② **颜色模式**——“颜色框”（或“过滤色”）中的颜色，按照不同的模式来影响太阳光的颜色。

展开“颜色模式”列表，有“过滤”“直接”“覆盖”三个选项。

“过滤”——根据“颜色框”（或“过滤色”）中的颜色，改变太阳光的色调；并且太阳高度会影响太阳光的颜色和亮度，如图2-45和图2-46所示。

图2-45　过滤（白色，高度较低）

图2-46　过滤（白色，高度较高）

“直接”——把“颜色框”（或“过滤色”）中的颜色设置为太阳光的颜色；太阳高度不再影响太阳光的亮度；太阳光的亮度由“强度倍增”控制，如图2-47和图2-48所示。

“覆盖”——把“颜色框”（或“过滤色”）中的颜色设置为太阳光的颜色；太阳高度会影响太阳光的亮度，如图2-49和图2-50所示。

图2-47　直接（白色，强度倍增1）

图2-48　直接（白色，强度倍增3）

图2-49　覆盖（白色，高度较低）

图2-50　覆盖（白色，高度较高）

③ **强度倍增**——太阳光的亮度。数值越大，亮度越高，如图2-51~图2-53所示。

图2-51　强度倍增0.3

图2-52　强度倍增1

图2-53　强度倍增3

④ **尺寸倍增**——太阳的尺寸大小，即太阳光“灯体”的大小。

同时，太阳的尺寸大小会影响太阳光阴影的模糊程度。太阳尺寸越大，太阳光的阴影越模糊，如图2-54~图2-56所示。

图2-54　尺寸倍增4，阴影较清晰

图2-55　尺寸倍增10，阴影较模糊

图2-56　尺寸倍增40，阴影很模糊

2.2.5.3　天空

天空：如图2-57所示，包括天空模型、日照强度、浑浊度、臭氧等内容。

图2-57　“天空”

① **天空模型**——用于生成V-Ray天空纹理的程序模型。

操作方法

如图2-58所示，展开“天空模型”列表，有“Preetham以及其他人、CIE标准晴空、CIE阴天、Hosek et al模型、PRG清晰天空”五个选项。

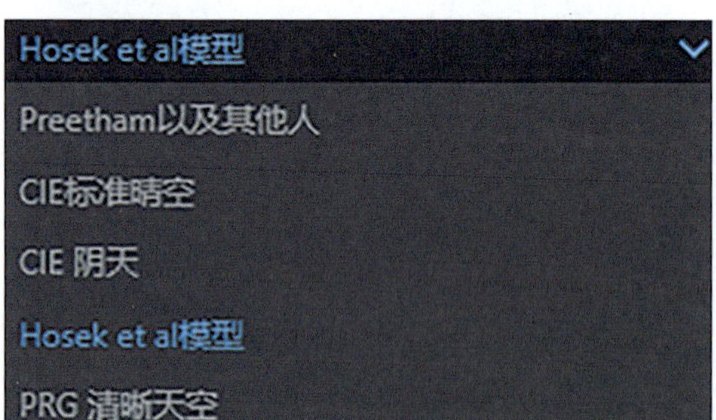

图2-58　“天空模型”

“Preetham以及其他人”——基于Preetham等人的方法生成V-Ray天空纹理，如图2-59所示。

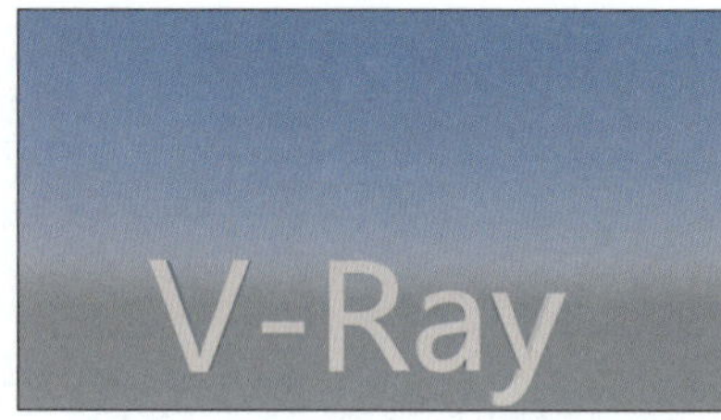

图2-59　Preetham以及其他人

“CIE标准晴空”——基于CIE方法生成的晴朗的V-Ray天空纹理，如图2-60所示。

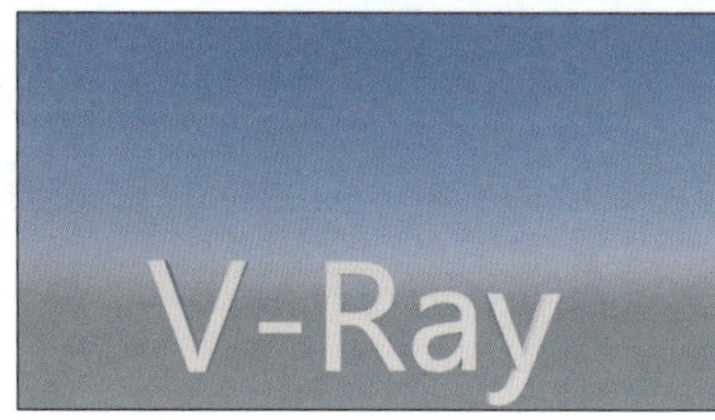

图2-60　CIE标准晴空

“CIE阴天”——基于CIE方法生成的阴暗多云的V-Ray天空纹理，如图2-61所示。

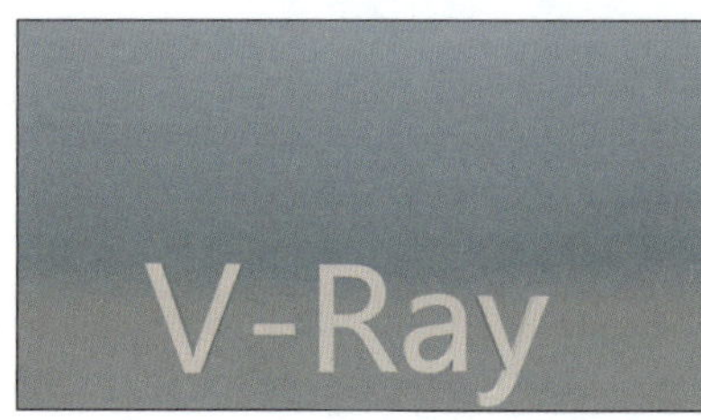

图2-61　CIE阴天

“Hosek et al模型”——基于Hosek等人的方法生成V-Ray天空纹理，如图2-62所示（该方法模型为默认模型）。

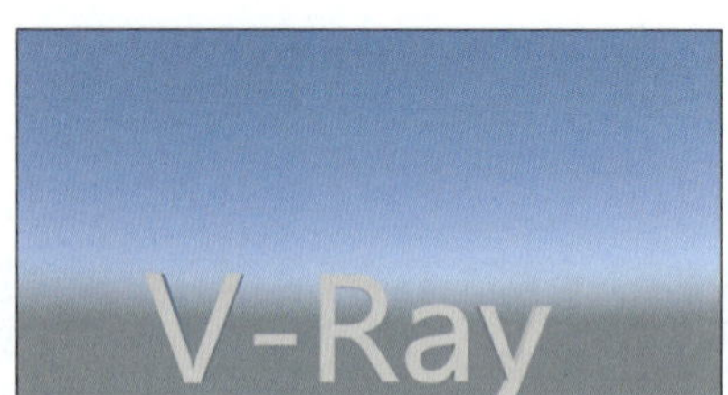

图2-62　Hosek et al模型（默认选项）

“PRG清晰天空”——基于PRG清晰天空方法生成的V-Ray天空纹理，该方法加强了日出和日落的天空，如图2-63所示。

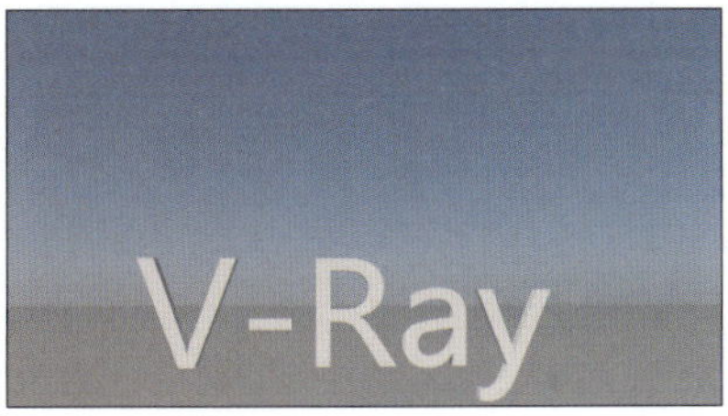

图2-63　PRG清晰天空

② **日照强度**——指定来自天空的水平表面上的照明强度（以lx为单位）。

只有在“CIE标准晴空”和“CIE阴天”模式下，才可以调整“日照强度”。

数值越大，亮度越高。

③ **浑浊度**——空气中灰尘的数量，并且影响太阳和天空的颜色。

浑浊度越小，太阳和天空光线越清澈；浑浊度越大，太阳和天空光线越偏黄（图2-64~图2-66）。

在“PRG清晰天空”模式下，“浑浊度”无效。

图2-64　浑浊度2

图2-65　浑浊度4

图2-66　浑浊度8

④ **臭氧**——通过臭氧值的变化影响太阳光的颜色。

臭氧值越小，太阳光越黄；臭氧值越大，太阳光越蓝（图2-67~图2-69）。

在“PRG清晰天空”模式下，“臭氧”无效。

图2-67　臭氧0

图2-68　臭氧0.5

图2-69　臭氧1

2.2.5.4 地面反照率

地面反照率： 如图2-70所示，包括反照率颜色、混合角度、地平线偏移等内容。

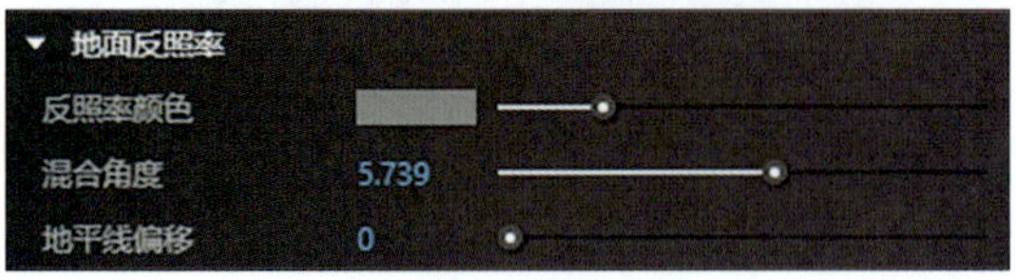

图2-70 地面反照率

① **反照率颜色**——V-Ray天空背景图像中地面的颜色（图2-71和图2-72）。

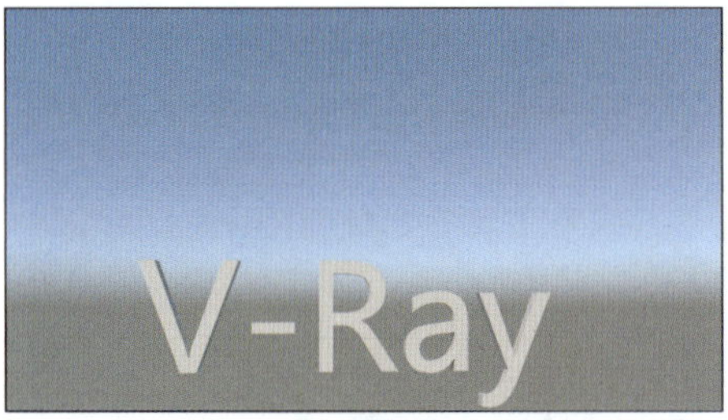

图2-71 反照率颜色（灰色）

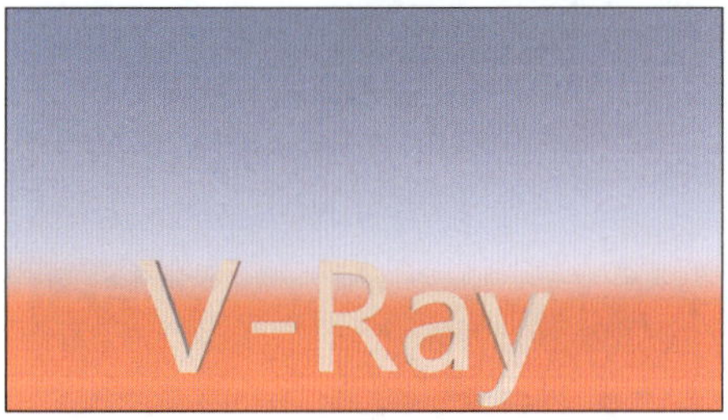

图2-72 反照率颜色（红色）

② **混合角度**——V-Ray天空和地面之间发生混合的角度。

混合角度越小，天空和地面的交界线越锐利；混合角度越大，交界线越柔和（图2-73和图2-74）。

图2-73 混合角度0

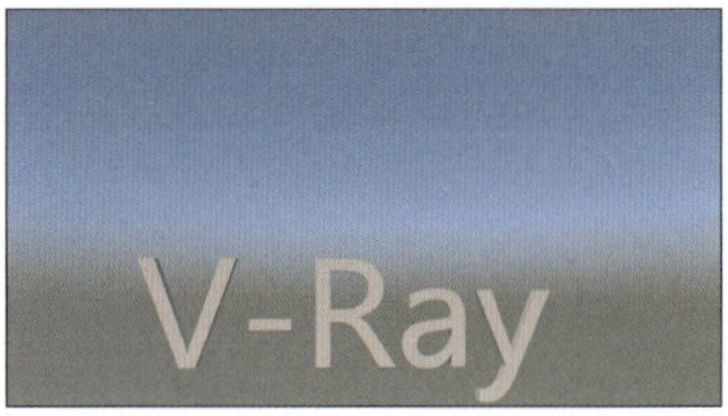

图2-74 混合角度10

③ **地平线偏移**——升高或降低地平线的高度。

偏移值越小，地平线高度越高；偏移值越大，地平线高度越低（图2-75和图2-76）。

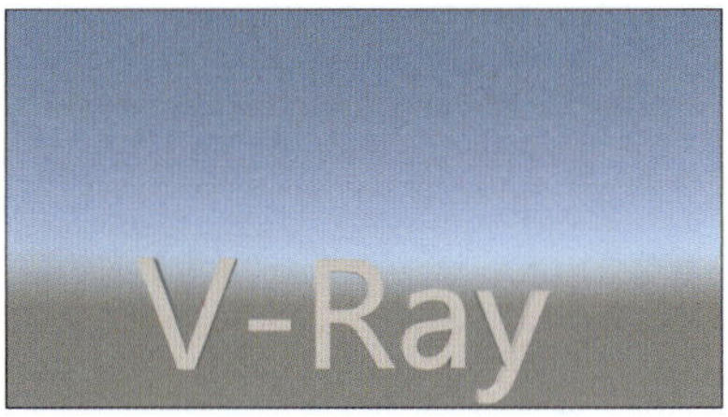

图2-75 地平线偏移5.7

图2-76 地平线偏移15

2.2.6 “太阳光”选项

“太阳光”选项： “太阳光”选项包括不可见、阴影、影响漫反射、影响高光、影响大气、大气阴影、焦散光子等内容，如图2-77所示。

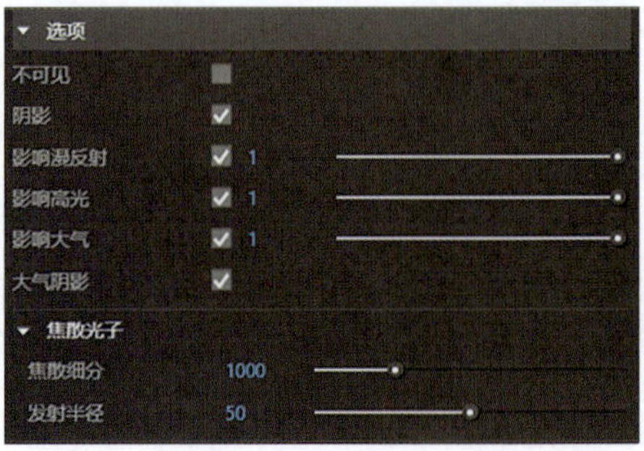

图2-77 “太阳光”选项

2.2.6.1　不可见

不可见：不能看见太阳光的“灯体”（圆盘），包括太阳光的“灯体”和其他反射面上的“灯体”。

即使太阳光被“不可见”，太阳光的灯光效果仍然存在。

操作方法

不勾选“不可见”（默认），则太阳光的“灯体”和其他反射面上的“灯体”都可以看见，如图2-78所示。

图2-78　不勾选“不可见”

勾选“不可见”，则太阳光的“灯体”和其他反射面上的“灯体”都不能被看见，如图2-79所示，但是太阳光的灯光效果仍然存在。

图2-79　勾选“不可见”

2.2.6.2　阴影

阴影：控制太阳光是否投射阴影。

操作方法

如图2-80所示，在SketchUp中开启“阴影”。

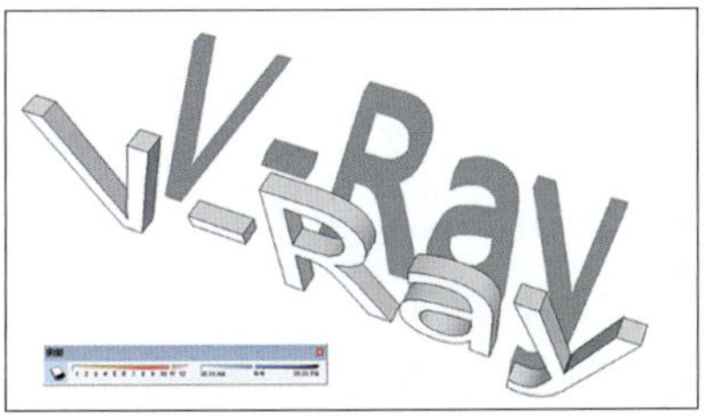

图2-80　SketchUp阴影

勾选“阴影”（默认），则太阳光可以投射阴影，如图2-81所示。

不勾选“阴影”，则太阳光不可以投射阴影，如图2-82所示。

图2-81　勾选太阳光“阴影”

图2-82　不勾选太阳光“阴影”

2.2.6.3　影响漫反射

影响漫反射：太阳光对材质漫反射特性的影响。数值越大，太阳光对材质的漫反射影响越大；数值越小，太阳光对材质的漫反射影响越小。

操作方法

勾选“影响漫反射”（默认），则太阳光可以影响材质的漫反射，如图2-83所示。

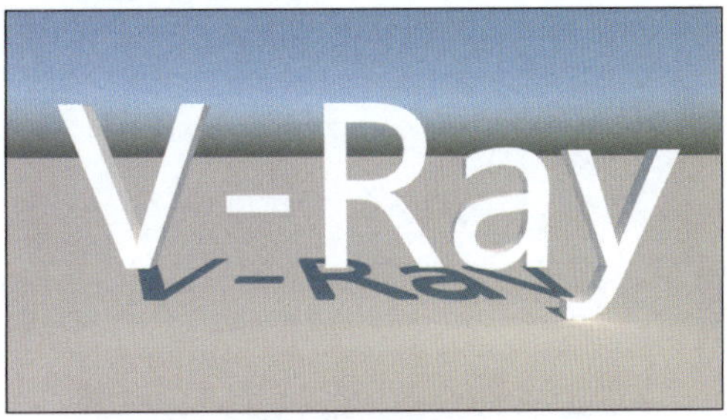

图2-83　影响漫反射1

介于中间，如图2-84所示。

不勾选“影响漫反射”，则太阳光不可以影响材质的漫反射，如图2-85所示。

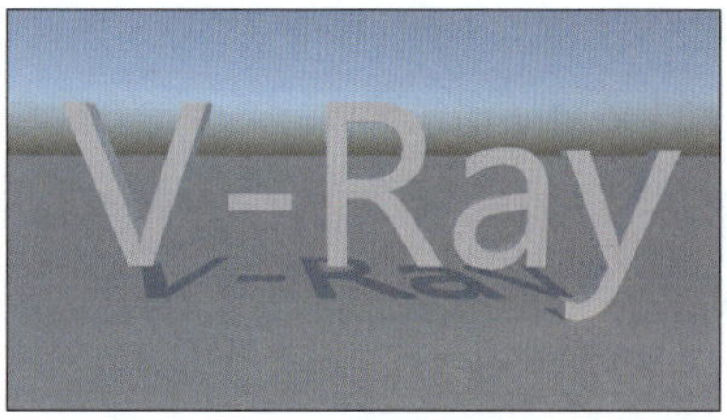

图2-84　影响漫反射0.3

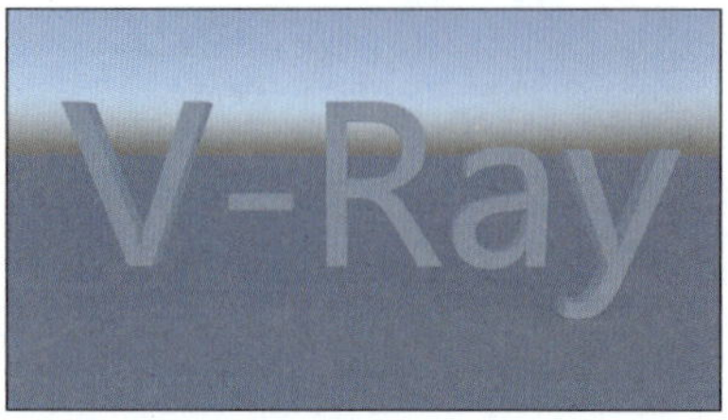

图2-85　影响漫反射0

2.2.6.4　影响高光

影响高光：太阳光对材质反射的影响（包括镜面反射），即材质能否反射太阳光线。数值越大，材质对太阳光线的反射越强；数值越小，材质对太阳光线的反射越弱。

操作方法

勾选“影响高光”（默认），则材质可以反射太阳光线，如图2-86所示。

图2-86　影响高光1

介于中间，如图2-87所示。

不勾选“影响高光”，则材质不可以反射太阳光线，如图2-88所示。

图2-87　影响高光0.1

图2-88　影响高光0

2.2.6.5　影响大气

影响大气：太阳光对场景中大气的影响效果。数值越大，太阳光对大气的影响程度越高；数值越低，太阳光对大气的影响程度越低。

操作方法

勾选“影响大气”（默认），则太阳光可以影响场景中的大气效果。

不勾选“影响大气”，则太阳光不可以影响场景中的大气效果。

2.2.6.6　大气阴影

大气阴影：场景中的大气效果能否投射阴影。

操作方法

勾选“大气阴影”（默认），则场景中的大气效果可以投射阴影。

不勾选“大气阴影”，则场景中的大气效果不可以投射阴影。

2.2.6.7　焦散光子

焦散光子：“焦散光子”包括焦散细分和发射半径，如图2-77所示。

① 焦散细分——光源发射出的焦散光子的数量。

细分值越大，发射出的光子数量越多，渲染结果更平滑，图像噪点更少，但渲染时间更长。

细分值越小，发射出的光子数量越少，渲染结果更粗糙，图像噪点更多，但渲染时间更短。

② 发射半径——在太阳光周围，发射光子的区域半径大小。

由于太阳光发射出的是无限远的平行光线，因此“反射半径”的大小并不影响太阳光的效果。

2.3 矩形灯

矩形灯 / Rectangle Light： 矩形灯是一种平面光源，具有矩形或椭圆的形状（包括正方向和正圆），可用于模拟室内环境中的人造光源。

△ 提示

①在SketchUp模型空间中，“矩形灯”（组件）模型的位置、角度、大小均可以对矩形灯的照明效果产生影响。

②请勿进入“V-Ray灯光”组件内部对灯光做修改，否则容易损坏V-Ray灯光。

2.3.1 “矩形灯”创建

“矩形灯”创建： 创建一个新的矩形灯。

操作方法

（1）在SketchUp中创建“矩形灯”

步骤 01 如图2-89所示，在“V-Ray灯光”工具栏中，用鼠标左键单击“矩形灯”工具的图标，或者执行“扩展程序>V-Ray>V-Ray Lights>Rectangle Light”菜单指令。

图2-89 “矩形灯”图标

步骤 02 在绘图区任意一点单击鼠标左键以确定“矩形灯光一个对角点”。

步骤 03 将光标移至“矩形灯光另一个对角点”，单击鼠标左键即可完成“矩形灯”的创建。

如图2-90所示，“矩形平面”为矩形灯发光平面，“箭头”表示矩形灯发光方向。

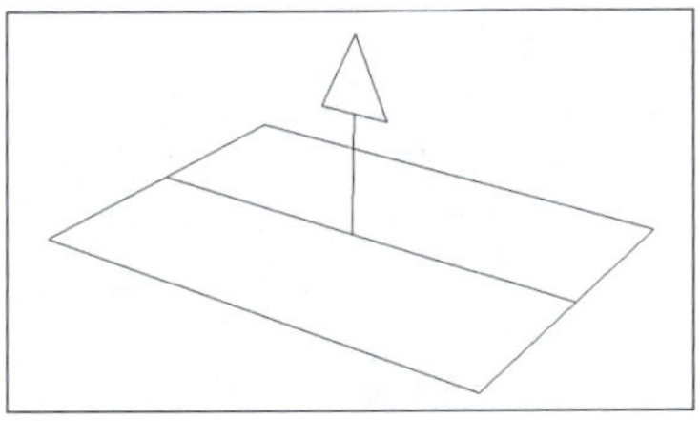

图2-90 “矩形灯”模型

同时，在V-Ray资源编辑器的灯光列表中，同步出现一个新的矩形灯，如图2-91所示。

图2-91 V-Ray灯光列表

（2）V-Ray资源编辑器中创建“矩形灯”

在V-Ray资源编辑器中创建V-Ray灯光的方法，详见本书2.1.2.1小节“新建灯光”。

△ 提示

①在SketchUp模型空间中创建矩形灯时，矩形平面会自动捕捉SketchUp模型中已有的平面。

②“V-Ray灯光”在SketchUp模型空间中是一个“组件”。

2.3.2 “矩形灯”删除

“矩形灯”删除： 删除已创建的矩形灯。

操作方法

（1）在SketchUp中删除V-Ray灯光

步骤 01 在SketchUp模型中，使用“选择”工具，选择一个或多个需要删除的“V-Ray灯光”。

步骤 02 在SketchUp模型中，执行“删除”工具指令，即可在SketchUp模型空间中删除被选中的“V-Ray灯光”。

（2）在V-Ray灯光列表中删除V-Ray灯光

步骤 01 在V-Ray灯光列表中，选择一个或多个需要删除的“V-Ray灯光”。

步骤 02 用鼠标右键单击灯光名称，在右键菜单中选择“删除”；或者在灯光列表底部单击“Delete assets”的图标（ ）。

步骤 03 弹出“Delete assets”对话框，

选择“Delete”，即可删除被选中的灯光；选择“Cancel”，可取消删除。

△ 提示

①在SketchUp模型空间中删除“V-Ray灯光”，不会删除“V-Ray灯光列表”中的灯光。

②在“V-Ray灯光列表”中删除“V-Ray灯光”，会同时删除该灯光在SketchUp模型空间中的所有个体。

2.3.3 “矩形灯”开关

“矩形灯”开关：打开或关闭“矩形灯”。

操作方法

方法 01 如图2-92所示，用鼠标左键单击“灯光开关”的按钮（ ），即可打开或关闭“矩形灯”。

图2-92 “矩形灯”参数面板

方法 02 如图2-93所示，在灯光列表中，用鼠标左键单击1，即可“打开”（亮显）或“关闭”（暗灰）“矩形灯”。

图2-93 灯光列表

2.3.4 “矩形灯”模型

“矩形灯”模型：“V-Ray灯光”模型在SketchUp模型空间中是“组件”的形式。

操作方法

（1）“矩形灯”模型变动

在SketchUp模型空间中，使用“移动”“旋转”“缩放”等工具，可以调整“矩形灯”模型的位置、角度、大小等，并且均可以使矩形灯的照明效果发生变化。

（2）复制“矩形灯”模型

在SketchUp模型空间中，使用“复制”工具，可以复制多个“V-Ray灯光”。

△ 提示

① 由于“V-Ray灯光”在SketchUp模型空间中是“组件”的形式，在SketchUp模型空间中复制V-Ray灯光时，V-Ray灯光列表中不会产生灯光副本，即V-Ray灯光列表中的“灯光A”代表SketchUp模型空间中所有的“灯光A”个体。修改灯光列表中“灯光A”的参数，则模型空间中所有“灯光A”均发生变化。

② 如果在SketchUp模型空间中，把“灯光A”的个体“设定为唯一”，即创建出另一个“组件”，可在V-Ray灯光列表中创建出“灯光A”的副本（新组件）。副本灯光会自动命名，在原灯光名称后添加“#+数字”作为新的灯光名称。

2.3.5 “矩形灯”参数

“矩形灯”参数：“矩形灯”参数包括颜色/纹理、强度、单位、形状、方向性等内容，如图2-94所示。SketchUp中矩形灯位置如图2-95所示。

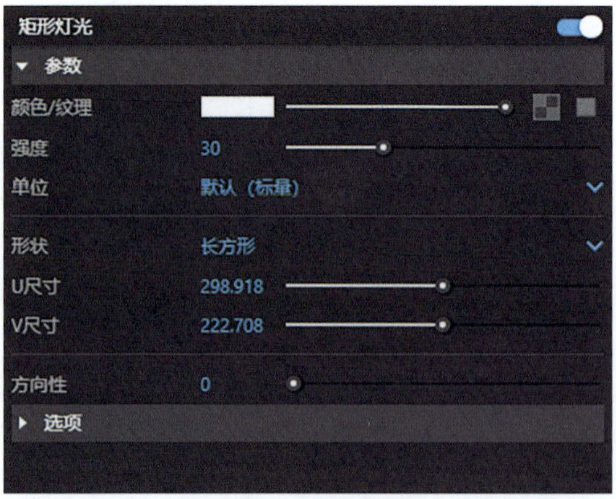

图2-94 “矩形灯”参数

图2-95　SketchUp中矩形灯位置

2.3.5.1　颜色 / 纹理

颜色 / 纹理：“矩形灯”按照一个“颜色”或者“图片”（纹理贴图）的方式来发光。

“颜色”——灯光的颜色，如图2-96和图2-97所示。

图2-96　矩形灯（白色）

图2-97　矩形灯（黄色）

“纹理”——灯光按照图片（纹理贴图）的颜色来发光，类似电视机中播放的图像。在“贴图框”添加贴图后，“矩形灯”既可以发射出图片颜色的光线，又可以在矩形灯中观察到图片背景，如图2-98所示。

图2-98　矩形灯添加贴图

“矩形灯”的“贴图框”中添加图片后，图片会自动改变长宽比，使图片恰好填充到矩形灯的“贴图框”中。当矩形灯尺寸发生变化时，图片长宽比也会随之发生变化，如图2-98和图2-99所示。

图2-99　矩形灯尺寸变化

△ 提示

“贴图框”内部参数面板

若“贴图框”中已添加图片，用鼠标左键单击“贴图框”，则会弹出“位图”参数面板，如图2-100所示。

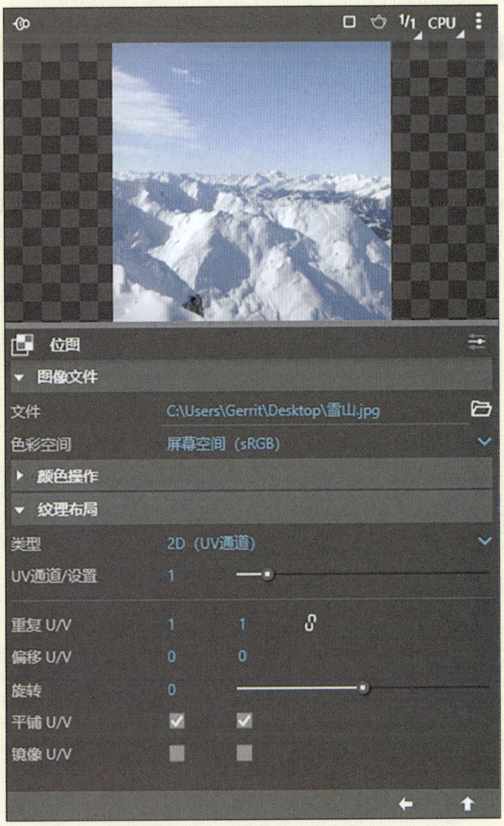

图2-100　“位图”参数面板

（1）图像文件

“文件”——显示被导入图片在计算机中的位置，单击图标（ ）可以重新添加图片。

如果被导入的图片在计算机中被重命名、移动或者删除，均会使文件链接断裂，图片加载失败，并导致渲染错误。如果文件链接断裂，则需要重新添加图片。

（2）纹理布局

“U”表示图片水平方向，“V”表示图片垂直方向。

①“重复U/V”——图片在水平方向和垂直方向上平铺的次数。

默认状态下，图片在水平方向和垂直方向上均平铺1次，以充满整个“贴图框”，如图2-98所示。

修改“U”值，可以调整图片在水平方向上平铺的次数，次数越多，图片在水平方向上越小，如图2-101所示。

图2-101 “U”重复2，“V”重复1

修改“V”值，可以调整图片在垂直方向上平铺的次数，次数越多，图片在垂直方向上越小。

用鼠标左键单击“锁链”，可以固定“U”和“V”的比例，例如“U”和“V”值均为2，则图片在水平方向和垂直方向上均平铺2次，充满整个“贴图框”需要4张图片，如图2-102所示。

图2-102 “U”重复2，“V”重复2

②“偏移U/V”——图片在水平方向和垂直方向上偏移的量。例如，“0.5”表示偏移“贴图框”一半的长度。

如图2-103所示，“U”值偏移0.3，“V”值偏移0。

图2-103 “U”偏移0.3

③“旋转”——图片以左下角为圆心，顺时针旋转。

如图2-104所示，将图片旋转30°。

图2-104 旋转30°

④“平铺U/V”——图片在水平方向和垂直方向上是否平铺，以充满整个“贴图框”。

默认状态下，图片在水平方向和垂直方向上均平铺，以充满整个“贴图框”；取消平铺，则图片缩小后，在“贴图框”留出空白区域。

如图2-105所示，“U”值和“V”值均重复2次，且取消平铺。

图2-105　不平铺

⑤“镜像U/V”——图片在水平方向和垂直方向上镜像翻转。

该选项把“贴图框”切割成两半，并水平或垂直翻转一侧的图片。

该选项便于处理“非重复纹理”拼接的接缝线。

如图2-106所示，将图片在垂直方向上镜像翻转。

图2-106　将图片在垂直方向上镜像翻转

2.3.5.2　强度

强度： 矩形灯的亮度。数值越大，亮度越高（图2-107~图2-109）。

图2-107　强度10

图2-108　强度30

图2-109　强度100

2.3.5.3　单位

单位： 矩形灯灯光的亮度测量单位。

操作方法

如图2-110所示，展开“单位”列表，有“默认（标量）、发光功率（流明）、发光强度（lm/m^2/sr）、辐射功率（W）、辐射强度（W/m^2sr）”五个选项。

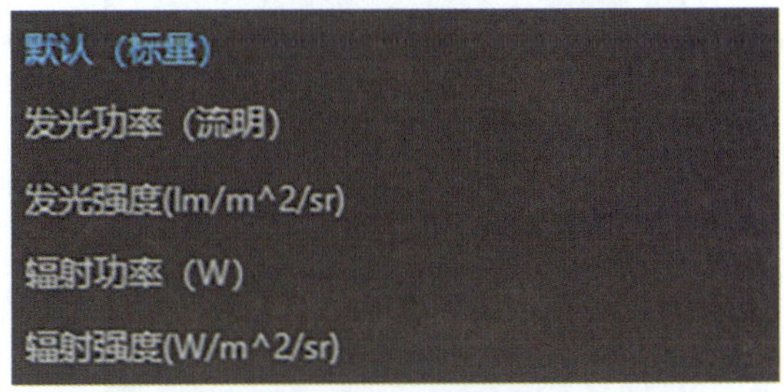

图2-110　矩形灯亮度单位

“默认（标量）”——颜色和乘数直接确定光的可见颜色，无需任何转换（默认使用“标量”）。

“发光功率（流明）”——以流明为单位测量的总发射可见光功率。

“发光强度（lm/m^2/sr）”——可见光表面功率，单位为流明每平方米每球面度。

“辐射功率（W）”——以瓦为单位测量的

总发射可见光功率。

“辐射强度（W/m^2sr）”——可见光表面功率，单位为瓦每平方米每球面度。

2.3.5.4 形状

形状：矩形灯灯体的形状，有矩形和椭圆两种（包括正方形和正圆）（图2-111）。

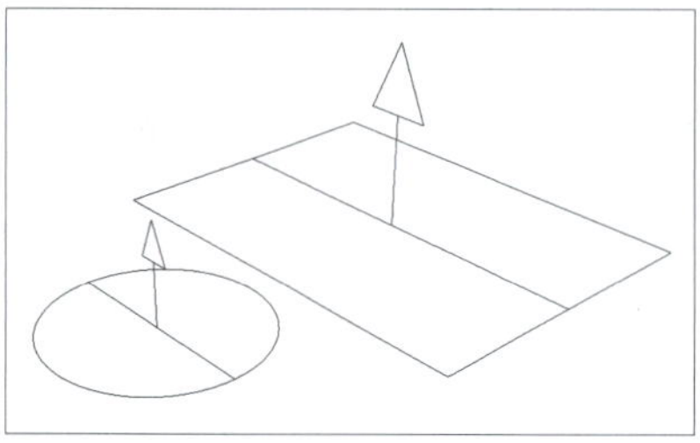

图2-111 矩形灯两种形状

操作方法

展开“形状”列表，有“长方形”“圆盘”两种选项。

“长方形”——“U尺寸”和“V尺寸”分别表示长方形长及宽的尺寸（图2-112）。

“圆盘”——“尺寸”表示圆的半径尺寸（图2-113）。

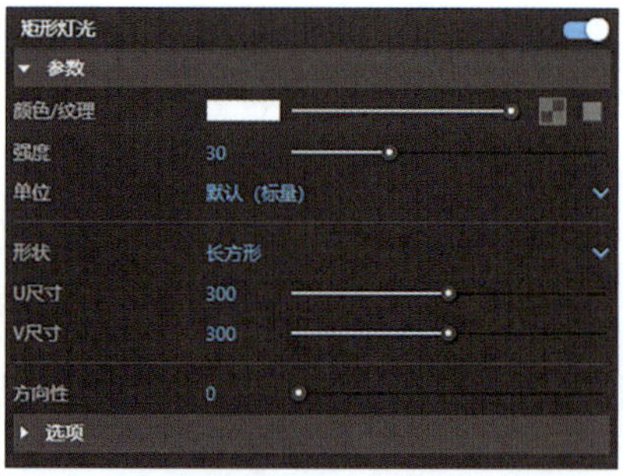

图2-112 矩形形状尺寸

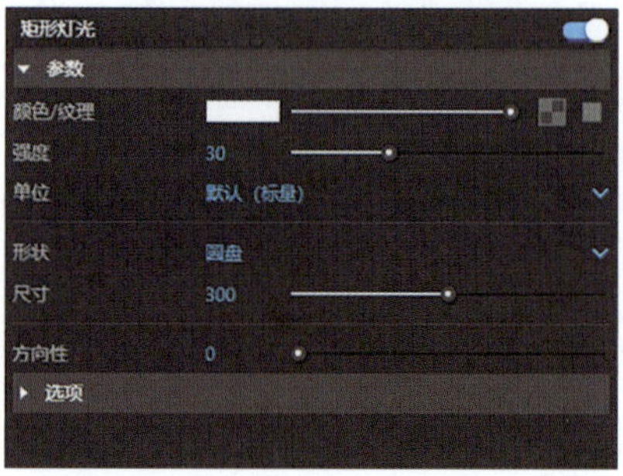

图2-113 圆盘形状尺寸

△ 提示

在SketchUp模型空间中，使用“缩放”工具，也可以调整“矩形灯”模型的大小。

但是，在SketchUp模型空间中调整“矩形灯”的大小，不会改变“矩形灯”参数面板中“U/V尺寸”，渲染效果分别如图2-114和图2-115所示。

图2-114 长方形渲染效果

图2-115 圆盘形渲染效果

2.3.5.5 方向性

方向性：矩形灯的光束是否集中在一个方向上。

方向性为0，则光线在各个方向上均匀分布（图2-116）。增加方向性的值，光束会更窄，将其集中在一个方向上（图2-117和图2-118）。

图2-116 方向性0

图2-117 方向性0.5

图2-118 方向性1

2.3.6 “矩形灯”选项

“矩形灯”选项：“矩形灯”选项包括不可见、无衰减、阴影、双面、影响漫反射、影响高光、影响反射、影响大气、纹理分辨率、焦散光子等内容，如图2-119所示。

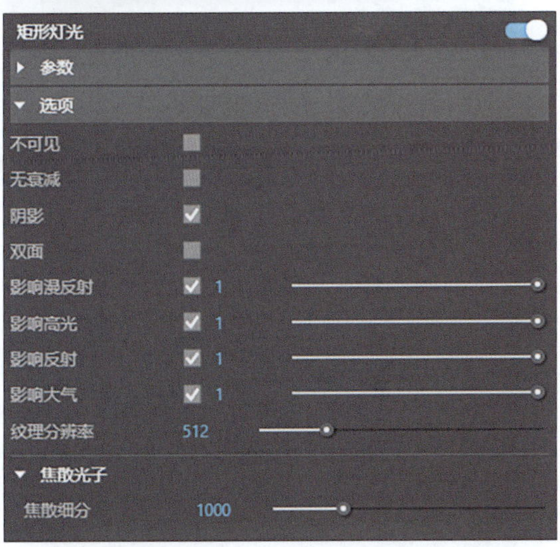

图2-119 “矩形灯”选项

2.3.6.1 不可见

不可见：控制矩形灯“灯体”（发光面）是否能被看见。

勾选“不可见”后，矩形灯的灯体不会被看见，但是矩形灯的灯光效果仍然存在，且反射面中的灯体仍然会被看见。

操作方法

不勾选“不可见”（默认），则矩形灯的“灯体”和其他反射面上的“灯体”都可以看见，如图2-120~图2-122所示。

图2-120 矩形灯可见（正面）

图2-121 矩形灯可见（背面）

图2-122 反射面中，矩形灯可见

勾选“不可见”，则矩形灯的“灯体”不能被看见，但是灯光效果仍然存在，如图2-123和图2-124所示；同时，其他反射面中的“灯体”仍然会被看见，如图2-125所示。

图2-123 矩形灯不可见（正面）

图2-124　矩形灯不可见（背面）

图2-125　反射面中，矩形灯可见

2.3.6.2　无衰减

无衰减：“衰减”指灯光亮度随着与光源距离的增加而降低，“无衰减”指灯光亮度不会随着与光源距离的增加而降低。

操作方法

不勾选“无衰减”（默认），则矩形灯的灯光亮度随着与光源距离的增加而降低，如图2-126所示。

图2-126　灯光亮度有衰减

勾选“无衰减”，则矩形灯的灯光亮度不会随着与光源距离的增加而降低，如图2-127所示。

图2-127　灯光亮度无衰减

2.3.6.3　阴影

阴影：控制矩形灯是否投射阴影。

操作方法

勾选“阴影”（默认），则矩形灯可以投射阴影，如图2-128所示。

图2-128　有阴影

不勾选“阴影”，则矩形灯不可以投射阴影，如图2-129所示。

图2-129　无阴影

2.3.6.4　双面

双面：矩形灯向两个方向同时发射光线。

操作方法

不勾选“双面”（默认），则矩形灯只向箭头方向发射光线，如图2-130所示。

图2-130　单面发射光线

勾选“双面”，则矩形灯同时向箭头方向和反方向发射光线，如图2-131所示。

图2-131　双面发射光线

2.3.6.5　影响漫反射

影响漫反射： 矩形灯能否影响材质的漫反射特性。数值越大，矩形灯对材质的漫反射影响越大；数值越小，矩形灯对材质的漫反射影响越小。

操作方法

勾选“影响漫反射”（默认），则矩形灯可以影响材质的漫反射，如图2-132所示。

介于中间，如图2-133所示。

不勾选“影响漫反射”，则矩形灯不可以影响材质的漫反射，如图2-134所示。

图2-132　影响漫反射1

图2-133　影响漫反射0.1

图2-134　影响漫反射0

2.3.6.6　影响高光

影响高光： 矩形灯能否影响“非完全光滑”材质的反射，“非完全光滑”指“反射光泽度小于1”。

“反射光泽度”内容详见本书3.2.3小节“反射”。

数值越大，“非完全光滑”材质对光线的反射越强；数值越小，“非完全光滑”材质对光线的反射越弱。

操作方法

勾选“影响高光”（默认），则“非完全光滑”材质可以反射光线，如图2-135所示。

介于中间，如图2-136所示。

不勾选“影响高光”，则“非完全光滑”材质不可以反射光线，如图2-137所示。

> △ 提示
>
> “影响高光”的数值和“影响发射”的数值是绑定的，两者同时变化。

图2-135　影响高光1

图2-136　影响高光0.5

图2-137　影响高光0

2.3.6.7 影响反射

影响反射：矩形灯能否影响“完全光滑”材质的反射，“完全光滑”指“反射光泽度等于1”。

“反射光泽度”内容详见本书3.2.3小节“反射”。

数值越大，“完全光滑”材质对光线的反射越强；数值越小，“完全光滑”材质对光线的反射越弱。

操作方法

勾选“影响反射”（默认），则“完全光滑”材质可以反射光线，如图2-138所示。

介于中间，如图2-139所示。

不勾选“影响反射”，则“完全光滑”材质不可以反射光线，如图2-140所示。

> △ 提示
>
> “影响高光”的数值和“影响发射”的数值是绑定的，两者同时变化。

图2-138 影响反射1

图2-139 影响反射0.2

图2-140 影响反射0

2.3.6.8 影响大气

影响大气：矩形灯光线能否影响场景中的大气效果。数值越大，矩形灯光线对大气的影响程度越高；数值越低，矩形灯光线对大气的影响程度越低。

操作方法

勾选“影响大气”（默认），则矩形灯光线可以影响场景中的大气效果。

不勾选“影响大气”，则矩形灯光线不可以影响场景中的大气效果。

2.3.6.9 纹理分辨率

纹理分辨率：为重要的采样指定纹理重新采样的尺寸大小，以便在不影响纹理本身渲染方式的情况下产生更好的阴影。

纹理分辨率数值越大，渲染效果越好。

2.3.6.10 焦散细分

焦散细分：光源发射出的焦散光子的数量。

细分值越大，发射出的光子数量越多，渲染结果更平滑，图像噪点更少，但渲染时间更长。

细分值越小，发射出的光子数量越少，渲染结果更粗糙，图像噪点更多，但渲染时间更短。

2.4 球形灯

球形灯/ Sphere Light：球形灯是一个球体形状的光源，向球体外部各个方向发射光线。

> △ 提示
>
> ① 在SketchUp模型空间中，“球形灯”（组件）模型的位置、大小均可以对球形灯的照明效果产生影响。
>
> ② 请勿进入“V-Ray灯光”组件内部对灯光做修改，否则容易损坏V-Ray灯光。

2.4.1　“球形灯”创建

“球形灯”创建：创建一个新的球形灯。

操作方法

（1）在SketchUp中创建“球形灯”

步骤 01 如图2-141所示，在“V-Ray灯光”工具栏中，用鼠标左键单击“球形灯”工具的图标；或者执行“扩展程序>V-Ray>V-Ray Lights>Sphere Light”菜单指令。

图2-141　“球形灯”图标

步骤 02 在绘图区任意一点单击鼠标左键以确定“球形灯的球心”。

步骤 03 移动光标，光标移动距离为球体半径，再次单击鼠标左键即可完成“球形灯”的创建。

如图2-142所示，“球形框架”模型为球形灯发光面，“中心点”表示球形灯的中心。

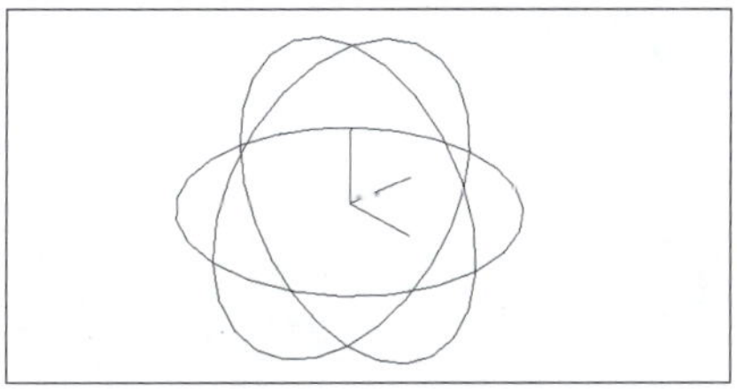

图2-142　“球形灯”模型

同时，在V-Ray资源编辑器的灯光列表中，同步出现一个新的球形灯，如图2-143所示。

图2-143　V-Ray灯光列表

（2）在V-Ray资源编辑器中创建“球形灯”

在V-Ray资源编辑器中创建V-Ray灯光的方法，详见本书2.1.2.1小节“新建灯光”。

> **提示**
>
> “V-Ray灯光”在SketchUp模型空间中是一个“组件”。

2.4.2　“球形灯”删除

“球形灯”删除：删除已经创建的球形灯。

操作方法

同“矩形灯”删除方法，详见本书2.3.2小节“矩形灯”删除。

2.4.3　“球形灯”开关

“球形灯”开关：打开或关闭“球形灯”。

操作方法

方法 01 如图2-144所示，用鼠标左键单击“灯光开关”的按钮（ ），即可打开或关闭“球形灯”。

图2-144　“球形灯”参数面板

方法 02 如图2-145所示，在灯光列表中，鼠标左键单击1，即可“打开”（亮显）或“关闭”（暗灰）“球形灯”。

图2-145　灯光列表

2.4.4　“球形灯”模型

“球形灯”模型：“V-Ray灯光”模型在SketchUp模型空间中是“组件”的形式。

操作方法

（1）“球形灯”模型变动

在SketchUp模型空间中，使用“移动”“缩放”等工具，可以调整“球形灯”模型的位置、大小等，并且均可以使球形灯的照明效果发生变化。

△ 提示

"球形灯"模型角度的变化，不会使照明效果发生变化。

（2）复制"球形灯"模型

同"矩形灯"模型复制方法，详见本书2.3.4小节"矩形灯"模型。

2.4.5 "球形灯"参数

"球形灯"参数："球形灯"参数包括颜色、强度、单位、尺寸等内容，如图2-146所示。

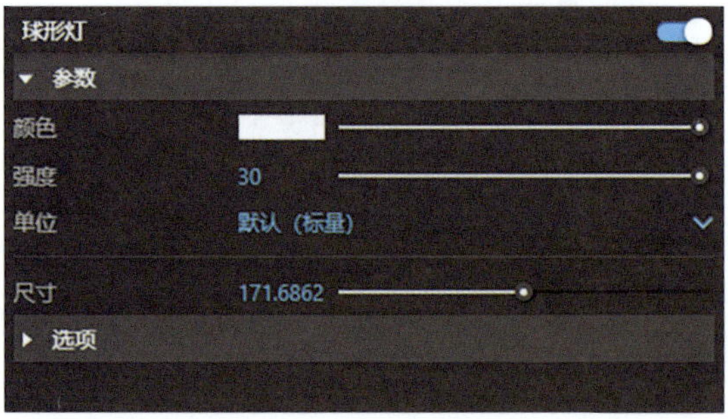

图2-146 "球形灯"参数

2.4.5.1 颜色

颜色："球形灯"灯光的颜色，如图2-147~图2-149所示。

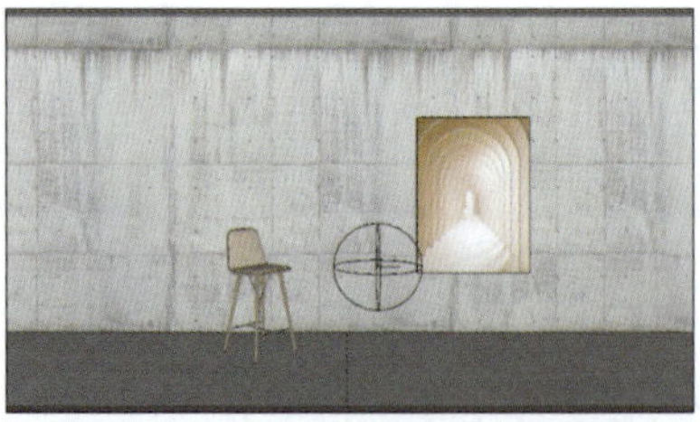

图2-147 SketchUp中球形灯位置

图2-148 球形灯（白色）

图2-149 球形灯（黄色）

2.4.5.2 强度

强度：球形灯灯光的亮度（图2-150~图2-152）。

图2-150 强度30

图2-151 强度100

图2-152 强度300

2.4.5.3 单位

单位：球形灯灯光的亮度测量单位。

操作方法

同"矩形灯"单位调整方法，详见本书2.3.5.3小节"单位"。

2.4.5.4 尺寸

尺寸：球形灯灯体的大小。

△ 提示

在SketchUp模型空间中，使用“缩放”工具，也可以调整“球形灯”模型的大小。

但是，在SketchUp模型空间中调整“球形灯”的大小，不会改变“球形灯”参数面板中“尺寸”数值。

2.4.6　“球形灯”选项

“球形灯”选项：“球形灯”选项包括不可见、无衰减、阴影、影响漫反射、影响高光、影响反射、影响大气、焦散光子等内容，如图2-153所示。

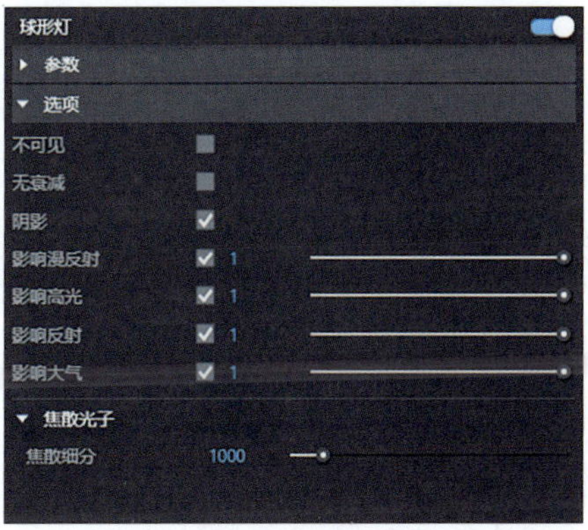

图2-153 “球形灯”选项

“球形灯”选项各部分设置与“矩形灯”选项一致，详见本书2.3.6小节“矩形灯选项”。

2.5　聚光灯

聚光灯 / Spot Light：聚光灯是一种锥形光源，在一个圆锥形的区域内发射光线并衰减，可用于模拟舞台灯、手电筒等人造光源。

△ 提示

① 在SketchUp模型空间中，“聚光灯”（组件）模型的位置、角度均可以对矩形灯的照明效果产生影响。

② 请勿进入“V-Ray灯光”组件内部对灯光做出修改，否则容易损坏V-Ray灯光。

2.5.1　“聚光灯”创建

“聚光灯”创建：创建一个新的聚光灯。

操作方法

（1）在SketchUp中创建“聚光灯”

步骤 01　如图2-154所示，在“V-Ray灯光”工具栏中，用鼠标左键单击“聚光灯”工具的图标；或者执行“扩展程序>V-Ray>V-Ray Lights>Spot Light”菜单指令。

图2-154 “聚光灯”图标

步骤 02　在绘图区任意一点单击鼠标左键，即可完成“聚光灯”的创建。

如图2-155所示，“圆锥顶点”为光源，“圆锥底部”为光源的发射方向。

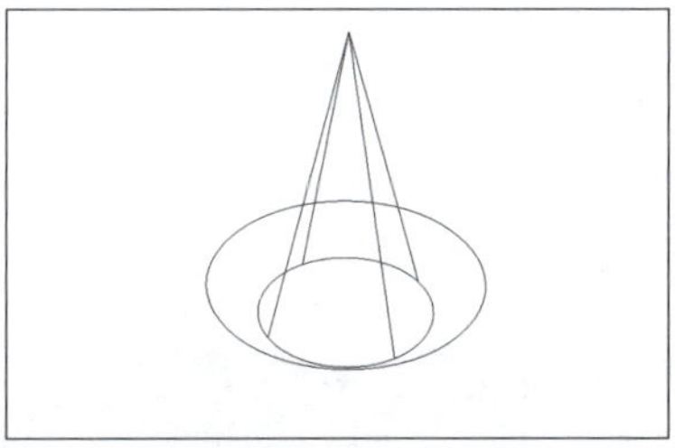

图2-155 “聚光灯”模型

同时，在V-Ray资源编辑器的灯光列表中，同步出现一个新的聚光灯，如图2-156所示。

图2-156 V-Ray资源编辑器的灯光列表

（2）在V-Ray资源编辑器中创建“聚光灯”

在V-Ray资源编辑器中创建V-Ray灯光的方法，详见本书2.1.2.1小节“新建灯光”。

> △ 提示
>
> “V-Ray灯光”在SketchUp模型空间中是一个“组件”。

2.5.2 “聚光灯”删除

“聚光灯”删除：删除已经创建的聚光灯。

操作方法

同“矩形灯”删除方法，详见本书2.3.2小节“矩形灯”删除。

2.5.3 “聚光灯”开关

“聚光灯”开关：打开或关闭“聚光灯”。

操作方法

方法 01 如图2-157所示，用鼠标左键单击“灯光开关”的按钮（ ），即可打开或关闭“聚光灯”。

图2-157 “聚光灯”参数面板

方法 02 如图2-158所示，在灯光列表中，鼠标左键单击1，即可“打开”（亮显）或“关闭”（暗灰）“聚光灯”。

图2-158 灯光列表

2.5.4 “聚光灯”模型

“聚光灯”开关：“V-Ray灯光”模型在SketchUp模型空间中是“组件”的形式。

操作方法

（1）“聚光灯”模型变动

在SketchUp模型空间中，使用“移动”“旋转”等工具，可以调整“聚光灯”模型的位置、角度等，并且均可以使聚光灯的照明效果发生变化。

> △ 提示
>
> “聚光灯”模型大小的变化，不会使照明效果发生变化。

（2）复制“聚光灯”模型

同“矩形灯”模型复制方法，详见本书2.3.4小节“矩形灯”模型。

2.5.5 “聚光灯”参数

“聚光灯”参数：“聚光灯”参数包括颜色/纹理、强度、单位、圆锥角度、半影角、半影衰减、衰减、阴影半径等内容，如图2-159所示。

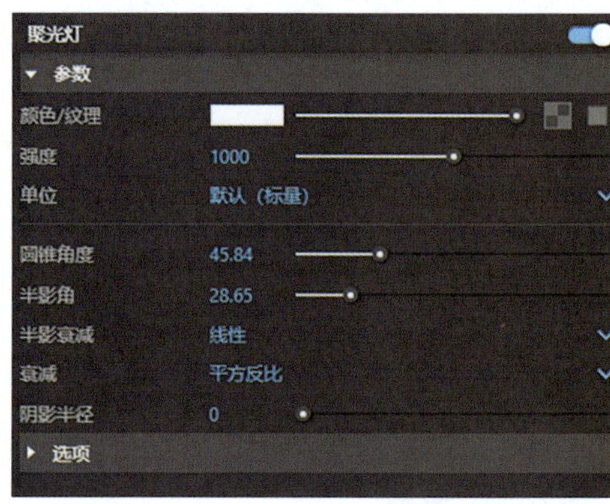

图2-159 “聚光灯”参数

2.5.5.1 颜色/纹理

颜色/纹理：“聚光灯”按照一个“颜色”或者“图片”（纹理贴图）的方式来发光（图2-160~图2-162）。

“颜色”——灯光的颜色。

“纹理”——灯光按照图片（纹理贴图）的颜色来发光。

图2-160 SketchUp中聚光灯位置

图2-161 矩形灯（白色）

图2-162 矩形灯（贴图）

2.5.5.2 强度

强度： 聚光灯灯光的亮度。

操作方法

同“矩形灯”强度调整方法，详见本书2.3.5.2小节“强度”（图2-163~图2-165）。

> △ 提示
>
> 聚光灯的强度参数较大，需要设置较高的亮度值才能明显观察到光线。

图2-163 强度10000

图2-164 强度50000

图2-165 强度200000

2.5.5.3 单位

单位： 聚光灯灯光的亮度测量单位。

操作方法

同“矩形灯”单位调整方法，详见本书2.3.5.3小节“单位”。

2.5.5.4 圆锥角度

圆锥角度： 由灯光形成的光锥的角度（图2-166~图2-168）。

图2-166 圆锥角度10°

图2-167 圆锥角度45°

图2-168 圆锥角度90°

2.5.5.5 半影角

半影角： 聚光灯光线边缘的衰减（模糊）程度（图2-169~图2-171），灯光从“完全照明”过渡到“无照明”的角度。

半影角数值为0时，聚光灯会产生锐利的边缘。

图2-169　半影角10°

图2-170　半影角30°

图2-171　半影角60°

2.5.5.6　半影衰减

半影衰减：聚光灯光线边缘的衰减（模糊）方式，灯光从“完全照明”过渡到“无照明”的方式。

操作方法

展开“半影”列表，有“线性”“平滑立方”两个选项。

“线性”——衰减方式不会随着距离变化而变化（默认方式）。

“平滑立方”——灯光以逼真的方式淡出。

2.5.5.7　衰减

衰减：聚光灯光线亮度的衰减方式，即灯光由亮变暗的方式。

操作方法

展开“衰减”列表，有“无衰减”“反比”“平方反比”“反转蓝色”四个选项。

“无衰减”——灯光亮度不会随着距离变大而衰减。

“反比”——灯光亮度与光发射的距离成反比。

“平方反比”——灯光亮度与光发射的距离的平方成反比，该模式为光线的正常状态（默认方式）。

“反转蓝色”——反转灯光的发射方向。

2.5.5.8　阴影半径

阴影半径：阴影从“完全阴影”过渡到“无阴影”的距离。

“阴影半径”数值越大，阴影的边缘越柔和；“阴影半径”数值越小，阴影的边缘越生硬（图2-172~图2-174）。

图2-172　阴影半径0

图2-173　阴影半径10

图2-174　阴影半径30

2.5.6　“聚光灯”选项

“聚光灯”选项：“聚光灯”选项包括阴影、影响漫反射、影响高光、影响大气、焦散光子等内容，如图2-175所示。

“聚光灯”选项各部分设置与“矩形灯”选项一致，详见本书2.3.6小节“矩形灯”选项。

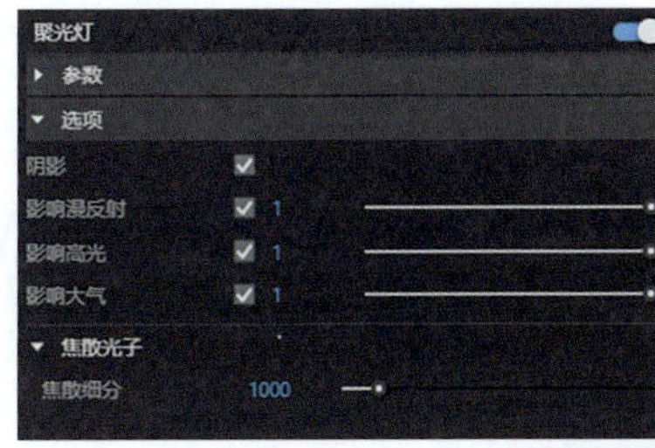

图2-175　“聚光灯”选项

2.6　IES 灯

IES灯 / IES Light：通过加载“.ies文件”来模拟各种形状的射灯灯光。

“.ies文件”包含真实世界灯泡或灯管的完整规格，包括光锥的形状和光衰减的程度，如图2-176所示。

图2-176　“IES文件”预览图

△ 提示

① 在SketchUp模型空间中，“IES灯”（组件）模型的位置、角度均可以对矩形灯的照明效果产生影响。

② 请勿进入“V-Ray灯光”组件内部对灯光做修改，否则容易损坏V-Ray灯光。

2.6.1　“IES 灯”创建

“IES灯”创建：创建一个新的IES灯。

操作方法

在SketchUp中创建“IES灯”

步骤 01　如图2-177所示，在“V-Ray灯光”工具栏中，用鼠标左键单击“IES灯”工具的图标；或者执行“扩展程序>V-Ray>V-Ray Lights>IES Light”菜单指令。

图2-177　“IES灯”图标

步骤 02　弹出“IES File”窗口，如图2-178所示，选择一个“.ies文件”，并单击“打开”，即可把“IES文件”加载到SketchUp中。

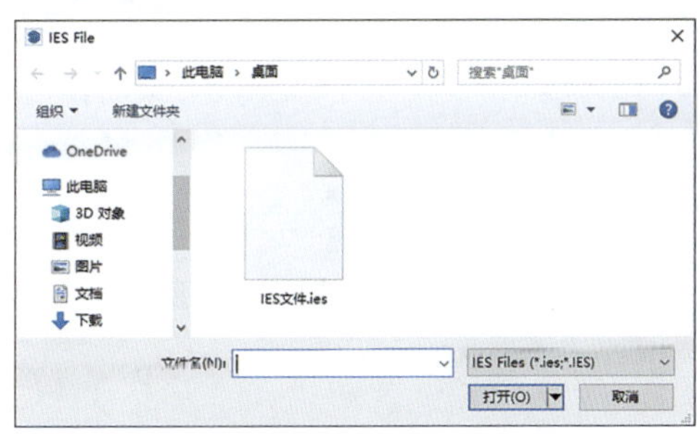

图2-178　“IES File”窗口

步骤 03　在绘图区任意一点单击鼠标左键，即可完成“IES灯”的创建。

如图2-179所示，“方形网格”为光源，“箭头”为光源的发射方向。

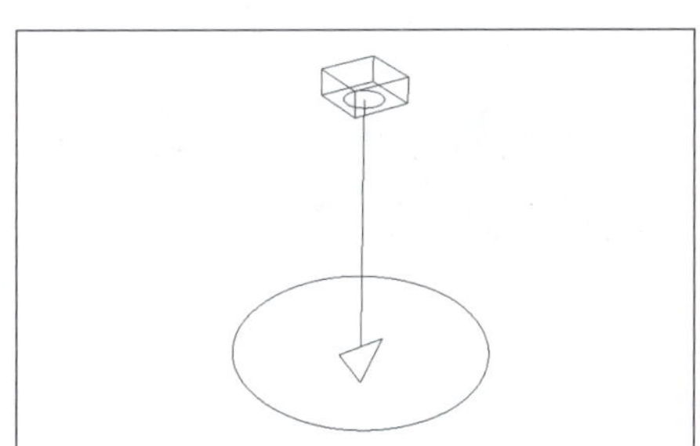

图2-179　“IES灯”模型

同时，在V-Ray资源编辑器的灯光列表中，同步出现一个新的IES灯，如图2-180所示。

图2-180 V-Ray资源编辑器灯光列表

> △ 提示
>
> “V-Ray灯光”在SketchUp模型空间中是一个“组件”。

2.6.2 “IES灯”删除

“IES灯”删除：删除已经创建的IES灯。

操作方法

同“矩形灯”删除方法，详见本书2.3.2小节“矩形灯”删除。

2.6.3 “IES灯”开关

“IES灯”开关：打开或关闭“IES灯”。

操作方法

方法01 如图2-181所示，用鼠标左键单击“灯光开关”的按钮（），即可打开或关闭“IES灯”。

图2-181 “IES灯”参数面板

方法02 如图2-182所示，在灯光列表中，鼠标左键单击1，即可“打开”（亮显）或“关闭”（暗灰）“IES灯”。

图2-182 灯光列表

2.6.4 “IES灯”模型

“IES灯”开关：“V-Ray灯光”模型在SketchUp模型空间中是“组件”的形式。

操作方法

（1）“IES灯”模型变动

在SketchUp模型空间中，使用“移动”“旋转”等工具，可以调整“IES灯”模型的位置、角度等，并且均可以使IES灯的照明效果发生变化。

> △ 提示
>
> “IES灯”模型大小的变化，不会使照明效果发生变化。

（2）复制“聚光灯”模型

同“矩形灯”模型复制方法，详见本书2.3.4小节“矩形灯”模型。

2.6.5 “IES灯”参数

“IES灯”参数：“IES灯”参数包括颜色、强度（lm）、IES灯光文件、形状、直径等内容，如图2-183所示。

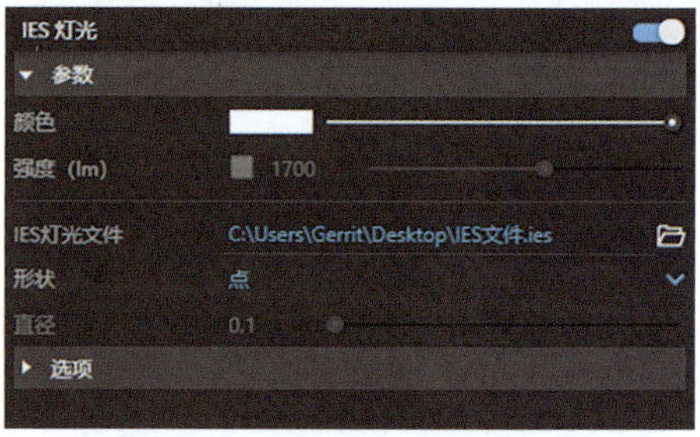

图2-183 “IES灯”参数

2.6.5.1 颜色

颜色：“IES灯”灯光的颜色（图2-184~图2-186）。

图2-184 SketchUp中IES灯位置

图2-185 IES灯（白色）

图2-186 球形灯（黄色）

2.6.5.2 强度（lm）

强度（lm）：启用（勾选）后，以流明为单位确定“IES灯光”的亮度。

操作方法

同“矩形灯”强度调整方法，详见本书2.3.5.2小节“强度”（图2-187~图2-189）。

> △ 提示
>
> IES灯的强度参数较大，需要设置较高的亮度值，才能明显观察到光线。

图2-187 强度30000

图2-188 强度100000

图2-189 强度200000

2.6.5.3 IES 灯光文件

IES灯光文件：显示被加载的“.ies文件”在计算机中的位置，单击图标（ ）可以重新加载文件。

如果被加载的“.ies文件”在计算机中被重命名、移动或者删除，均会使文件链接断裂，文件加载失败，并导致渲染错误。如果文件链接断裂，则需要重新加载“.ies文件”。

2.6.5.4 形状

形状：在计算软阴影时，灯光的形状。

默认情况下，“IES灯”使用存储在“.ies文件”中的形状信息（图2-190）。

操作方法

展开“形状”列表，有“从IES文件”“点”“圆形”“球形”四个选项。

“从IES文件”——使用“.ies文件”中的形状。

图2-190 从IES文件

“点”——将灯光形状视为点光源（图2-191）。

图2-191 点

“圆形”——将灯光形状视为平面圆形区域灯光（图2-192），它的尺寸可以用下面的“直径”参数确定。

图2-192 圆形

“球形”——将灯光形状视为球体灯光（图2-193），它的尺寸可以用下面的“直径”参数确定。

图2-193 球形

2.6.5.5 直径

直径：确定“圆形”或“球形”形状灯光的直径（图2-194和图2-195）。

“直径”参数仅在选择“圆形”和“球形”时可用。

图2-194 圆形，直径1

图2-195 圆形，直径10

2.6.6 “IES灯”选项

“IES灯”选项：“IES灯”选项包括阴影、影响漫反射、影响高光、影响大气、焦散光子等内容，如图2-196所示。

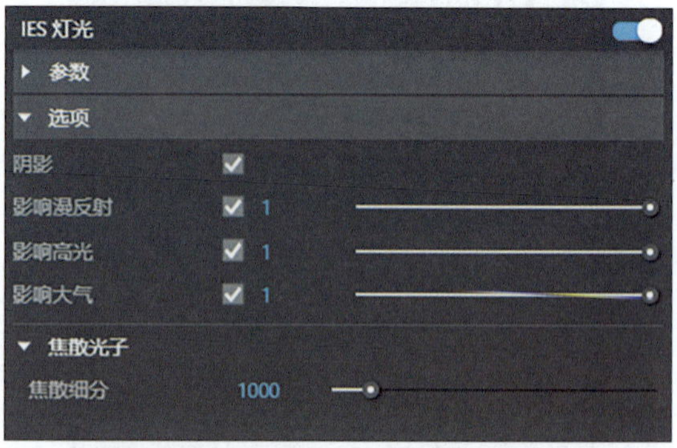

图2-196 “IES灯”选项

“IES灯”选项各部分设置与“矩形灯”选项一致，详见本书2.3.6小节“矩形灯”选项。

2.7　泛光灯

泛光灯 / Omni Light：又称“点光源”，是指从一个点向各个方向发射光线。

> △ 提示
>
> ① 在SketchUp模型空间中，只有“聚光灯”（组件）模型的位置，可以对矩形灯的照明效果产生影响。
>
> ② 请勿进入“V-Ray灯光”组件内部对灯光做修改，否则容易损坏V-Ray灯光。

2.7.1　“泛光灯”创建

“泛光灯”创建：创建一个新的泛光灯。

操作方法

（1）在SketchUp中创建“泛光灯”

步骤 01　如图2-197所示，在“V-Ray灯光”工具栏中，用鼠标左键单击“泛光灯”工具的图标；或者执行“扩展程序>V-Ray>V-Ray Lights>Omni Light”菜单指令。

图2-197　“泛光灯”图标

步骤 02　在绘图区任意一点单击鼠标左键，即可完成“泛光灯”的创建。

如图2-198所示，“中心点”为光源。

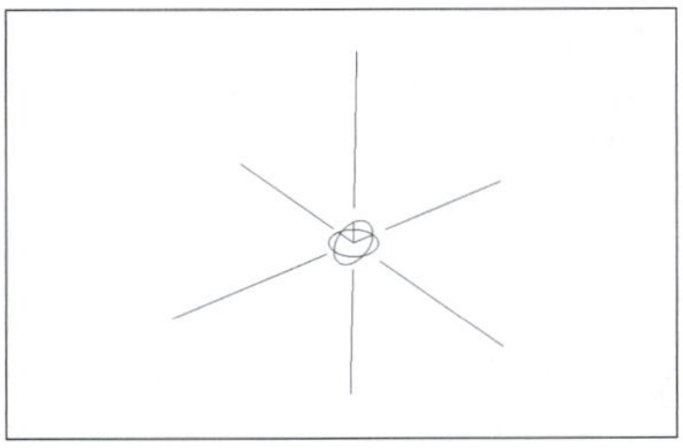

图2-198　“泛光灯”模型

同时，在V-Ray资源编辑器的灯光列表中，同步出现一个新的泛光灯，如图2-199所示。

图2-199　V-Ray资源编辑器的灯光列表

（2）在V-Ray资源编辑器中创建“泛光灯”

在V-Ray资源编辑器中创建V-Ray灯光的方法，详见本书2.1.2.1小节“新建灯光”。

2.7.2　“泛光灯”删除

“泛光灯”删除：删除已经创建的泛光灯。

操作方法

同“矩形灯”删除方法，详见本书2.3.2小节“矩形灯”删除。

2.7.3　“泛光灯”开关

“泛光灯”开关：打开或关闭“泛光灯”。

操作方法

方法 01　如图2-200所示，用鼠标左键单击“灯光开关”的按钮（　），即可打开或关闭“泛光灯”。

图2-200　“泛光灯”参数面板

方法 02　如图2-201所示，在灯光列表中，用鼠标左键单击1，即可“打开”（亮显）或“关闭”（暗灰）“泛光灯”。

图2-201　V-Ray资源编辑器的灯光列表

2.7.4　“泛光灯”模型

“泛光灯”开关：“V-Ray灯光”模型在

SketchUp模型空间中是“组件”。

操作方法

（1）“泛光灯”模型变动

在SketchUp模型空间中，使用“移动”工具，可以调整“泛光灯”模型的位置。

△ 提示

“泛光灯”模型大小和角度的变化，不会使照明效果发生变化。

（2）复制“泛光灯”模型

同“矩形灯”模型复制方法，详见本书2.3.4小节“矩形灯”模型。

2.7.5 “泛光灯”参数

“泛光灯”参数：“泛光灯”参数包括颜色、强度、单位、衰减、阴影半径等内容，如图2-202所示。

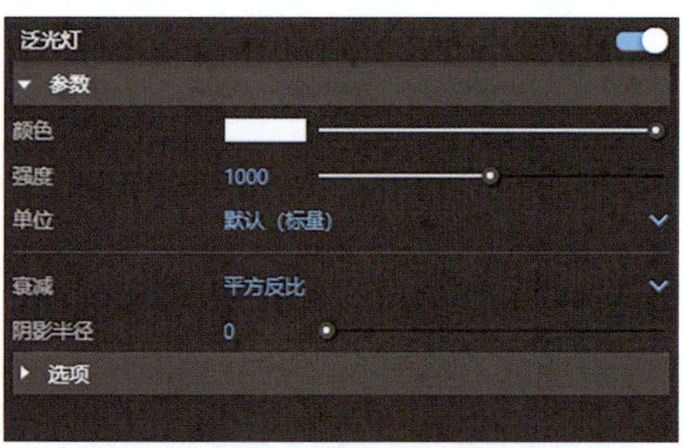

图2-202 “泛光灯”参数

2.7.5.1 颜色

颜色：“泛光灯”灯光的颜色（图2-203~图2-205）。

图2-203 SketchUp中泛光灯位置

图2-204 泛光灯（白色）

图2-205 泛光灯（黄色）

2.7.5.2 强度

强度：泛光灯灯光的亮度（图2-206~图2-208）。

△ 提示

泛光灯的强度参数较大，需要设置较高的亮度值，才能明显观察到光线。

图2-206 强度20000

图2-207 强度50000

图2-208 强度100000

2.7.5.3　单位

单位： 泛光灯灯光的亮度测量单位。

操作方法

同“矩形灯”单位调整方法，详见本书2.3.5.3小节“单位”。

2.7.5.4　衰减

衰减： 泛光灯光线亮度的衰减方式，即灯光由亮变暗的方式。

操作方法

展开“衰减”列表，有“无衰减”“反比”“平方反比”“反转蓝色”四个选项。

“无衰减”——灯光亮度不会随着距离变大而衰减。

“反比”——灯光亮度与光发射的距离成反比。

“平方反比”——灯光亮度与光发射的距离的平方成反比，该模式为光线的正常状态（默认方式）。

“反转蓝色”——反转灯光的发射方向。

2.7.5.5　阴影半径

阴影半径： 阴影从“完全阴影”过渡到“无阴影”的距离。

“阴影半径”数值越大，阴影的边缘越柔和；“阴影半径”数值越小，阴影的边缘越生硬（图2-209~图2-211）。

图2-209　阴影半径0

图2-210　阴影半径10

图2-211　阴影半径20

2.7.6　“泛光灯”选项

“泛光灯”选项：“泛光灯”选项包括阴影、影响漫反射、影响高光、影响大气、焦散光子等内容，如图2-212所示。

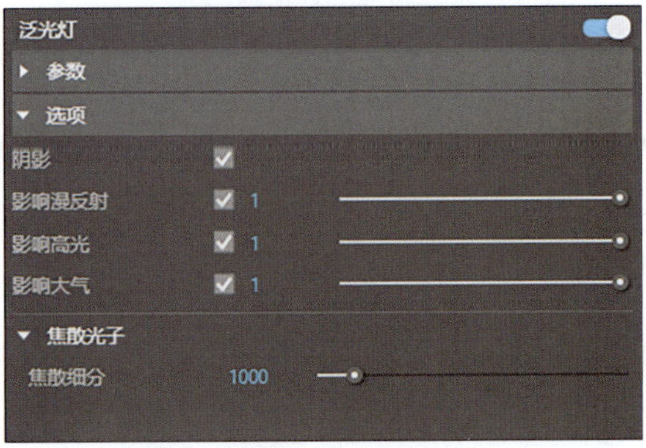

图2-212　“泛光灯”选项

“泛光灯”选项各部分设置与“矩形灯”选项一致，详见本书2.3.6小节“矩形灯”选项。

2.8　穹顶灯

穹顶灯 / Dome Light： 一个无限大的球形或半球形光源，向场景内部发射光线，通用使用全景HDRI图像来创建真实的室外环境照明。

HDRI是High-Dynamic Range（HDR）Image（高动态范围图）的缩写，它是一种亮度非常广的图像，记录了图像环境中的照明信息，因此可以使用这种图像来“照明”场景。使用HDRI图像来照明场景可以替代V-Ray原有的“天空光”，为场景提供更加丰富和自然的天空和周边环境光线。

HDRI是一种特殊的360° 范围全景图，如图2-213所示，常用格式有hdr、exr等。普通的360° 范围全景图，如jpg、tga等，属于低动态范围图，不带有光照信息。

图2-213 HDR图像

△ 提示

① 在SketchUp模型空间中，“穹顶灯”模型的位置、角度、大小，均不会对照明效果产生影响。

② 按照“穹顶灯”模型的角度，可调整HDR图像的角度，详见本书2.8.4小节“穹顶灯”模型。

③ 请勿进入“V-Ray灯光”组件内部对灯光做修改，否则容易损坏V-Ray灯光。

④ SketchUp模型空间为“轴测”模式时，“穹顶灯”无法正常照明；只有SketchUp模型空间为“透视”模式时，“穹顶灯”才可以正常照明。

2.8.1 “穹顶灯”创建

“穹顶灯”创建：创建一个新的穹顶灯。

操作方法

（1）在SketchUp中创建“穹顶灯”

步骤 01 如图2-214所示，在“V-Ray灯光”工具栏中，用鼠标左键单击“穹顶灯”工具的图标，或者执行“扩展程序>V-Ray>V-Ray Lights>Dome Light”菜单指令。

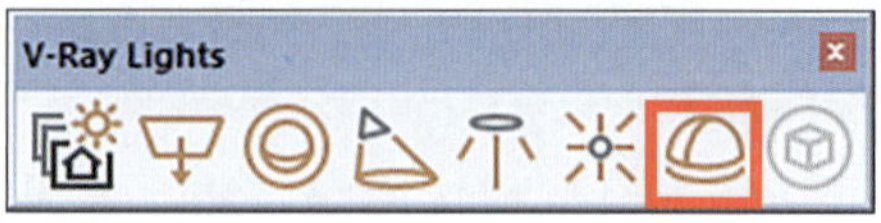

图2-214 “穹顶灯”图标

步骤 02 在绘图区任意一点单击鼠标左键，即可完成“穹顶灯”的创建。

如图2-215所示，“箭头”标注穹顶灯模型的方向。

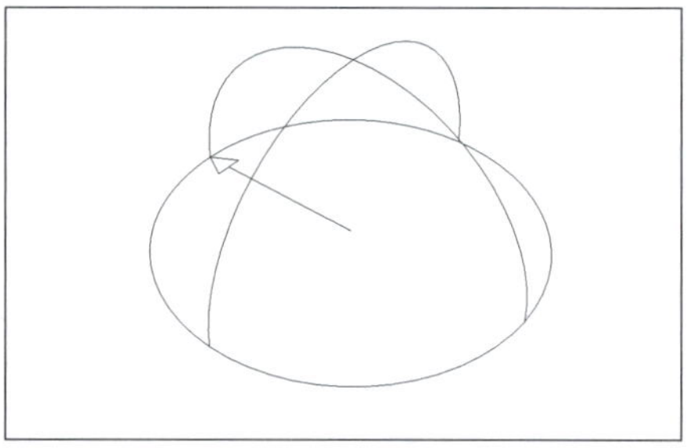

图2-215 “穹顶灯”模型

同时，在V-Ray资源编辑器的灯光列表中，同步出现一个新的穹顶灯，如图2-216所示。

图2-216 V-Ray资源编辑器的灯光列表

（2）V-Ray资源编辑器中创建“穹顶灯”

在V-Ray资源编辑器中创建V-Ray灯光的方法，详见本书2.1.2.1小节“新建灯光”。

2.8.2 “穹顶灯”删除

“穹顶灯”删除：删除已经创建的穹顶灯。

操作方法

同“矩形灯”删除方法，详见本书2.3.2小节“矩形灯”删除。

2.8.3 “穹顶灯”开关

“穹顶灯”开关：打开或关闭“穹顶灯”。

操作方法

方法 01　如图2-217所示，用鼠标左键单击“灯光开关”的按钮（ ），即可打开或关闭“穹顶灯”。

图2-217　“穹顶灯”参数面板

方法 02　如图2-218所示，在灯光列表中，用鼠标左键单击1，即可“打开”（亮显）或“关闭”（暗灰）“穹顶灯”。

图2-218　灯光列表

2.8.4　“穹顶灯”模型

“穹顶灯”开关：“V-Ray灯光”模型在SketchUp模型空间中是“组件”的形式。

操作方法

（1）“穹顶灯”模型变动

对于“穹顶灯”模型，无论位置、大小、角度都不会影响灯光照明效果。

> **△ 提示**
>
> 按照“穹顶灯”模型的角度，可调整HDR图像的角度，详见本书2.8.5.5小节“使用变换”。

（2）复制“穹顶灯”模型

“穹顶灯”无需复制，仅一个灯光，即可满足照明需求。

2.8.5　“穹顶灯”参数

“穹顶灯”参数：“穹顶灯”参数包括颜色/纹理HDR、强度、单位、形状、使用变换、自适应等内容，如图2-219所示。

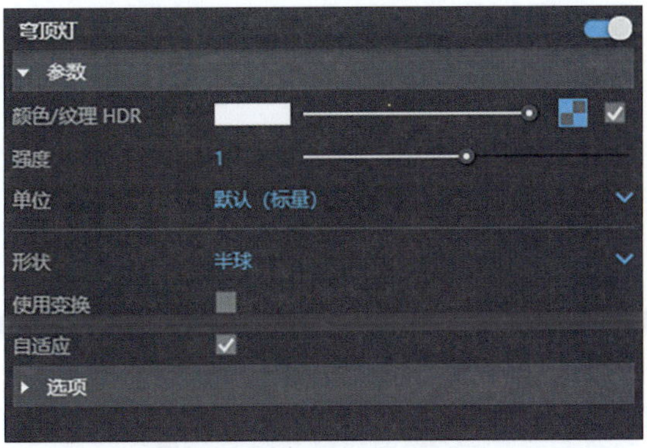

图2-219　“穹顶灯”参数

2.8.5.1　颜色 / 纹理 HDR

颜色/纹理HDR：“聚光灯”按照一个“颜色”或者“图片”（纹理贴图）的方式来发光。

“颜色”HDR——灯光的颜色。

“纹理”HDR——灯光按照图片（纹理贴图）的颜色来发光。

操作方法

“穹顶灯”默认附带一张HDR贴图，如图2-220所示，黑色为球体的下半部分（未启用）。

图2-220　穹顶灯（默认HDR贴图）

取消勾选“贴图框”，则“穹顶灯”按照“颜色框”颜色发光，如图2-221所示，黑色为球体的下半部分（未启用）。

图2-221　穹顶灯（白色）

把“贴图框”中的图像替换为计算机中已

下载的“HDR图像”，如图2-222所示，黑色为球体的下半部分（未启用）。

图2-222　穹顶灯（添加HDR贴图）

2.8.5.2　强度

强度：穹顶灯灯光的亮度（图2-223~图2-225）。

图2-223　强度10

图2-224　强度30

图2-225　强度100

2.8.5.3　单位

单位：穹顶灯灯光的亮度测量单位。

操作方法

同“矩形灯”单位调整方法，详见本书2.3.5.3小节“单位”。

2.8.5.4　形状

形状：穹顶灯灯光以“半球”或“球形”显示。

操作方法

展开“形状”列表，有“半球”“球形”两个选项。

“半球”——只显示上半部分球体的HDR图像，如图2-226所示。

图2-226　“半球”

“球形”——显示全部的HDR图像，如图2-227所示。

图2-227　“球形”

2.8.5.5　使用变换

使用变换：启用后，“HDR图像”将与“穹顶灯”模型锁定，在SketchUp模型空间中旋转“穹顶灯”模型即可旋转“HDR图像”。

操作方法

勾选“使用变化”，在SketchUp模型空间中使用“旋转”工具，旋转“穹顶灯”模型，从而旋转“HDR图像”（图2-228和图2-229）。

图2-228　“箭头向左”

图2-229　“箭头向右”

2.8.5.6　自适应

自适应：启用自适应穹顶灯采样方法。

2.8.6　“穹顶灯”选项

“穹顶灯”选项：“穹顶灯”选项包括不可见、阴影、影响透明通道、影响漫反射、影响高光、影响反射、纹理分辨率、焦散光子等内容，如图2-230所示。

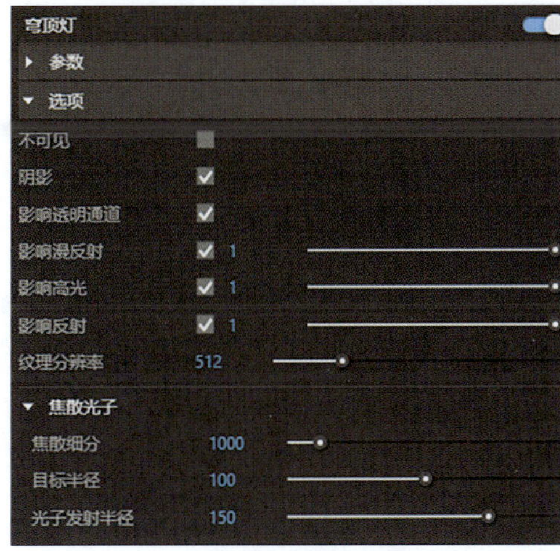

图2-230　“穹顶灯”选项

“穹顶灯”选项各部分设置与“矩形灯”选项一致，详见本书2.3.6小节“矩形灯”选项。

影响透明通道：确定穹顶灯在渲染的Alpha通道中是否可见。

启用后，Alpha为白色，背景可见；禁用后，Alpha为黑色，背景可见。

2.9　网格灯

网格灯 / Mesh Light：可以创建具有特殊形状的光源，将SketchUp模型空间中的“群组”或“组件”转换为网格灯进行照明。

△ 提示

① 在SketchUp模型空间中，“球形灯”（组件）模型的位置和角度大小均可以对网格灯的照明效果产生影响。

② 请勿进入“V-Ray灯光”组件内部对灯光做修改，否则容易损坏V-Ray灯光。

2.9.1　“网格灯”创建

“球形灯”创建：将SketchUp模型空间中的“群组”或“组件”转换为网格灯。

如果没有选择任何“群组”或“组件”，“网格灯”工具图标不会被启用。

操作方法

在SketchUp中创建“网格灯”的步骤如下。

步骤 01　如图2-231所示，在SketchUp模型空间中选择一个“群组”或“组件”。

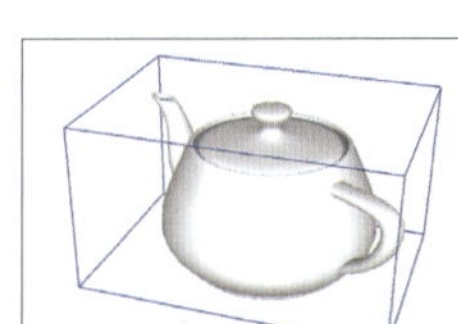

图2-231　选择“群组”

步骤 02 如图2-232所示，在“V-Ray灯光”工具栏中，用鼠标左键单击“网格灯”工具的图标，即可将该“群组”或“组件”转换为网格灯。或者执行“扩展程序>V-Ray>V-Ray Lights>Convert to Mesh Light”菜单指令，即可将该“群组”或“组件”转换为网格灯，如图2-233所示。

图2-232 “网格灯”工具图标

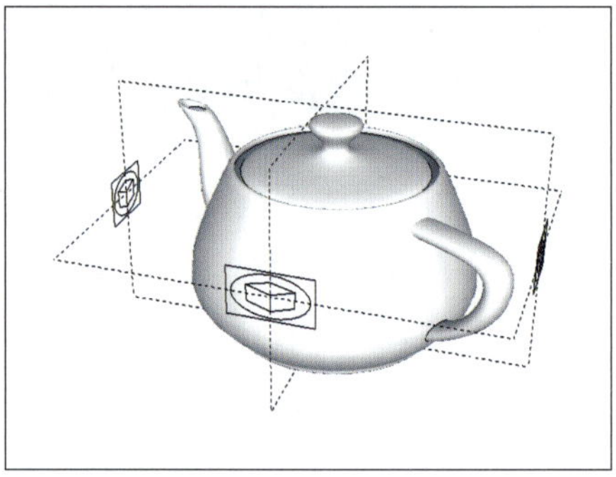

图2-233 群组转换为“网格灯”

同时，在V-Ray资源编辑器的灯光列表中，同步出现一个新的网格灯，如图2-234所示。

图2-234 V-Ray资源编辑器的灯光列表

> **提示**
>
> ① 在SketchUp模型中，选择一个“组件”并转换为网格灯，则该“组件”的所有个体均转变为网格灯。
>
> ② 在SketchUp模型中，选择一个“群组”并转换为网格灯，转换为网格灯之后，该网格灯仍然为“组件”。

2.9.2 “网格灯”删除

“网格灯”删除：删除已经创建的网格灯。

操作方法

（1）在SketchUp中删除V-Ray灯光

步骤 01 在SketchUp模型中，使用“选择”工具，选择一个或多个需要删除的“网格灯”模型。

步骤 02 在SketchUp模型中，执行“删除”工具指令，即可在SketchUp模型空间中删除被选中的“网格灯”和原SketchUp模型。

（2）在V-Ray灯光列表中删除V-Ray灯光

步骤 01 在V-Ray灯光列表中，选择一个或多个需要删除的“网格灯”。

步骤 02 用鼠标右键单击“灯光名称”部分，在右键菜单中选择“删除”；或者在灯光列表底部单击“Delete assets”的图标（ ）。

步骤 03 弹出“Delete assets”对话框，选择“Delete”，即可删除被选中的网格灯（但是不删除原SketchUp模型）；选择“Cancel”，可取消删除。

> **提示**
>
> ① 在SketchUp模型空间中删除“网格灯”，不会删除“V-Ray灯光列表”中的灯光，但是会同时删除原SketchUp模型。
>
> ② 在“V-Ray灯光列表”中删除“V-Ray灯光”，只删除被选中的网格灯，不会删除原SketchUp模型。

2.9.3 “网格灯”开关

“网格灯”开关：打开或关闭“网格灯”。

操作方法

方法 01 如图2-235所示，用鼠标左键单击“灯光开关”的按钮（ ），即可打开或关闭“网格灯”。

方法 02 如图2-236所示，在灯光列表中，用鼠标左键单击1，即可“打开”（亮显）或“关闭”（暗灰）“网格灯”。

图2-235 “网格灯”参数面板

图2-236 资源编辑器的灯光列表

2.9.4 “网格灯”模型

“网格灯”模型：“V-Ray灯光”模型在SketchUp模型空间中是“组件”。

操作方法

（1）“网格灯”模型变动

在SketchUp模型空间中，使用“移动”“旋转”“缩放”等工具，可以调整“网格灯”模型的位置、角度、大小等，并且均可以使网格灯的照明效果发生变化。

（2）复制“网格灯”模型

同“矩形灯”模型复制方法，详见本书2.3.4小节“矩形灯”模型。

2.9.5 “网格灯”参数

“网格灯”参数：“网格灯”参数包括颜色/纹理、强度、单位等内容，如图2-237所示。

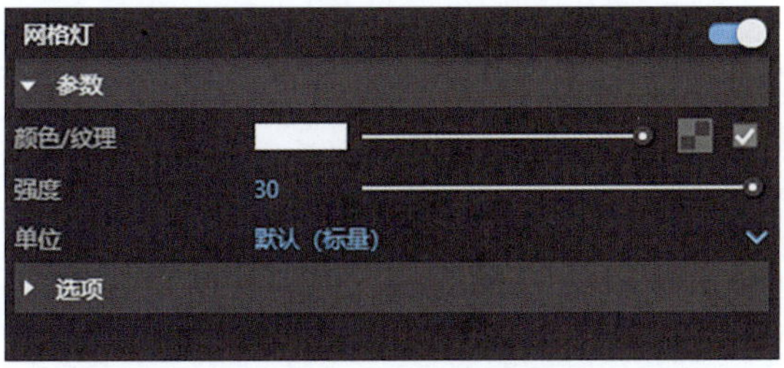

图2-237 “网格灯”参数

2.9.5.1 颜色 / 纹理

颜色 / 纹理：“网格灯”按照一个“颜色”或者“图片”（纹理贴图）的方式来发光。

“颜色”——灯光的颜色。

“纹理”——灯光按照图片（纹理贴图）的颜色来发光。

操作方法

SketchUp模型中的“群组”或“组件”转换为网格灯后，网格灯默认按照“白色”发光（忽视原模型的贴图）；如需按照原贴图的颜色来发光，将原模型的“漫反射”贴图复制到网格灯的“贴图框”即可（图2-238~图2-240）。

“漫反射”贴图内容，详见本书3.2.2小节“漫反射”。

图2-238 网格灯（月球模型）

图2-239 网格灯（白光）

图2-240 网格灯（月球贴图）

2.9.5.2 强度

强度：网格灯灯光的亮度（图2-241~图2-243）。

图2-241　强度30

图2-242　强度100

图2-243　强度200

2.9.5.3　单位

单位：网格灯灯光的亮度测量单位。

操作方法

同“矩形灯”单位调整方法，详见本书2.3.5.3小节“单位”。

2.9.6　“网格灯”选项

“网格灯”选项：“网格灯”选项包括不可见、无衰减、阴影、双面、影响漫反射、影响高光、影响反射、纹理分辨率、焦散光子等内容，如图2-244所示。

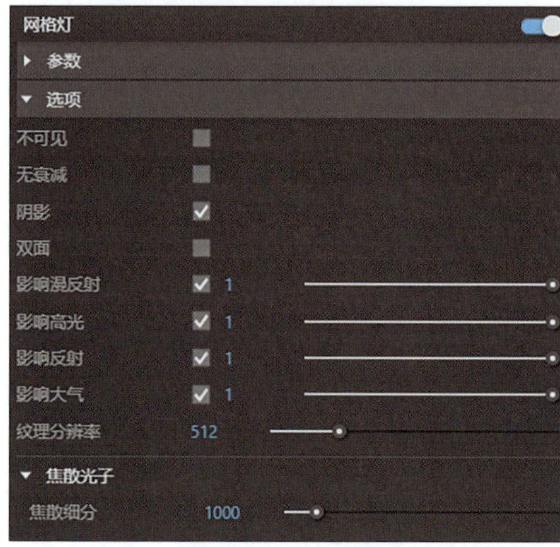

图2-244　“网格灯”选项

“网格灯”选项各部分设置与“矩形灯”选项一致，详见本书2.3.6小节“矩形灯”选项。

第 3 章　V-Ray for SketchUp 材质系统

3.1　材质基础操作

3.2　通用材质的基础概念

3.3　常见材质制作方法

3.4　V-Ray 材质库使用方法

3.5　纹理系统

3.1 材质基础操作

本节主要介绍材质面板的界面构成和材质的基础操作方法。

3.1.1 材质面板界面介绍

材质面板界面由五个部分组成，包括资源列表、资源工具栏、资源预览区、资源参数区和材质库，此外，资源列表和材质库还配备了搜索框，详细界面介绍如图3-1所示。

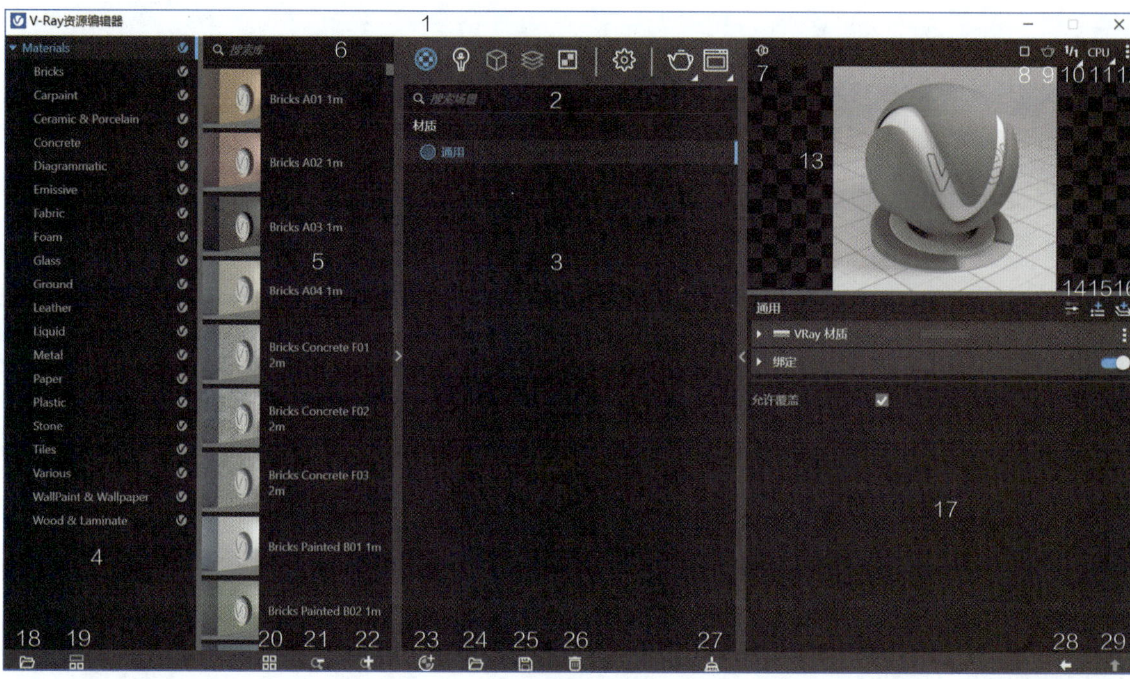

图3-1 材质系统界面

1—材质系统；2—资源搜索框；3—资源列表；4—材质库目录；5—资源库列表；6—资源库搜索框；7—固定资源预览；8—开始实时资源预览；9—预览一次当前资源；10—资源预览分辨率等级选项；11—CPU 或 GPU 渲染资源预览选项；12—资源预览其他形式选项；13—资源预览窗口；14—专家模式切换；15—添加材质属性；16—添加材质图层；17—资源参数列表；18—添加新的本地资源库文件夹；19—切换资源库目录和列表的布局方式；20—切换资源布局预览方式（网格或列表）；21—缩小资源布局预览；22—放大资源布局预览；23—创建预设；24—导入预设文件；25—保存预设文件；26—删除预设；27—清理未使用预设；28—返回上一级菜单；29—上升到上一级同等级菜单

3.1.2 材质基础操作方法

材质基础操作方法包含新建材质、选择场景中应用此材质的所有项、应用材质到选项、应用材质到图层、复制材质、重命名材质、另存为材质、导入材质、删除材质、替换材质、搜索材质。

3.1.2.1 新建材质

新建材质：为场景创建新的 V-Ray 材质。一般需要创建的是通用材质。

操作方法

步骤 01 单击资源编辑器工具栏中“材质系统”的图标（ ）。

步骤 02 单击“通用”选项即完成材质新

建，如图3-2所示。

图3-2　新建材质

> △ 提示
>
> 新建材质也可通过 SketchUp 材质工具直接为场景模型添加新材质，具体操作方法可参考《SketchUp 入门与进阶学习手册》中第6章6.5.2小节“添加材质”，此处不再赘述。

3.1.2.2　应用材质

应用材质：为场景中的几何物体添加V-Ray材质。

操作方法

步骤 01　使用SketchUp“选择”工具，在场景中选择一个或多个面或群组。

步骤 02　单击材质列表中需要应用的材质。

步骤 03　用鼠标右键点击列表中的材质，单击选择“应用到选择物体”，如图3-3所示。

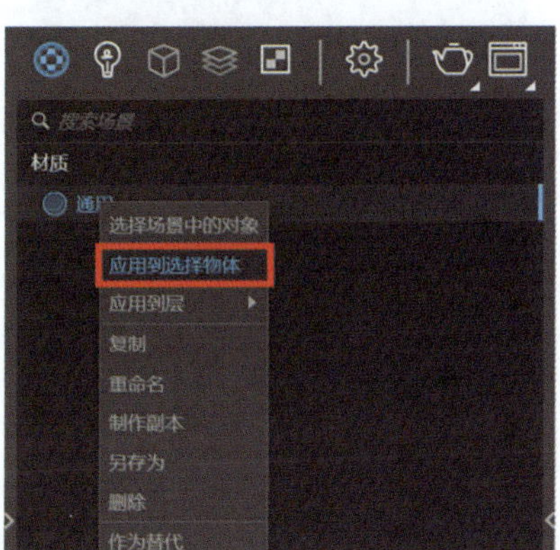

图3-3　应用材质

3.1.2.3　应用材质到图层

应用材质到图层：为场景中某个图层内所有几何物体添加V-Ray材质。

操作方法

步骤 01　单击材质列表中需要应用的材质。

步骤 02　用鼠标右键点击列表中的材质，单击选择“应用到层”。

步骤 03　选择“应用到层”中需要应用材质的图层，如图3-4所示。

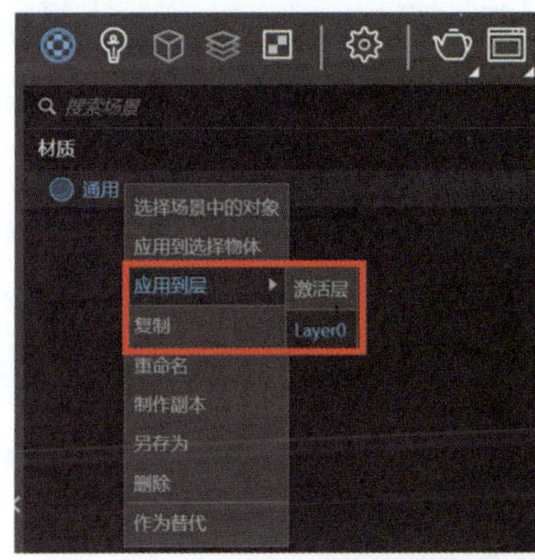

图3-4　应用材质到层

3.1.2.4　复制材质

复制材质：复制材质列表中某个材质作为一个新材质。

操作方法

步骤 01　单击材质列表中需要复制的材质。

步骤 02　用鼠标右键点击列表中的材质，单击选择“制作副本”，如图3-5所示。

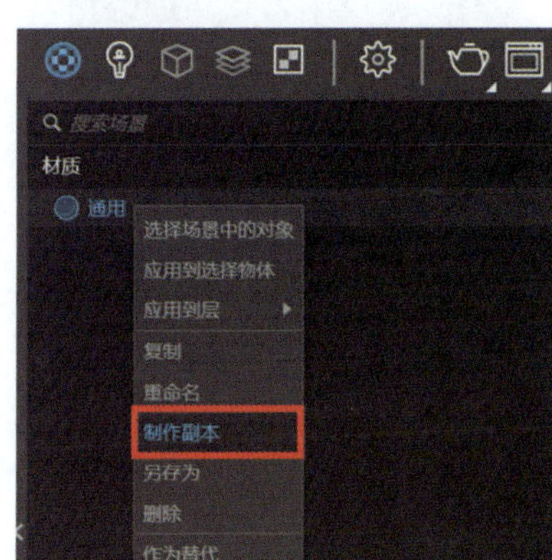

图3-5　复制材质

△ 提示

① 复制材质是指需要在原有材质的基础上再复制一个同样的材质出来，并创建于材质列表中，复制的时候是选择右击栏中的“制作副本”，而不是右击栏中的“复制”。

② 复制材质后，材质列表中会出现新材质，命名方式会在原有命名的后面标记“#1”，例如材质名称为“通用”，复制后的新材质为“通用#1”。

3.1.2.5 重命名材质

重命名材质：为场景中材质列表中的某个材质重新命名。

操作方法：直接双击材质列表中需要重新命名的材质并输入新名称，即完成“重命名材质”。

3.1.2.6 保存材质

保存材质：将材质保存到计算机文件中，下次使用此材质时可重新导入。

操作方法

步骤 01 单击材质列表中需要保存的材质。

步骤 02 单击材质列表下方工具栏中“Save Asset to File”的图标（ ），如图3-6所示。

图3-6 保存预设到文件

步骤 03 选择文件位置并单击“保存”按钮，如图3-7所示。

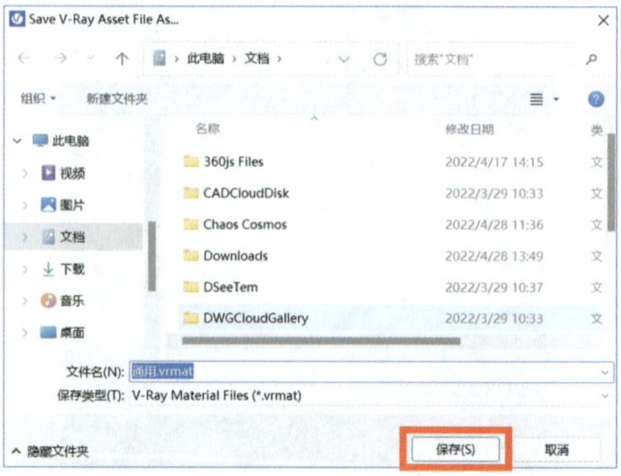

图3-7 保存材质

3.1.2.7 导入材质

导入材质：将外部文件中的材质导入材质列表中。

操作方法

步骤 01 单击材质列表下方工具栏中“Import Asset File”的图标（ ），如图3-8所示。

图3-8 导入预设文件

步骤 02 选择文件位置并单击“打开”按钮，如图3-9所示。

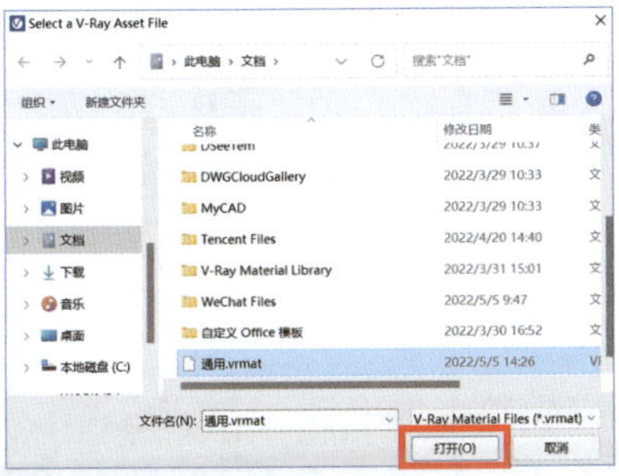

图3-9　导入材质

3.1.2.8　删除材质

删除材质：将材质列表中的材质进行删除。

操作方法

步骤 01　单击材质列表中需要删除的材质。

步骤 02　单击材质列表下方工具栏中“Delete Asset”的图标（ ），如图3-10所示。

图3-10　删除预设

3.1.2.9　清理未使用材质

清理未使用材质：清理材质列表中未在场景中应用的材质。

操作方法

步骤 01　单击材质列表下方工具栏中“Purge unused assets”的图标（ ），如图3-11所示。

图3-11　清理未使用预设

步骤 02　单击“Purge assets”对话框中的“Purge”按钮，如图3-12所示。

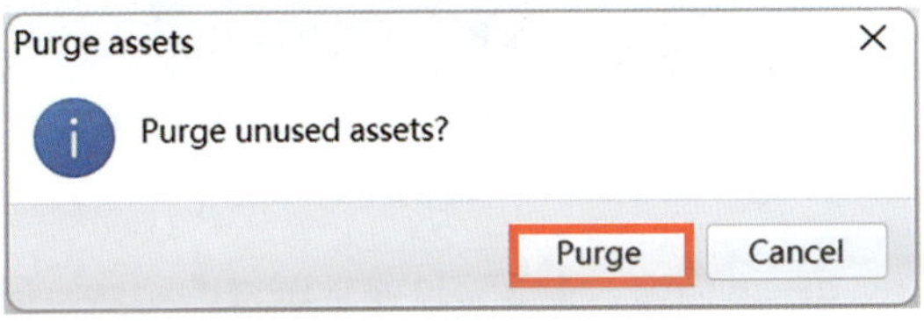

图3-12　清理预设

> △ 提示
>
> “Purge unused assets”意为“清理未使用预设”，其不仅可以清理未使用的材质，还可以清理其他未使用预设，例如灯光、几何体、纹理贴图和渲染元素。

3.2　通用材质的基础概念

本节主要介绍通用材质的基础概念，其中包含V-Ray材质的漫反射、反射、折射、涂层、不透明度、凹凸、绑定、自发光。

3.2.1　通用材质的基础界面

在介绍材质的基础概念过程中，需要提前了解材质系统中常见的界面构成，包含颜色调试框、量度调试栏、贴图框和贴图显示开关，如图3-13所示。

图3-13　基础界面构成

1—颜色调试框；2—量度调试栏；3—贴图框；4—贴图显示开关

3.2.1.1　颜色调试框

颜色调试框：用于调试颜色的窗口，一般不要设置为纯黑或纯白，因为在现实世界中几乎不存在。

操作方法

步骤 01 在界面中单击“颜色调试框”。

步骤 02 在“颜色采样器”窗口中调试颜色。

界面功能介绍：颜色采样器的界面包含调色窗、先前色、当前色、储色栏等八个部分，如图3-14所示。

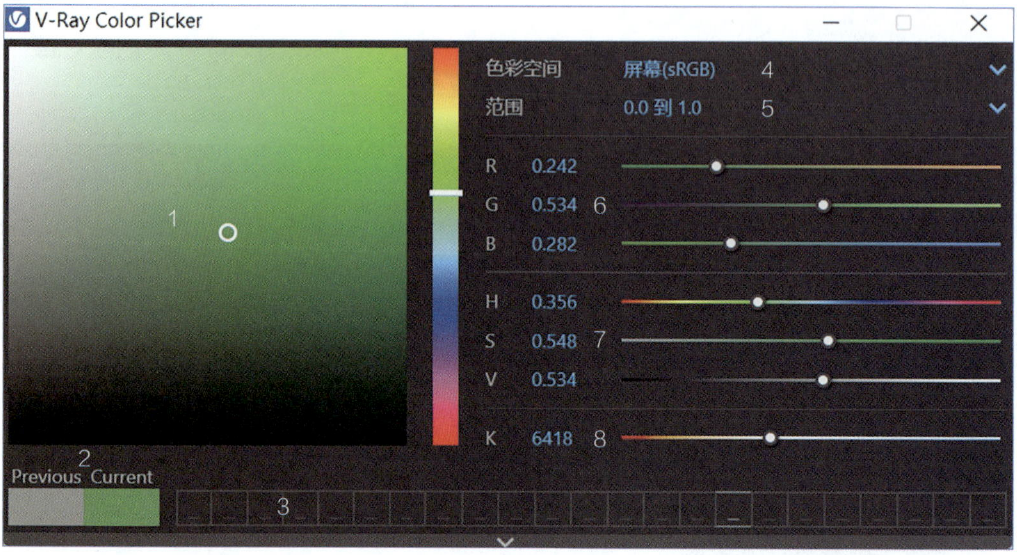

图3-14 颜色采样器

1—调色窗；2—先前色和当前色；3—储色栏；4—颜色空间；5—范围；6—RGB；7—HSV；8—K（色温）

1—调色窗，主要通过横轴调试饱和度，通过竖轴调试明度。

2—先前色和当前色，先前色显示上一次调试的颜色，当前色显示当前调试的颜色。

3—储色栏，用于保存调试过的颜色，直接拖拽先前色或当前色到储色栏即可，右击可直接删除储色栏中的颜色。

4—颜色空间，包含屏幕（sRGB）和渲染（RGB）两个选项，屏幕（sRGB）意为颜色将与屏幕颜色匹配，渲染（RGB）意为颜色将与V-Ray内部运算值匹配。

5—范围，包含0.0到1.0和0到255两个选项，此范围指的是RGB和HSV的数值阈值。

6—RGB，指的是由红色、绿色和蓝色构成的光源的三原色，通常用于通过数值还原颜色，更适用于计算机调色范畴。

7—HSV，指的是由色相、饱和度和明度构成的色彩模型，通常用于精确调试颜色，更适用于人眼视觉习惯调色范畴。

8—K（色温），通常用于调试灯光颜色，小于3000K颜色偏黄，3000~5000K颜色偏白，5000~6500K颜色偏冷白，大于6500K颜色偏蓝。

3.2.1.2 量度调试栏

量度调试栏：用于改变颜色的亮度或数值的量度。

操作方法：直接在调试栏上左右滑动调试点，左滑为降低量度，右滑为提高量度，如图3-15和图3-16所示。

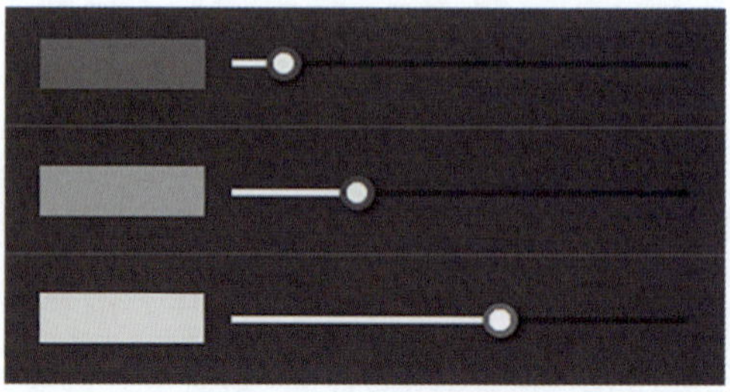

图3-15 颜色亮度调试

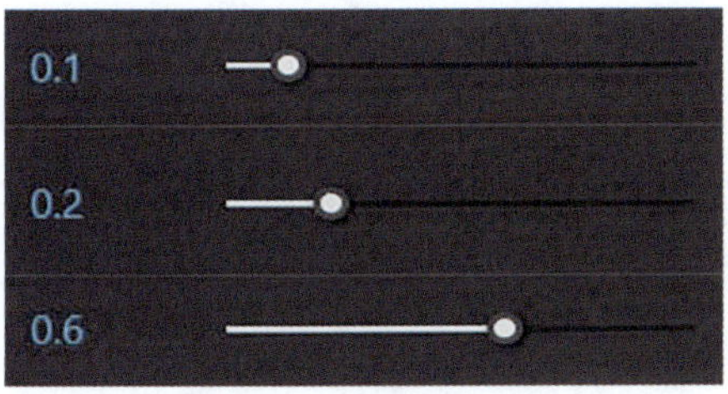

图3-16　数值量度调试

3.2.1.3　贴图框

贴图框： 通常根据材质的某种物理特性添加纹理贴图。

添加贴图操作方法

步骤 01 在界面中单击“贴图框”的图标（ ）。

步骤 02 在列表中单击选择“位图”，如图3-17所示。

图3-17　添加位图

步骤 03 双击文件夹中的贴图文件即可，贴图文件格式必须为V-Ray支持的格式，如图3-18所示。

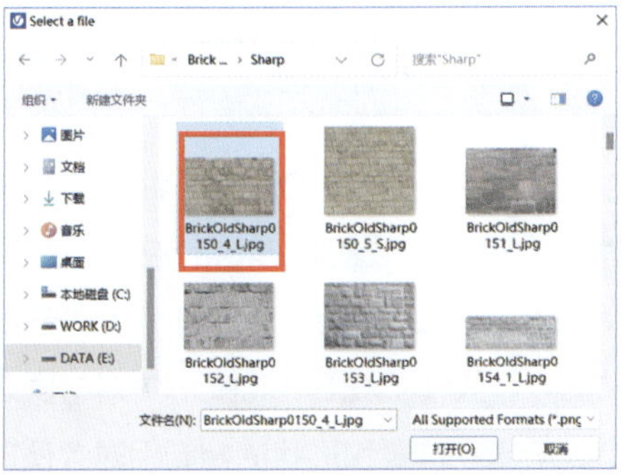

图3-18　选择贴图

步骤 04 单击“Select previous aesst”按钮（ ）返回主窗口，如图3-19和图3-20所示。

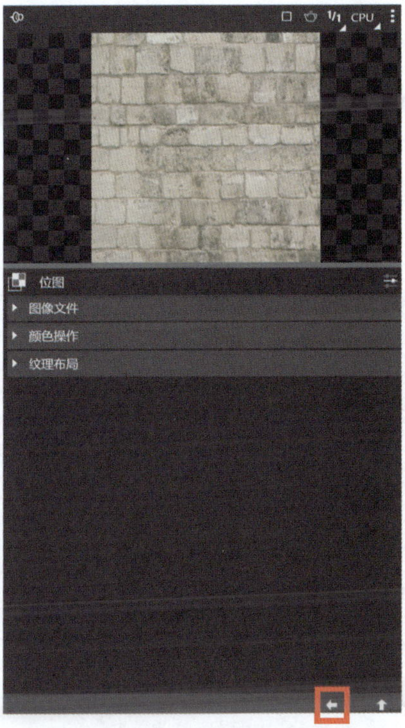

图3-19　返回主窗口

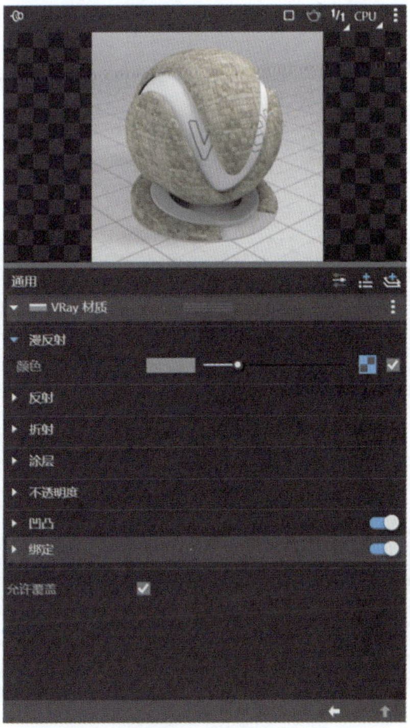

图3-20　主窗口

删除贴图操作方法如下。

步骤 01 在界面中用鼠标右键点击“贴图框”的图标（ ）。

步骤 02 在列表中单击选择“清除”。

复制贴图操作方法如下。

步骤 01 在界面中用鼠标右键点击“贴图框”的图标（ ）。

步骤 02 在列表中单击选择“复制”，如图3-21所示。

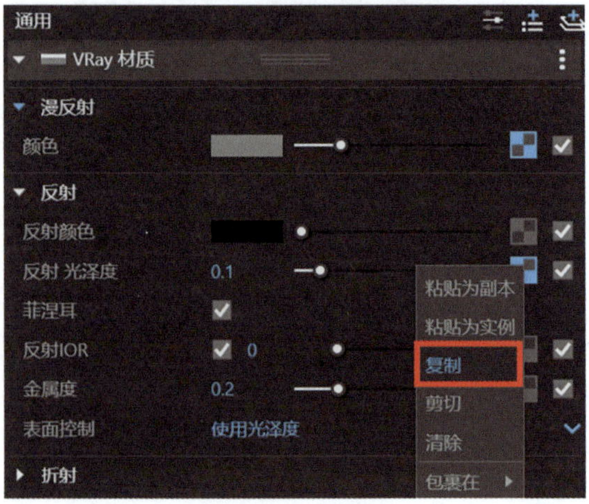

图3-21　复制贴图

步骤 03 用鼠标右键点击需要贴图的“贴图框”的图标（ ）。

步骤 04 在列表中单击选择“粘贴为副本”或“粘贴为实例”，如图3-22所示。

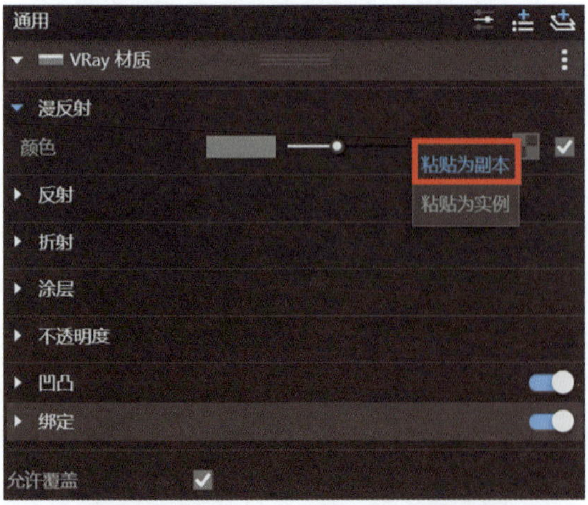

图3-22　粘贴贴图

> △ 提示
>
> “粘贴为副本”意为复制的贴图副本和原贴图无关联，“粘贴为实例”意为复制的贴图副本和原贴图统一关联，原贴图如果被修改，复制的贴图副本也会保持同步修改。

更换贴图操作方法如下。

步骤 01 在界面中单击“贴图框”的图标（ ）。

步骤 02 在位图窗口中单击“文件”的图标（ ），如图3-23所示。

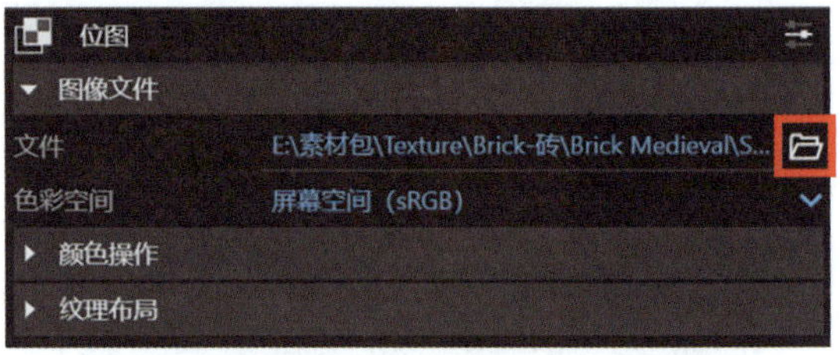

图3-23　打开文件

步骤 03 双击文件夹中的贴图文件即可，如图3-24所示。

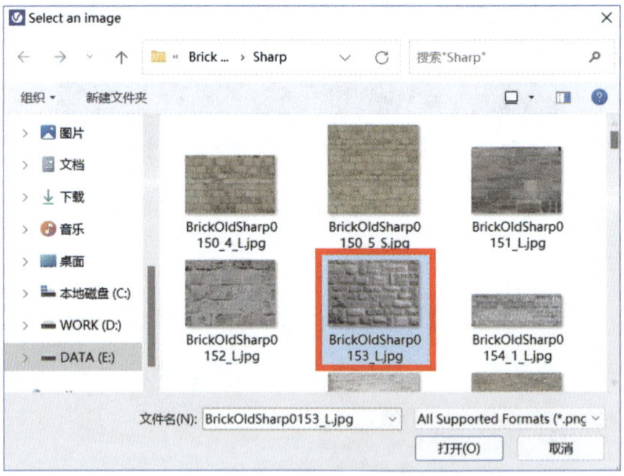

图3-24　选择贴图

> △ 提示
>
> V-Ray通用材质的所有特性贴图，其贴图大小、角度、位置和形状的控制都会跟随漫反射贴图的变化而统一变化，而对于漫反射贴图，一般情况在SketchUp中对材质贴图大小、角度、位置和形状的控制相对会便捷一

些。V-Ray自带的贴图调节系统在图3-19的“纹理布局”栏中可进行调试，但由于调试过程烦琐、预览不及时，所以不做推荐。

3.2.1.4　贴图显示开关

贴图显示开关：纹理贴图的显示和隐藏的开关。

操作方法：单击“贴图显示开关”的图标（ ）即可，打开为图标（ ），关闭为图标（ ）。

3.2.2　漫反射

漫反射：在V-Ray程序中漫反射的概念指的是一个材质的固有色或表面纹理（例如木地板的木质纹理）。一般情况下，V-Ray材质的漫反射部分在SketchUp材质系统中调试更为便捷。

界面介绍：漫反射的界面包含颜色和贴图两个部分，分别代表着材质的固有色和表面纹理，如图3-25所示。

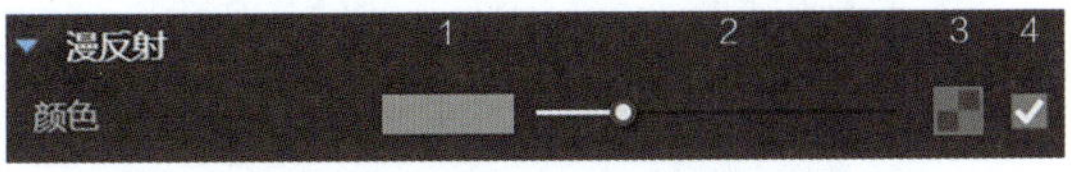

图3-25　漫反射界面构成
1—漫反射颜色调试框；2—漫反射颜色亮度调试栏；
3—漫反射贴图框；4—漫反射贴图显示开关

3.2.2.1　漫反射颜色调试框

漫反射颜色调试框：用于改变材质固有色的色相。

操作效果：漫反射颜色调试框分别调试红色、绿色、蓝色三种颜色展示操作效果，如图3-26所示。

3.2.2.2　漫反射颜色亮度调试栏

漫反射颜色亮度调试栏：用于改变材质固有色的亮度。

操作效果：漫反射颜色调试框以灰色为漫反射颜色，分别调试10%、30%、90%三种量度展示操作效果，如图3-27所示。

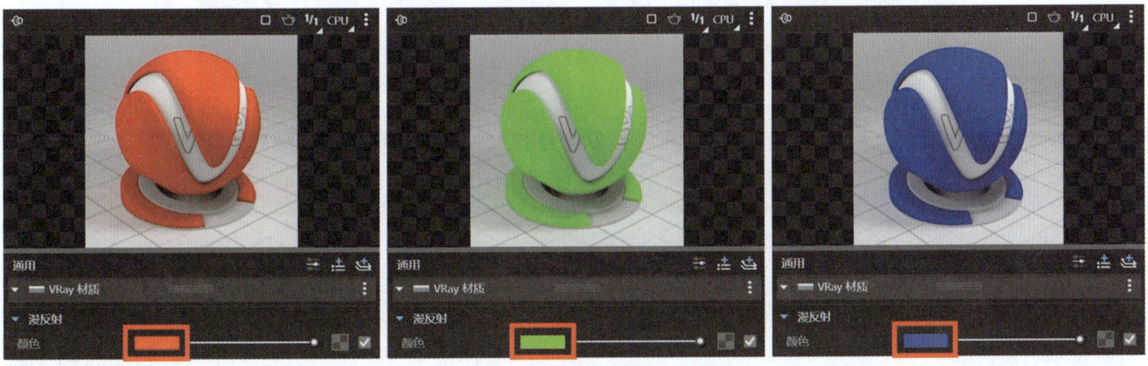

图3-26　漫反射颜色调试效果

图3-27　漫反射颜色亮度调试效果

3.2.2.3　漫反射贴图框

漫反射贴图框：为材质添加纹理贴图。

操作效果：漫反射贴图框分别添加木纹、混凝土、瓷砖三种贴图展示操作效果，如图3-28所示。

3.2.2.4　漫反射贴图显示开关

漫反射贴图显示开关：纹理贴图显示和隐藏的开关，关闭则显示漫反射贴图框前面的漫反射颜色，打开则显示漫反射贴图。

操作效果：漫反射贴图框添加木纹，关闭漫反射贴图显示展示操作效果，如图3-29所示。

图3-28　漫反射贴图效果

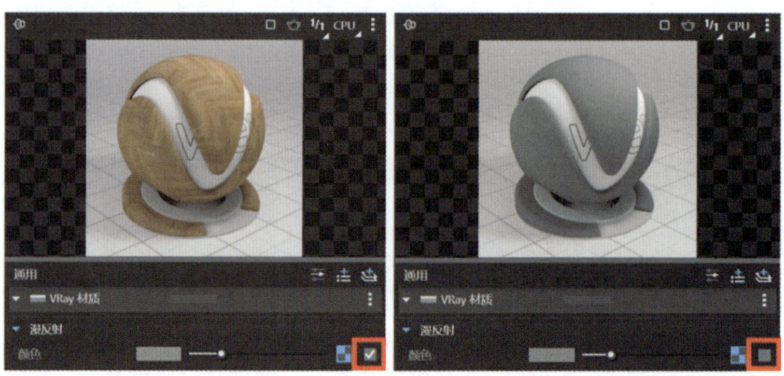

图3-29　漫反射贴图关闭开关效果

3.2.3　反射

反射：在V-Ray程序中，反射的概念为周边环境在一个物体表面上产生的光线反馈。例如在一个光滑的不锈钢球体表面可以看到球体的周边环境，这个球面上的周边环境的光线信息就是不锈钢球体的反射现象。

界面介绍：反射的界面包含反射颜色、反射光泽度、菲涅耳、反射IOR、金属度、表面控制六个部分，如图3-30所示。

3.2.3.1　反射颜色调试框

反射颜色调试框：用于添加材质的反射颜色，通常黑色为无反射，白色为正常反射，彩色为在正常反射的基础上为材质的反射添加彩色滤镜，灰色与彩色同理。

操作效果：漫反射颜色调试框为红色，分别调试白色、灰色、蓝色三种反射颜色展示操作效果，如图3-31所示。

3.2.3.2　反射颜色亮度调试栏

反射颜色亮度调试栏：用于调试反射颜色的亮度。反射颜色随颜色亮度调试栏的提高或降低而变化，反射效果在正常反射的基础上为材质的反射添加亮度变化。

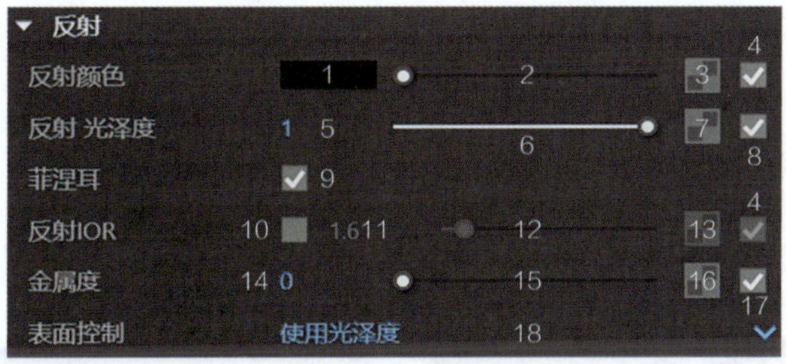

图3-30　反射界面

1—反射颜色调试框；2—反射颜色亮度调试栏；3—反射贴图框；4—反射贴图显示开关；5—反射光泽度数值栏；6—反射光泽度数值调试栏；7—反射光泽度贴图框；8—反射光泽度贴图显示开关；9—菲涅耳显示开关；10—反射IOR开关；11—菲涅耳IOR数值栏；12—菲涅耳IOR数值调试栏；13—菲涅耳IOR贴图框；14—金属度数值栏；15—金属度数值调试栏；16—金属度贴图框；17—金属度贴图显示开关；18—表面控制

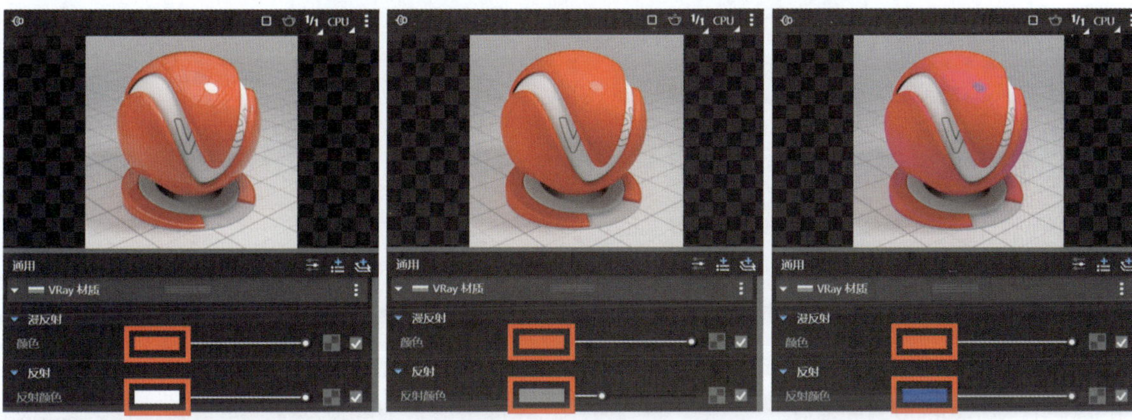

图3-31　反射颜色调试效果

操作效果：可参考图3-31中反射颜色为白色和反射颜色为灰色的对比效果，白色和灰色理论上代表不同的反射颜色亮度。

3.2.3.3　反射贴图框

反射贴图框：通过反射贴图框添加贴图，为材质添加物体局部不同程度的反射效果。

操作效果：漫反射颜色调试框为黑色，反射贴图框添加黑白格贴图展示操作效果，如图3-32和图3-33所示。

图3-32　反射贴图效果

图3-33　黑白格贴图

3.2.3.4　反射贴图显示开关

反射贴图显示开关：反射贴图的开关，关闭则显示反射贴图框前面的反射颜色的反射效果，打开则显示反射贴图的反射效果。

操作效果：漫反射颜色调试框为黑色，反射贴图框添加黑白格贴图，关闭反射贴图显示展示操作效果，如图3-34和图3-35所示。

图3-34　反射贴图开启效果

图3-35　反射贴图关闭效果

3.2.3.5　反射光泽度数值框

反射光泽度：在V-Ray程序中，反射光泽度的概念为物体材质表面对光的镜面反射能力。

通俗地讲就是日常生活中对材质光滑度的描述。例如在生活中，亚光木地板和亮光木地板就存在反射光泽度数值的差异。

反射光泽度数值栏：反射光泽度数值栏可通过数值控制不同的反射光泽度。

反射光泽度数值最大值为1.0，代表材质表面100%的光滑度。

反射光泽度数值最小值为0，代表材质表面100%粗糙无光泽；

反射光泽度数值为0.5，代表材质表面50%的光滑度，接近磨砂或亚光的反射光泽状态。

操作效果：漫反射贴图框添加木纹，反射颜色调试框为白色，分别调试0.45、0.75、1.0三种量度数值的反射光泽度展示操作效果，如图3-36所示。

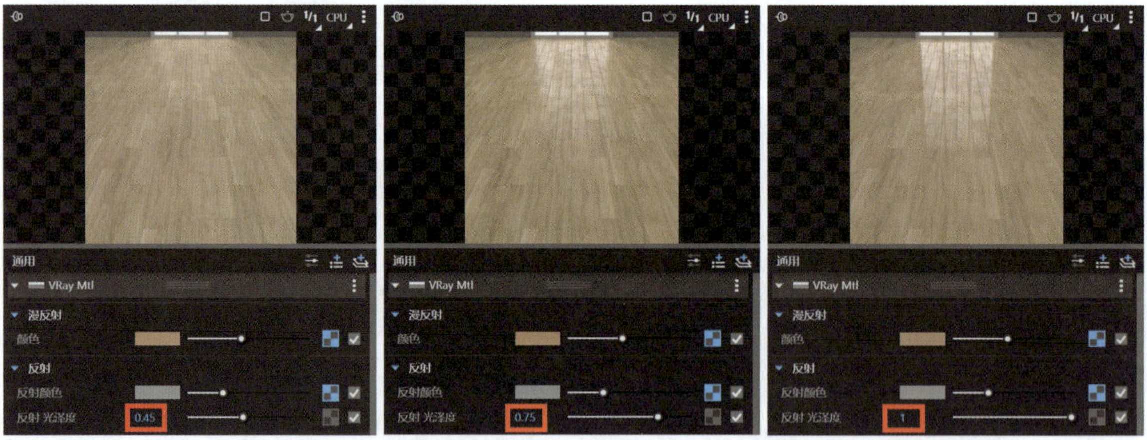

图3-36　反射光泽度调试效果

3.2.3.6　反射光泽度数值调试栏

反射光泽度调试栏：与反射光泽度数值保持同步，通常情况下，调试反射光泽度时，调试栏要比数值栏更为便捷。

反射光泽度调试栏最大值为1.0，代表100%的光滑度，调试点位于调试栏的最右端。

同理，反射光泽度数值为0.75，代表75%的光滑度，调试点位于调试栏从左往右75%的位置。

3.2.3.7　反射光泽度贴图框

反射光泽度贴图框：通过反射光泽度贴图框添加贴图，为材质添加物体局部不同程度的反射光泽度效果。

通常，在反射光泽度贴图中，白色代表反射光泽度数值为 1.0，黑色代表反射光泽度数值为 0；

同理，在反射光泽度贴图中，灰色（R-128，G-128，B-128）代表反射光泽度数值为 0.5。反射光泽度贴图框为彩色贴图时，贴图框会自动将彩色贴图转换为黑白贴图。

操作效果：漫反射颜色调试框为黑色，反射颜色调试框为白色，反射光泽度贴图框添加灰白格贴图展示操作效果，如图 3-37 和图 3-38 所示。操作效果中白色展示出反射光泽度数值为 1.0 的状态，灰色展示出反射光泽度数值为 0.5 的状态，以此达到物体局部不同程度的反射光泽度效果。

图 3-37　反射光泽度贴图效果

图 3-38　灰白格贴图

3.2.3.8　反射光泽度贴图显示开关

反射光泽度贴图显示开关：反射光泽度贴图的开关，关闭则显示反射光泽度贴图框前面的反射光泽度颜色的效果，打开则显示反射光泽度贴图的效果。

操作效果：漫反射颜色调试框为黑色，反射光泽度贴图框添加灰白格贴图，反射光泽度数值默认为 1.0，关闭反射光泽度贴图显示展示操作效果，如图 3-39 和图 3-40 所示。

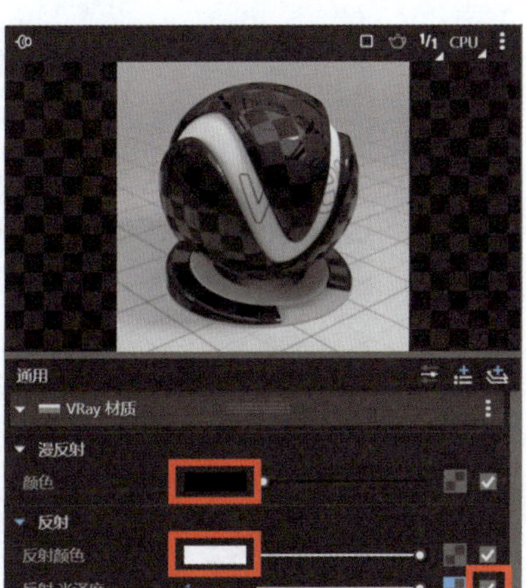

图 3-39　反射光泽度贴图开启效果

图 3-40　反射光泽度贴图关闭效果

3.2.3.9　菲涅耳效应显示开关

菲涅耳效应：在V-Ray程序中，菲涅耳意为反射、折射与视点角度之间的关系。通俗地讲就是如果你站在湖边，低头看脚下的水，你会发现水是透明的，反射不是很强烈；如果你看向远处的湖面，你会发现水并不是透明的，而且反射很强烈，这就是“菲涅耳效应”。在现实生活中，除了金属外，其他物质均有不同程度的菲涅耳效应，如果不使用菲涅耳效应的话，材质会展示出金属效果。

菲涅耳效应显示开关：菲涅耳效应的开关，关闭则显示金属效果，打开则显示不同程度的菲涅耳效应效果。

操作效果：漫反射颜色调试框为黑色，反射颜色调试框为白色，反射光泽度数值默认为1.0，关闭“菲涅耳效应”显示展示操作效果，如图3-41和图3-42所示。

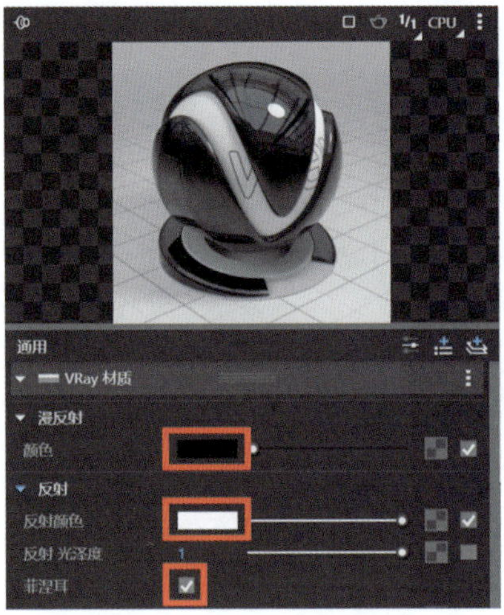

图3-41　菲涅耳效应的开关开启效果

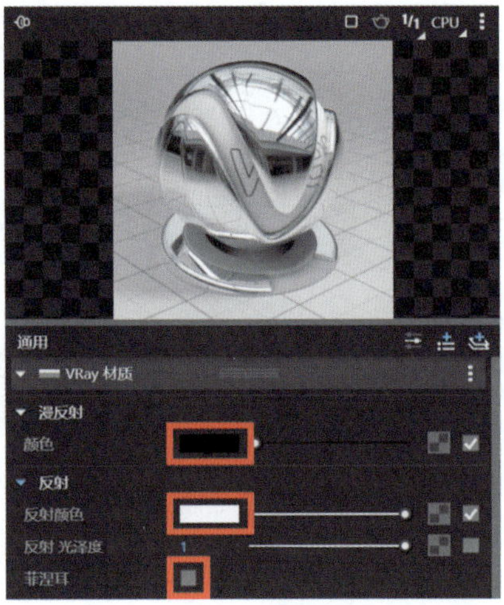

图3-42　菲涅耳效应的开关关闭效果

3.2.3.10　反射IOR数值调试开关

反射IOR：在V-Ray程序中，反射IOR意为反射衰减的强弱变化值。

反射IOR数值调试开关：反射IOR数值的开关，关闭则无法调试反射IOR数值和调试栏。

3.2.3.11　反射IOR数值框

反射IOR数值框：用于输入反射IOR数值的窗口。

数值范围为0~1.0时，数值越大表示反射越弱；数值为0代表100%反射，数值为1.0代表无反射。

数值范围为1.0~100时，数值越大表示反射越强，数值为100代表100%反射。默认数值为1.6代表普通材质的常规反射。

操作效果：漫反射颜色调试框为黑色，反射颜色调试框为白色，反射光泽度数值默认为1.0，反射IOR数值为0、1.0、1.6、5.0、10、25展示操作效果，如图3-43~图3-48所示。

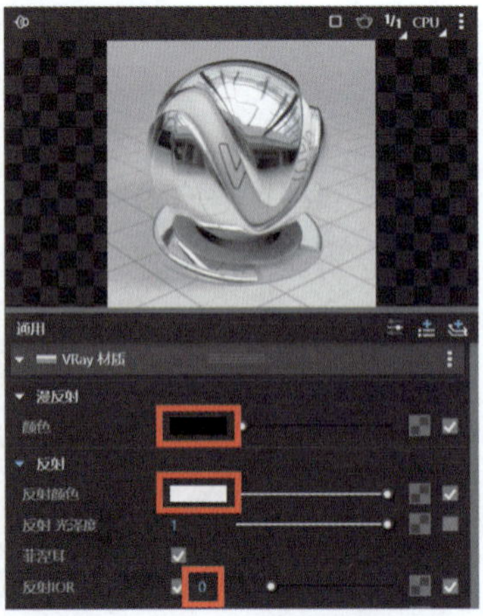

图3-43　反射IOR数值为0效果

图3-44　反射IOR数值为1.0效果

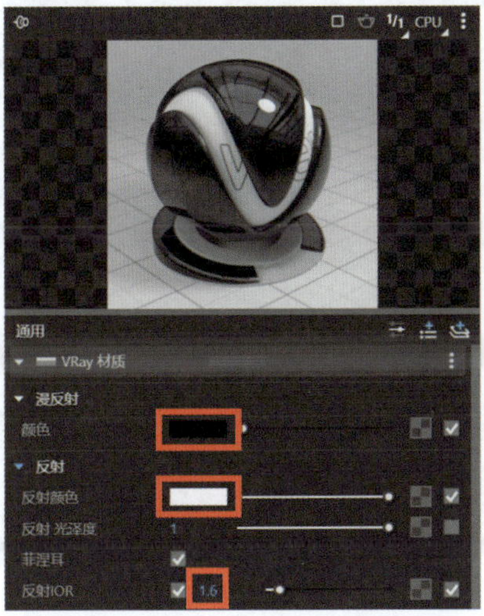

图3-45　反射IOR数值为1.6效果

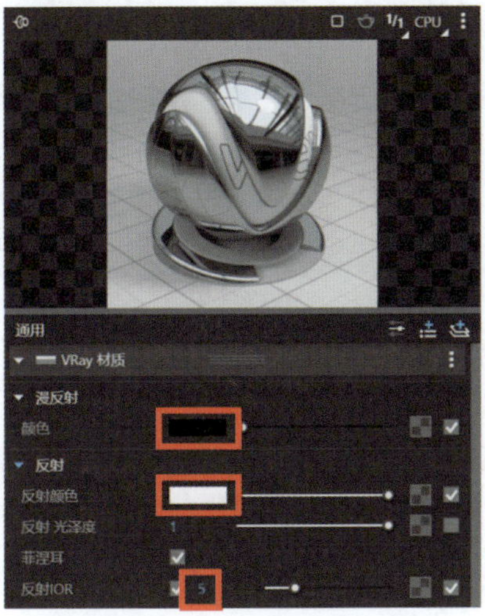

图3-46　反射IOR数值为5.0效果

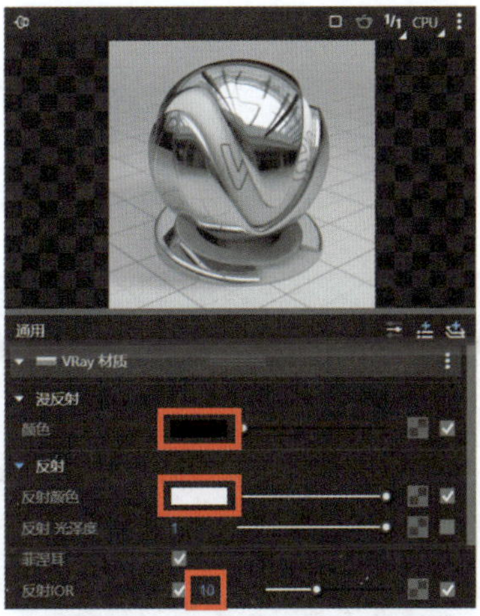

图3-47　反射IOR数值为10效果

图3-48　反射IOR数值为25效果

3.2.3.12　反射 IOR 数值调试栏

反射IOR调试栏：与反射IOR数值框保持同步，通常情况下，调试反射IOR时，调试栏要比数值框更为便捷，但当需要精准数值时，则反射IOR数值框更便捷，反射IOR数值栏数值范围为0~100。

3.2.3.13　反射 IOR 贴图框

反射IOR贴图框：通过反射IOR贴图框添加贴图为材质添加物体局部不同程度的反射IOR效果。通常在反射IOR贴图中，白色代表反射光泽度数值为1.0，黑色代表反射光泽度数值为100，颜色越深代表反射IOR数值越高。反射IOR贴图框为彩色贴图时，贴图框会自动将彩色贴图转换为黑白贴图。

操作效果：漫反射颜色调试框为黑色，反射颜色调试框为白色，反射IOR贴图框添加黑白格贴图展示操作效果，如图3-49和图3-50所示。

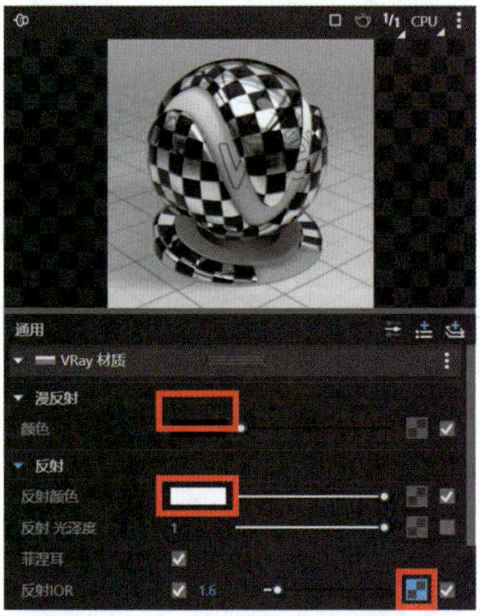

图3-49　反射IOR贴图效果

图3-50　黑白格贴图

3.2.3.14　反射 IOR 贴图显示开关

反射IOR贴图显示开关：反射IOR贴图的开关，关闭则显示反射IOR贴图框前面的反射IOR数值的效果，打开则显示反射IOR贴图的效果。

3.2.3.15　金属度数值框

金属度：在V-Ray程序中，金属度代表接近金属的程度。生活中大部分材质基本分为三种：非金属、半导体和金属，分别使用三种不同的金属度。

金属度数值框：用于输入金属度数值的窗口，数值范围为0~1.0，数值为0代表非金属材质，数值为1为金属材质，数值为0~1.0表示半导体材质，数值越大接近金属的程度就越高。

操作效果：漫反射颜色调试框为浅黄色（RGB为243，201，104），反射颜色调试框为黑色，反射光泽度数值默认为1.0，金属度数值为0和1.0展示操作效果，如图3-51和图3-52所示。

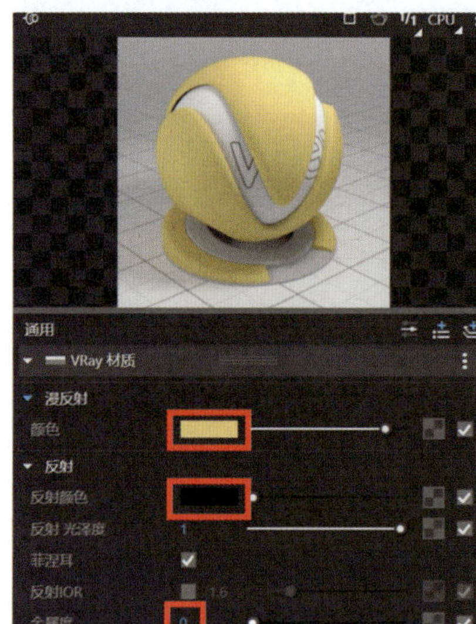

图3-51　金属度数值为0效果

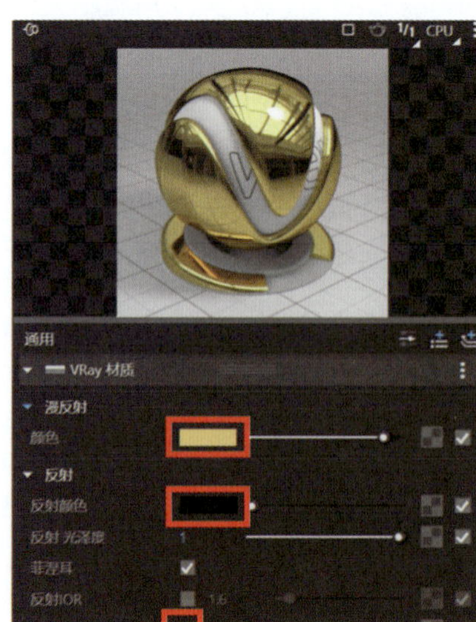

图3-52　金属度数值为1.0效果

△ 提示

① 金属度数值一般情况下为0或1.0，只有在调试金属材质时才会被用到。数值为0~1.0的半导体材质在实际操作中极少用到。

② 在V-Ray程序中，金属材质一般只需要搭配漫反射、反射光泽度、反射IOR和金属度即可调试出所需的金属材质，反射颜色和菲涅耳效应在调试金属材质时一般用不到。过去习惯使用反射颜色和菲涅耳效应调试有颜色的金属材质的方法可以废除，因为使用反射颜色和菲涅耳来调试有色金属材质的方法是不合理的。

③ 根据查阅的科学数据显示，不同的金属材质拥有不同的反射IOR数值，具体的各类金属材质调试方法将在后文中介绍。

3.2.3.16　金属度数值调试栏

金属度调试栏：与金属度数值框保持同步，通常情况下，调试金属度时，调试栏要比数值框更为便捷，金属度数值一般情况下为0或1.0，只需将金属度调试栏的调试点调至最左端或最右边即可。

3.2.3.17　金属度贴图框

金属度贴图框：通过金属度贴图框添加贴图，为材质添加物体局部不同程度的金属度效果。

通常在金属度贴图中，白色代表反射光泽度数值为1.0，黑色代表反射光泽度数值为0，颜色越深代表金属度数值越低。

反射IOR贴图框为彩色贴图时，贴图框会自动将彩色贴图转换为黑白贴图。

操作效果：漫反射颜色调试框为浅黄色（RGB为243，201，104），反射颜色调试框为黑色，反射光泽度数值默认为1.0，金属度贴图框添加黑白格贴图（黑白格贴图如图3-53所示），渲染结果如图3-54所示。

图3-53　黑白格贴图

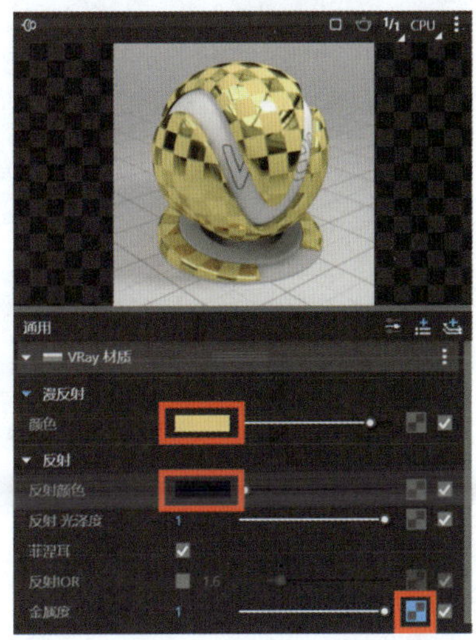

图3-54　金属度贴图效果

3.2.3.18　金属度贴图显示开关

金属度贴图显示开关：金属度贴图的开关，关闭则显示金属度贴图框前面的金属度数值的效果，打开则显示金属度贴图的效果。

3.2.3.19　表面控制

表面控制：表面控制有两个选项，分别为使用光泽度和使用粗糙度。

系统默认表面控制为使用光泽度，使用粗糙度后反射光泽度就会变为反射粗糙度。

当反射粗糙度数值为0时，与反射光泽度数值为1.0时的效果一致；反之同理，当反射粗糙度数值为1.0时，与反射光泽度数值为0时的效果一致。反射光泽度和反射粗糙度的数值变化完全相反。

3.2.4 折射

折射：在V-Ray程序中，折射概念是光从一种透明介质斜射入另一种透明介质时，传播方向发生变化的一种光学现象。例如将一根筷子插进一个装满水的透明玻璃杯中，这根筷子在空气和水两种透明介质之间会呈现出弯折的状态，这就是折射现象。

界面介绍：折射的界面包含折射颜色、IOR折射率、折射光泽度、薄壁、Fog Color（雾色）、Depth(cm)（深度）、半透明七个部分，如图3-55所示。

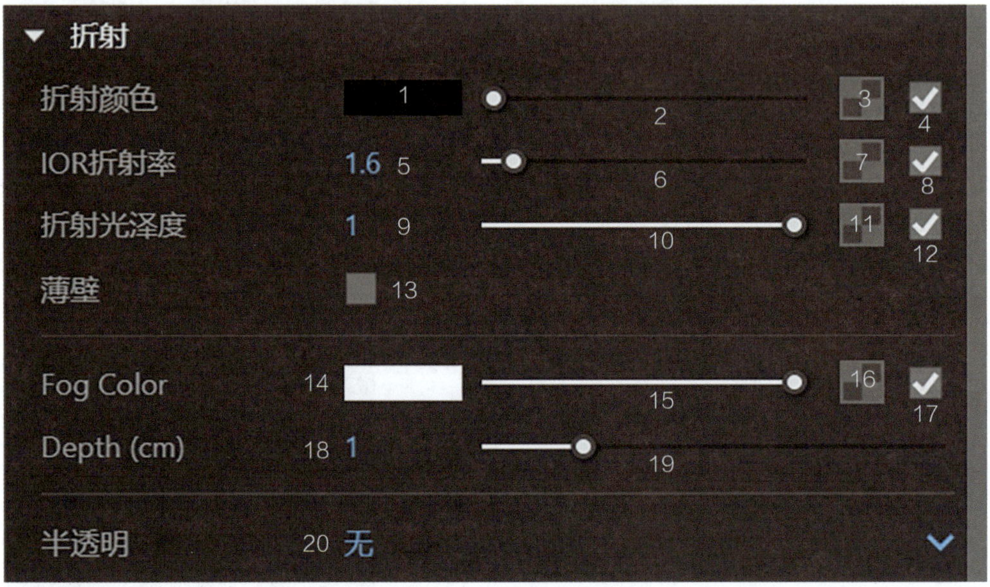

图3-55　折射界面

1—折射颜色调试框；2—折射颜色亮度调试栏；3—折射贴图框；4—折射贴图显示开关；5—IOR折射率数值框；6—IOR折射率数值调试栏；7—IOR折射率贴图框；8—IOR折射率贴图显示开关；9—折射光泽度数值栏；10—折射光泽度数值调试栏；11—折射光泽度贴图框；12—折射光泽度贴图显示开关；13—薄壁开关；14—雾颜色调试框；15—雾颜色亮度调试栏；16—雾颜色贴图框；17—雾颜色贴图显示开关；18—深度数值栏；19—深度数值调试栏；20—半透明

3.2.4.1 折射颜色调试框

折射颜色调试框：折射颜色决定材质的折射量和折射颜色，但需要注意的是实际折射颜色也取决于反射颜色。折射颜色调试框为非黑色则代表透明效果已被开启；若折射颜色调试框为灰色，折射颜色亮度越高则代表材质透明度越高；折射颜色调试框为彩色则代表材质的透明效果被开启的同时被赋予透明材质色彩。

操作效果：漫反射颜色调试框为黑色，反射颜色调试框为白色，折射颜色调试框为分别调试黑色、灰色、白色、红色、绿色、蓝色六种反射颜色展示操作效果，如图3-56~图3-61所示。

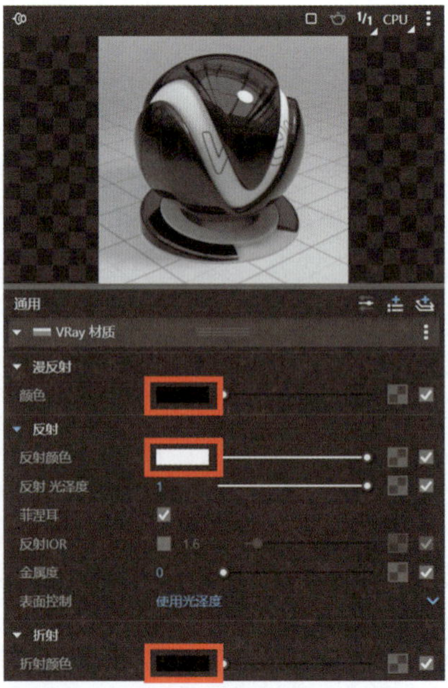

图3-56　折射颜色为黑色效果

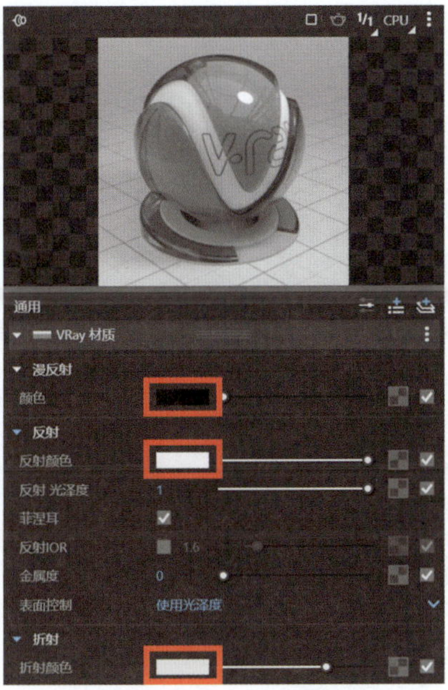

图3-57　折射颜色为灰色效果

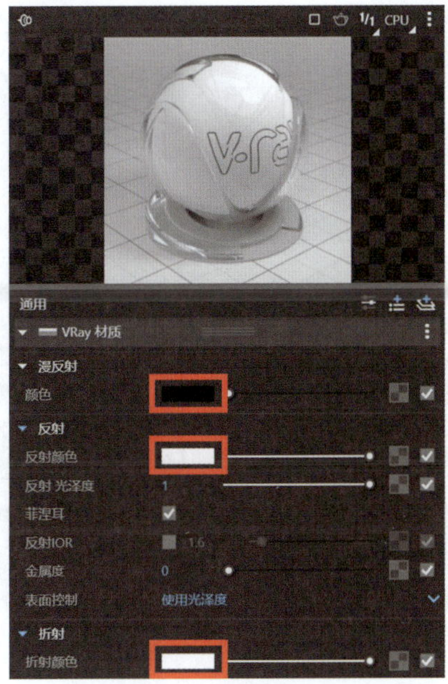

图3-58　折射颜色为白色效果

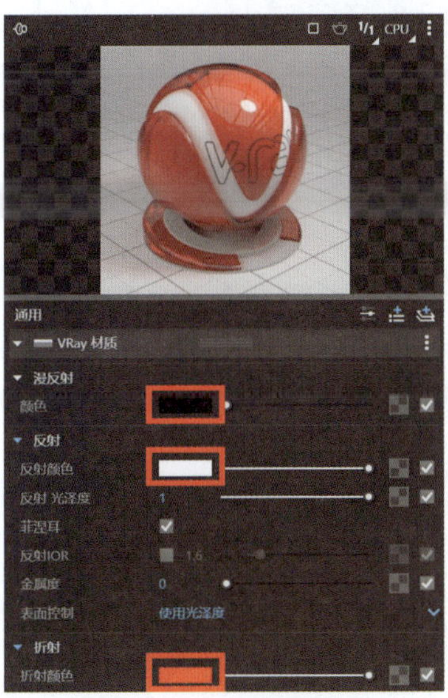

图3-59　折射颜色为红色效果

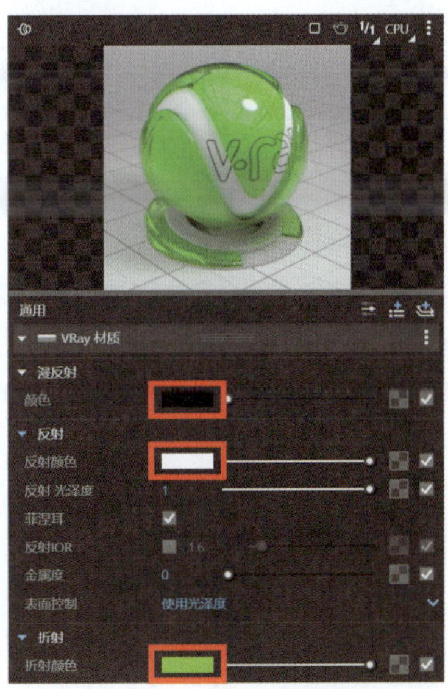

图3-60　折射颜色为绿色效果

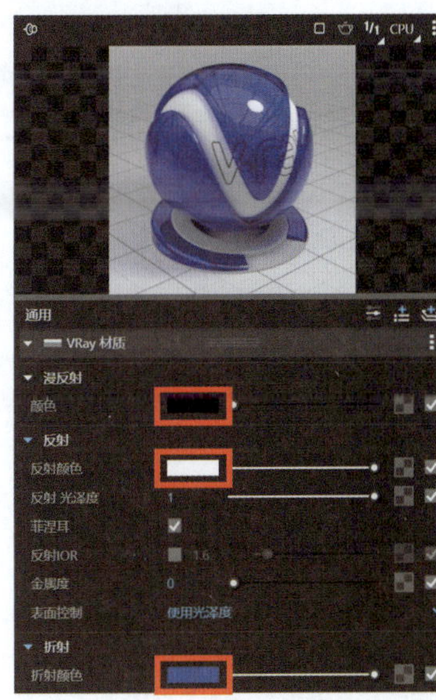

图3-61　折射颜色为蓝色效果

3.2.4.2　折射颜色亮度调试栏

折射颜色亮度调试栏：用于调试折射颜色的亮度。折射颜色跟随颜色亮度调试栏的提高或降低而变化。若折射颜色为灰色，折射颜色亮度越高则代表材质透明度越高；若折射颜色为彩色，折射颜色亮度越高则代表透明材质的色彩亮度越高。

3.2.4.3　折射贴图框

折射贴图框：通过折射贴图框添加贴图为材质添加物体局部不同程度的折射颜色效果。

操作效果：漫反射颜色调试框为黑色，反射颜色调试框为白色，折射贴图框分别添加黑白格贴图、灰白格贴图和红蓝格贴图，如图3-62~图3-64所示。

图3-62 折射贴图为黑白格贴图效果

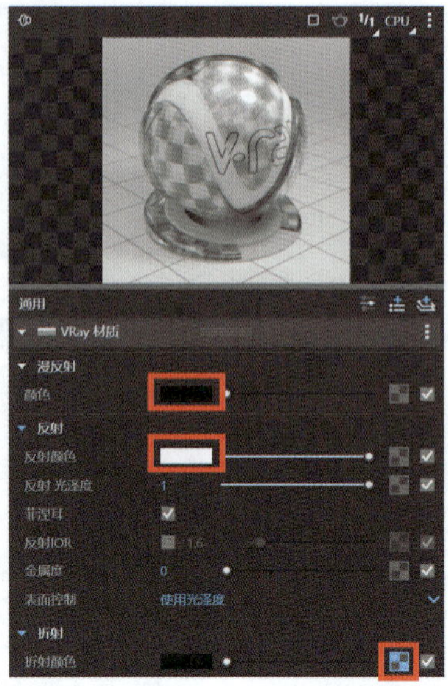

图3-63 折射贴图为灰白格贴图效果

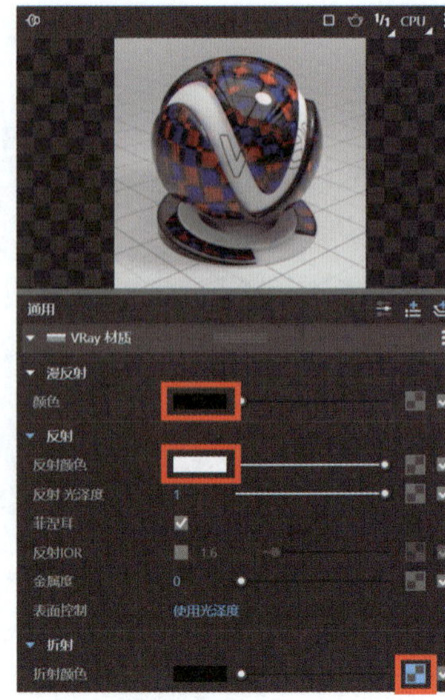

图3-64 折射贴图为红蓝格贴图效果

3.2.4.4 折射贴图显示开关

折射贴图显示开关：折射贴图的开关，关闭则显示折射贴图框前面的折射颜色的折射效果，打开则显示折射贴图的折射效果。

3.2.4.5 IOR 折射率数值框

IOR折射率：在V-Ray程序中，IOR用于控制光线穿过透明材质时的偏折程度，通俗地讲，它描述了不同密度的介质（如玻璃、水等）对光线的折射能力，数值越高，光线弯曲越明显。

IOR折射率数值框：IOR折射率数值框可通过数值控制不用透明材质的折射率。

常见的材质折射率有真空1.0，空气1.0003，冰1.31，水1.33，玻璃1.5~1.65，钻石2.4等。通常情况下，透明材质的密度越大，IOR折射率越高。IOR折射率数值默认为1.6可做玻璃使用。

操作效果：漫反射颜色调试框为黑色，反射颜色调试框为白色，折射颜色调试框为白色，IOR折射率数值框分别调试1.0、1.6和2.4三个数值展示操作效果，如图3-65~图3-67所示。

图3-65 IOR折射率为1.0效果

图3-66 IOR折射率为1.6效果

图3-67 IOR折射率为2.4效果

3.2.4.6 IOR 折射率数值调试栏

IOR折射率数值调试栏：与IOR折射率数值保持同步，通常情况下，调试IOR折射率时，调试栏要比数值栏更为便捷，范围一般在3.0以内。

3.2.4.7 IOR 折射率贴图框

IOR折射率贴图框：通过IOR折射率贴图框添加贴图，为材质添加物体局部不同程度的折射率效果。

通常在IOR折射率贴图中，颜色越深，IOR折射率数值越大，白色代表IOR折射率数值为1.0，黑色代表IOR折射率数值为25。由于这种不均匀的折射率效果项目在实际中并不常见，本小节不再展示操作效果。

3.2.4.8 IOR 折射率贴图显示开关

IOR 折射率贴图显示开关： IOR折射率贴图的开关，关闭则显示IOR折射率贴图框前面的IOR折射率数值的效果，打开则显IOR折射率贴图的效果。

3.2.4.9 折射光泽度数值框

折射光泽度： 在V-Ray程序中，折射光泽度的概念为光对透明物体材质内部的穿透折射能力，通俗地讲就是日常生活中对透明材质内部粗糙度的描述。例如在生活中，亮光玻璃杯和磨砂玻璃杯就存在折射光泽度数值的差异。

折射光泽度数值栏： 折射光泽度数值栏可通过数值控制不同的折射光泽度。

折射光泽度数值最大值为1.0，代表亮光玻璃状的折射；最小值为0，代表绝对模糊的磨砂玻璃状的折射。

操作效果： 漫反射颜色调试框为默认黑色，反射颜色调试框为白色，折射颜色调试框为白色，分别调试0、0.75、1.0三种量度数值的折射光泽度展示操作效果，如图3-68~图3-70所示。

图3-68 折射光泽度为0效果

图3-69 折射光泽度为0.75效果

图3-70 折射光泽度为1.0效果

> △ 提示
>
> 一般情况下，反射光泽度和折射光泽度两者的概念容易混淆，反射光泽度指的是材质表面的光线变化，折射光泽度指的是光线穿透材质的变化。例如一瓶刚从冰箱里拿出来的雪碧，在常温下，瓶壁会凝结一层微小的水珠，这就需要反射光泽度来表现材质表面的光线变化；再如一瓶常温的雪碧在被剧烈晃动数下后的几秒内，液体中产生大量二氧化碳气泡，导致液体整体透像度降低，这就需要折射光泽度来表现光线穿透材质内部的变化。
>
> 反射光泽度可以理解为反像度，即反射图像的清晰度；折射光泽度则可以理解为透像度，即透过透明物体后的图像清晰度。

3.2.4.10 折射光泽度数值调试栏

折射光泽度数值调试栏： 与折射光泽度数值保持同步，通常情况下，调试折射光泽度时，调试栏要比数值栏更为便捷。

3.2.4.11 折射光泽度贴图框

折射光泽度贴图框： 通过折射光泽度贴图框添加贴图，为材质添加物体局部不同程度的折射光泽度效果。

通常在折射光泽度贴图中，白色代表折射光泽度数值为1.0；黑色代表折射光泽度数值为0；同理，中灰色（RGB：128，128，128）代表折射光泽度数值为0.5。

折射光泽度贴图框为彩色贴图时，贴图框会自动将彩色贴图转换为黑白贴图。

操作效果：漫反射颜色调试框为黑色，反射颜色调试框为白色，折射颜色调试框为浅绿色，折射光泽度贴图框添加黑白格贴图展示操作效果，如图3-71所示。

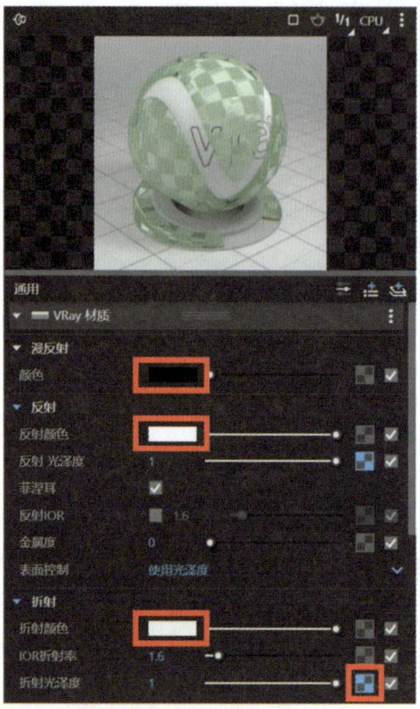

图3-71　折射光泽度贴图效果

3.2.4.12　折射光泽度贴图显示开关

折射光泽度贴图显示开关：折射光泽度贴图的开关，关闭则显示折射光泽度贴图框前面的折射光泽度颜色的效果，打开则显示折射光泽度贴图的效果。

3.2.4.13　薄壁效果显示开关

薄壁效果：在V-Ray程序中，薄壁效果主要用来模拟比较单薄且半透明表面材质，如肥皂泡、树叶、窗帘等。薄壁的开启必须将折射的半透明模式切换为SSS模式。具体操作将在3.2.3.20小节中讲解。

薄壁效果显示开关：薄壁效果的开关，打开则显示薄壁的材质效果。

3.2.4.14　雾颜色调试框

雾颜色：在V-Ray程序中，雾颜色用于控制光线穿过透明材质时的吸收和染色效果。通俗地说，它模拟了光线在较厚透明物体（如玻璃、水等）中传播时逐渐被着色的现象，类似于现实中的“有色玻璃”效果。

雾颜色主要用来模拟比较厚的透明材质。但需要注意的是，雾颜色的效果取决于物体的绝对大小，如果物体过小会导致雾颜色过于浓稠，雾颜色会接近黑色。

雾颜色调试框：用于给透明且较厚的物体指定颜色，通常白色为无色。

操作效果：漫反射颜色调试框为黑色，反射颜色调试框为白色，折射颜色调试框为白色，雾颜色调试框分别调试青色、洋红色、黄色三种颜色展示操作效果，如图3-72~图3-74所示。

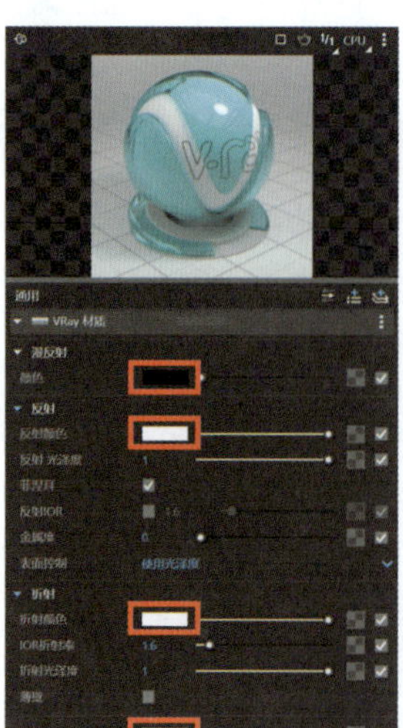

图3-72　雾颜色为青色效果

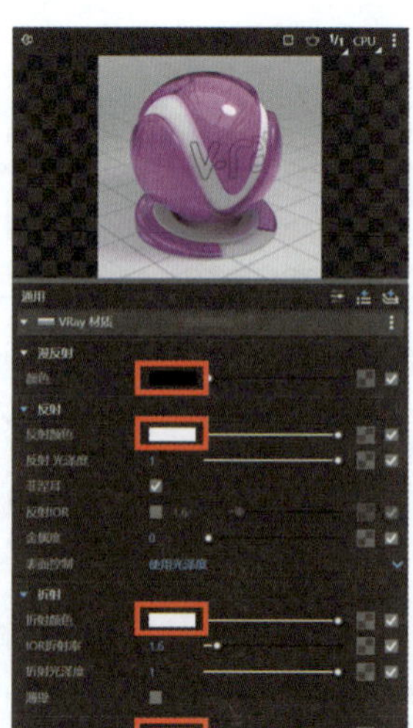

图3-73　雾颜色为洋红色效果

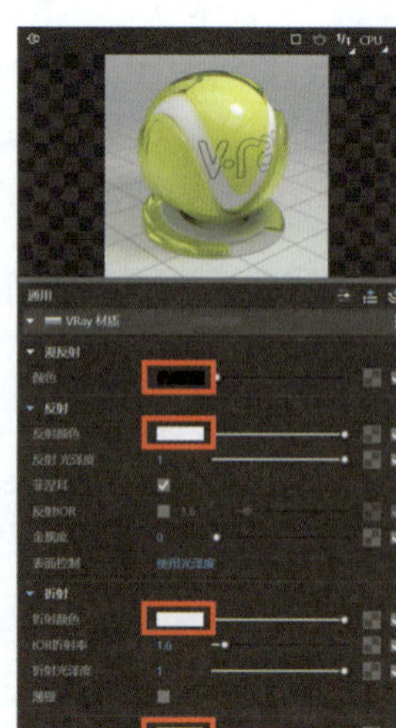

图3-74　雾颜色为黄色效果

△ 提示

一般情况下，折射颜色和雾颜色两者概念容易混淆，两者都可以为透明物体添加颜色，这里不同的是雾颜色主要为较厚的透明物体添加颜色，而折射颜色更多的是为常规或较薄的透明物体添加颜色。实例操作过程中，折射颜色使用频率更高。

3.2.4.15 雾颜色亮度调试栏

雾颜色亮度调试栏： 用于调试雾颜色的亮度。雾颜色随着颜色亮度调试栏的提高或降低而变化，雾颜色效果在原颜色调试框的基础上添加亮度变化。

3.2.4.16 雾颜色贴图框

雾颜色贴图框： 通过雾颜色贴图框添加贴图，为材质添加物体局部不同程度的雾颜色效果。操作效果可参考3.2.4.3小节中折射贴图框的效果，雾颜色贴图框更多运用在较厚的透明物体上。

3.2.4.17 雾颜色贴图显示开关

雾颜色贴图显示开关： 雾颜色贴图的开关，关闭则显示雾颜色贴图框前面的雾颜色调试框的效果，打开则显示雾颜色贴图的效果。

3.2.4.18 深度数值栏

深度： 用于调试雾颜色的浓度。深度数值越高雾颜色影响就越小，材质更透明；深度数值越低，材质越不透明。

深度数值栏： 深度数值栏可通过数值控制不用的雾颜色深度，数值范围为0~5.0。数值为0代表雾颜色的染色效果最为强烈，物体材质基本呈黑色状态，一般不使用；数值为5.0代表物体材质基本呈透明状态，会有轻微颜色倾向。

操作效果： 漫反射颜色调试框为黑色，反射颜色调试框为白色，折射颜色调试框为白色，雾颜色调试框为红色，分别调试0.1、0.5、5.0三种量度数值的深度展示操作效果，如图3-75~图3-77所示。

图3-75 深度为0.1效果

图3-76 深度为0.5效果

图3-77 深度为5.0效果

3.2.4.19 深度数值调试栏

深度数值调试栏： 与深度数值保持同步，通常情况下，调试深度数值时，调试栏要比数值栏更为便捷，具体操作方法与其他数值调试栏保持一致，此处不再赘述。

3.2.4.20 半透明

半透明： 半透明具有三个选项，分别为无、体积和SSS。

系统默认半透明选项为无，代表半透明效果未启用。

半透明选项为体积，通常用于控制有体积的半透明物体，例如蜡烛、果汁、玉石等。

半透明选项为SSS，通常用于控制体积比较单薄的半透明物体，例如树叶、皮肤等。

3.2.4.21 散射颜色调试框

散射： 在V-Ray程序中，散射的概念为光线通过不均匀媒质时，部分光线将偏离原来方向而分散传播，从侧面也可观察到光线的现象。通俗地讲就是透过一块玉石只能看到光却看不到像的一种光学效果。

散射颜色调试框： 指定从半透明物体中散射出的光线的颜色。

操作效果： 漫反射颜色调试框为黑色，反射颜色调试框为白色，折射颜色调试框为白色。IOR折射率数值栏为1.35，折射光泽度数值框栏为0.7，半透明选项为体积，SSS数量为0.5。

如图3-78所示是雾颜色和散射颜色为黄色（RGB为250，236，5）的渲染效果。

图3-78 雾颜色和散射颜色为黄色的渲染效果

如图3-79所示是雾颜色和散射颜色为橙色（RGB为240，202，23）的渲染效果。

图3-79 雾颜色和散射颜色为橙色的渲染效果

如图3-80所示是雾颜色和散射颜色为红色（RGB为250，20，30）的渲染效果。

图3-80 雾颜色和散射颜色为红色的渲染效果

△ 提示

一般情况下，雾颜色和散射颜色两者的概念容易混淆。

雾颜色可为半透明物体内部介质添加颜色，而散射颜色可为半透明物体内部散射出来的光线添加颜色。

在实例操作过程中，雾颜色和散射颜色并不一定是统一的，也有分开调试的情况，例如在调试橙汁材质时，散射颜色比雾颜色更红一点才能展示橙汁材质的颜色质感。

3.2.4.22　散射颜色亮度调试栏

散射颜色亮度调试栏： 用于调试散射颜色的亮度。散射颜色跟随颜色亮度调试栏的提高或降低而变化，散射颜色效果在原颜色调试框的基础上添加亮度变化。

3.2.4.23　散射颜色贴图框

散射颜色贴图框： 通过散射颜色贴图框添加贴图为材质添加物体局部不同程度的散射颜色效果。由于使用率较低，这里不再展示操作效果。

3.2.4.24　散射贴图显示开关

散射贴图显示开关： 散射贴图的开关，关闭则显示散射贴图框前面的散射颜色调试框的效果，打开则显示散射颜色贴图的效果。

3.2.4.25　SSS 数量数值栏

SSS 数量数值栏： SSS数量指散射和折射之间的混合，数值越高越接近完全散射，数值越低越接近纯折射。通俗地讲就是半透明和透明此消彼长的程度。

操作效果： 漫反射颜色调试框为黑色，反射颜色调试框为白色，折射颜色调试框为白色。IOR折射率数值栏为1.35，折射光泽度数值框栏为0.7，半透明选项为体积，雾颜色和散射颜色调试框为黄色，SSS数量分别调试为0和1.0，如图3-81和图3-82所示。

图3-81　SSS数量为0效果

图3-82　SSS数量为1.0效果

3.2.4.26　SSS 数量数值调试栏

SSS 数量数值调试栏： 用于调试SSS数量数值。SSS数量数值跟随数值调试栏的提高或降低而变化。

3.2.4.27　SSS 颜色调试框

SSS 颜色调试框： 指定较为单薄的半透明物体整体表面的颜色。与散射颜色基本同理，但两者的区别在于SSS颜色针对体积比较单薄的半透明物体，例如树叶、皮肤等，而散射颜色针对有体积的半透明物体。需要注意的是，半透明模式为SSS时，薄壁效果必须开启。操作效果接近散射颜色效果同理，这里不再展示。

3.2.4.28　SSS 颜色亮度调试栏

SSS 颜色亮度调试栏： 用于调试SSS颜色的亮度。SSS颜色跟随颜色亮度调试栏的提高或降低而变化，SSS颜色效果在原颜色调试框的基础上添加亮度变化。

3.2.4.29　SSS 颜色贴图框

SSS 颜色贴图框： 通过SSS颜色贴图框添加贴图，为材质添加物体局部不同程度的SSS颜色效果。由于使用率较低，这里不再展示操作效果。

3.2.4.30　SSS 贴图显示开关

SSS 贴图显示开关： 散射贴图的开关，关闭则显示SSS贴图框前面的SSS颜色调试框的效果，打开则显示SSS颜色贴图的效果。

3.2.4.31 散射半径颜色调试框

散射半径颜色： 散射半径颜色与雾颜色概念类似。散射半径颜色主要用来模拟比较单薄的透明材质。但需要注意的是，散射半径颜色的效果取决于物体的绝对大小，如果物体过小会导致散射半径颜色过于浓稠，散射半径颜色会接近黑色。

散射半径颜色调试框： 指定从半透明物体中散射出的光线的颜色，通常白色为无色。

3.2.4.32 散射半径颜色亮度调试栏

散射半径颜色亮度调试栏： 用于调试散射半径颜色的亮度。散射半径颜色随着颜色亮度调试栏的提高或降低而变化，散射半径颜色效果在原颜色调试框的基础上添加亮度变化。

3.2.4.33 散射半径贴图框

散射半径颜色贴图框： 通过散射半径颜色贴图框添加贴图，为材质添加物体局部不同程度的散射半径颜色效果。由于使用率较低，这里不再展示操作效果。

3.2.4.34 散射半径贴图显示开关

散射半径贴图显示开关： 散射半径贴图的开关，关闭则显示散射半径贴图框前面的散射半径颜色调试框的效果，打开则显示散射半径颜色贴图的效果。

3.2.4.35 比例数值栏

比例数值栏： 比例数值主要用于控制SSS效果的强度，比例数值越大，SSS效果越强烈。比例数值单位为厘米（cm）。

操作效果： 漫反射颜色调试框为黑色，反射颜色调试框为白色，折射颜色调试框为灰色（RGB为150，150，150）。IOR折射率数值栏为1.1，折射光泽度数值框栏为0.5，半透明选项为SSS，SSS颜色和散射半径颜色调试框为肉色（RGB为232，150，103），比例数值分别调试为2.0、5.0、10，如图3-83~图3-85所示。

图3-83 比例为2.0效果

图3-84 比例为5.0效果

图3-85 比例为10效果

3.2.4.36 比例数值调试栏

比例数值调试栏： 用于调试比例数值。比例数值随着数值调试栏的提高或降低而变化。

3.2.5　涂层

涂层： 涂层的概念类似于通用材质的反射层。涂层可快速地给底漆和闪片增加一个清漆涂层，其范畴更多运用在漆类材质上。

界面介绍： 涂层的界面包含涂层数量、涂层颜色、涂层光泽度、涂层IOR、涂层凹凸五个部分，如图3-86所示。

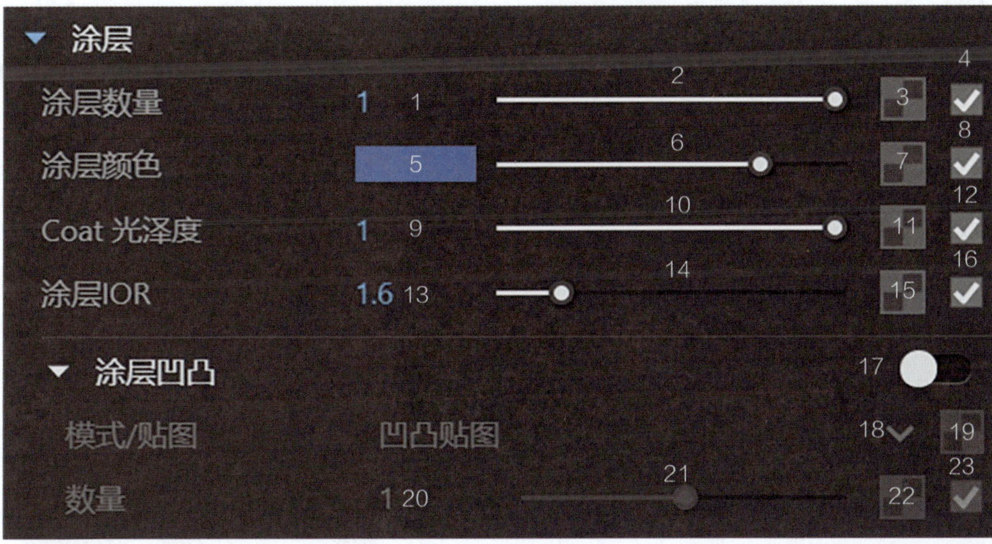

图3-86　反射界面

1—涂层数量数值栏；2—涂层数量数值调试栏；3—涂层数量贴图框；4—涂层数量贴图显示开关；5—涂层颜色调试栏；6—涂层颜色亮度调试栏；7—涂层颜色贴图框；8—涂层颜色贴图显示开关；9—涂层光泽度数值栏；10—涂层光泽度数值调试栏；11—涂层光泽度贴图框；12—涂层光泽度贴图显示开关；13—涂层IOR数值栏；14—涂层IOR数值调试栏；15—涂层IOR贴图框；16—涂层IOR贴图显示开关；17—涂层凹凸效果显示开关；18—涂层凹凸模式/贴图选项栏；19—涂层凹凸模式/贴图贴图框；20—涂层凹凸数量数值栏；21—涂层凹凸数量数值调试栏；22—涂层凹凸数量贴图框；23—涂层凹凸数量贴图显示开关

3.2.5.1　涂层数量数值栏

涂层数量数值栏： 用于指定涂层的混合质量，效果上与反射基本一致。涂层数量数值高低与反射颜色明度高低效果基本一致，涂层数量数值越高代表反射明度越高。涂层的效果位置在漫反射和反射之间。

操作效果： 漫反射颜色调试框为灰色，涂层数量数值分别调试0、0.5、1.0三个数值展示操作效果，如图3-87~图3-89所示。

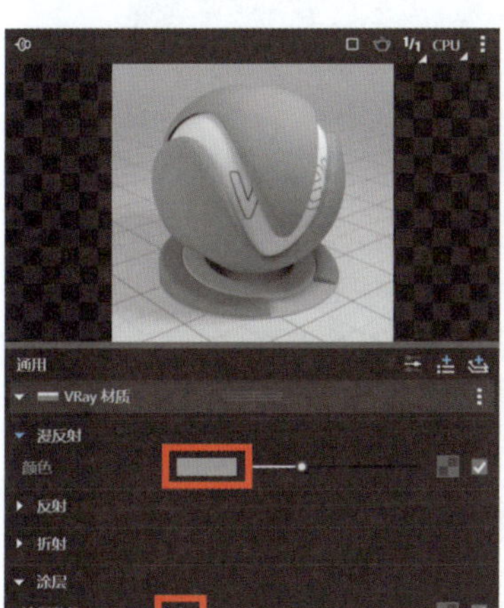

图3-87　涂层数量为0效果

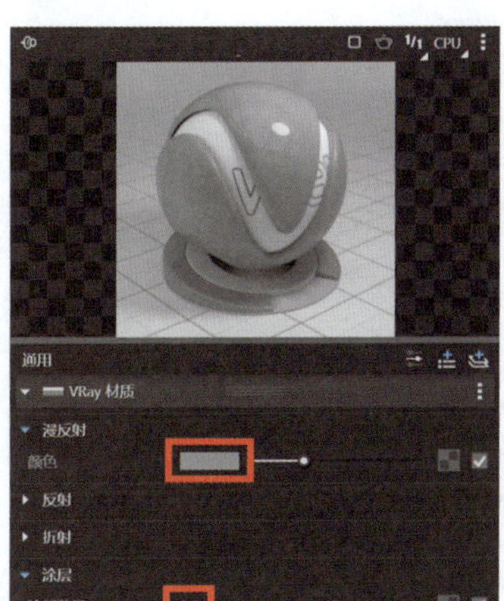

图3-88　涂层数量为0.5效果

图3-89　涂层数量为1.0效果

3.2.5.2　涂层数量数值调试栏

涂层数量数值调试栏：用于调试涂层数量的数值。涂层数量随着数值调试栏的提高或降低而变化。

3.2.5.3　涂层数量贴图框

涂层数量贴图框：通过涂层数量贴图框添加贴图为材质添加物体局部不同程度的涂层数量效果。通常涂层数量贴图中，白色代表反射光泽度数值为1.0，黑色代表反射光泽度数值为0，颜色越深代表涂层数量数值越低。涂层数量数值贴图框为彩色贴图时，贴图框会自动将彩色贴图转换为黑白贴图。由于使用率较低，这里不再展示操作效果。

3.2.5.4　涂层数量贴图显示开关

涂层数量贴图显示开关：涂层数量贴图的开关，关闭则显示涂层数量贴图框前面的涂层数量数值的效果，打开则显示涂层数量贴图的效果。

3.2.5.5　涂层颜色调试框

涂层颜色调试框：用于指定涂层的颜色。涂层颜色会与漫反射混合在一起。

操作效果：漫反射颜色调试框为绿色（RGB为90，215，110），涂层数量数值为1.0，涂层颜色调试框为蓝色（RGB为110，130，225），展示操作效果如图3-90所示。

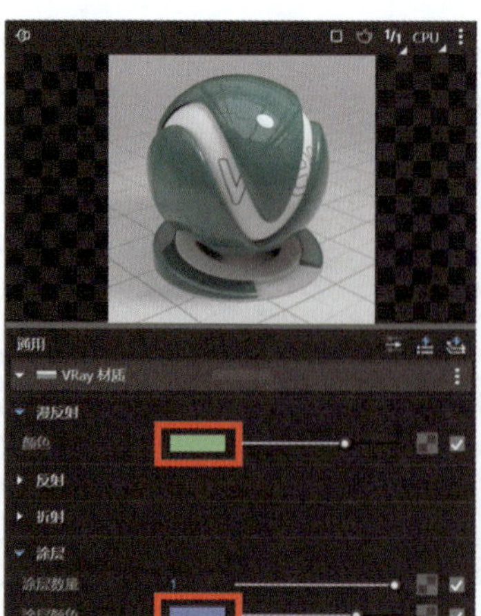

图3-90　涂层颜色为蓝色效果

3.2.5.6　涂层颜色亮度调试栏

涂层颜色亮度调试栏：用于调试涂层颜色的亮度。涂层颜色随着颜色亮度调试栏的提高或降低而变化，涂层颜色效果在原颜色调试框的基础上添加亮度变化。

3.2.5.7　涂层颜色贴图框

涂层颜色贴图框：通过涂层颜色贴图框添加贴图为材质添加物体局部不同程度的涂层颜色效果。

操作效果：漫反射颜色调试框为绿色（RGB为90，215，110），涂层数量数值为1.0，涂层颜色贴图框为砖石贴图展示操作效果，如图3-91和图3-92所示。

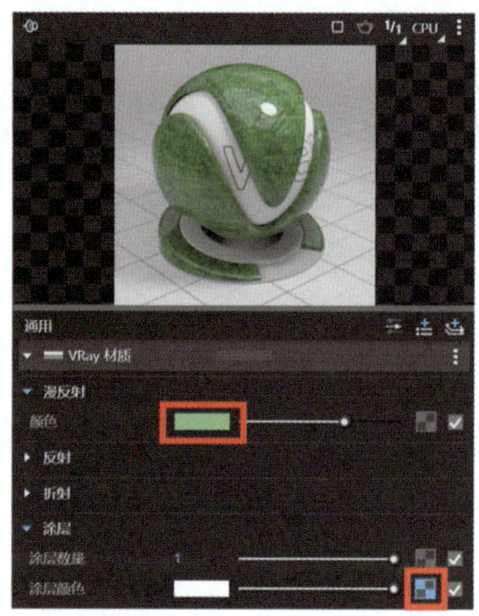

图3-91　涂层颜色贴图效果

图3-92　砖石贴图效果

3.2.5.8　涂层颜色贴图显示开关

涂层颜色贴图显示开关：涂层颜色贴图的

开关，关闭则显示涂层颜色贴图框前面的涂层颜色调试框的效果，打开则显示涂层颜色贴图的效果。

3.2.5.9　涂层光泽度数值框

涂层光泽度： 用于控制涂层的反射光泽度，效果与反射光泽度基本一致。

涂层光泽度数值栏： 通过数值控制涂层光泽度。数值越高，涂层光泽度越高。最大值为1.0，代表材质表面100%的光滑度，最小值为0，代表材质表面100%无光泽，数值为0.5，代表材质表面50%的光滑度，接近磨砂或亚光的反射光泽状态。操作效果与反射光泽度基本一致，这里不再展示。

3.2.5.10　涂层光泽度数值调试栏

涂层光泽度数值调试栏： 用于调试涂层光泽度的数值。涂层光泽度随着数值调试栏的提高或降低而变化。

3.2.5.11　涂层光泽度贴图框

涂层光泽度贴图框： 通过涂层光泽度贴图框添加贴图，为材质添加物体局部不同程度的涂层光泽度效果。操作效果与反射光泽度贴图基本一致，这里不再展示。

3.2.5.12　涂层光泽度贴图显示开关

涂层光泽度贴图显示开关： 涂层光泽度贴图的开关，关闭则显示涂层光泽度贴图框前面的涂层光泽度的效果，打开则显示涂层光泽度贴图的效果。

3.2.5.13　涂层 IOR

涂层IOR： 用于控制涂层的反射IOR，效果与反射IOR基本一致。

涂层IOR数值栏： 用于输入涂层IOR数值的窗口，数值范围为0~1.0时，数值越大代表反射越弱；数值为0时代表100%反射，数值为1.0时代表无反射；数值范围为1.0~100时，数值越大代表反射越强，数值为100时代表100%反射。默认数值为1.6代表普通材质的常规反射。

3.2.5.14　涂层 IOR 数值调试栏

涂层IOR数值调试栏： 用于调试IOR的数值。涂层IOR随着数值调试栏的提高或降低而变化。

3.2.5.15　涂层光泽度贴图框

涂层IOR贴图框： 通过涂层IOR贴图框添加贴图，为材质添加物体局部不同程度的涂层IOR效果。操作效果与反射IOR贴图基本一致，这里不再展示。

3.2.5.16　涂层 IOR 贴图显示开关

涂层IOR贴图显示开关： 涂层IOR贴图的开关，关闭则显示涂层IOR贴图框前面的涂层IOR的效果，打开则显示涂层IOR贴图的效果。

3.2.5.17　涂层凹凸

涂层凹凸： 涂层凹凸效果根据贴图的颜色深度影响材质表面的法线，使得材质表面呈现凹凸不平的效果。凹凸贴图中颜色深度决定凹凸深度，颜色越深代表凹陷程度越深，白色代表水平。涂层凹凸的效果与后文中的凹凸效果基本一致，详细讲解见3.2.3.25小节，此处不再详细讲解。

3.2.6　不透明度

不透明度： 在V-Ray程序中，不透明度选项可控制材质的透明度，通俗地讲就是控制材质的可见度，其概念类似PNG格式图片中的透明通道，控制贴图中局部透明、半透明和不透明的效果，而材质也可以通过不透明度得出同样效果。

界面介绍： 不透明的界面包含不透明度和自定义来源两个部分，如图3-93所示。

图3-93　不透明度界面
1—不透明度数值栏；2—不透明度数值调试栏；
3—不透明度贴图框；4—不透明度贴图显示开关；
5—自定义来源开关；6—自定义来源选项栏

3.2.6.1　不透明度数值栏

不透明度数值栏： 通过数值控制材质的不透明度，数值0表示绝对透明，数值1.0表示绝对不透明，数值为0~1.0表示不同程度的透明度，数值越小，材质就越透明。

操作效果： 漫反射颜色调试框为灰色，分别调试0、0.5、1.0三个数值的不透明度展示操作效果，如图3-94~图3-96所示。

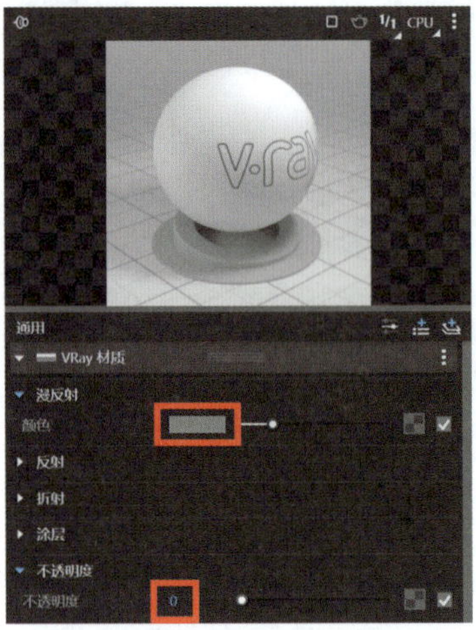

图3-94　不透明度为0效果

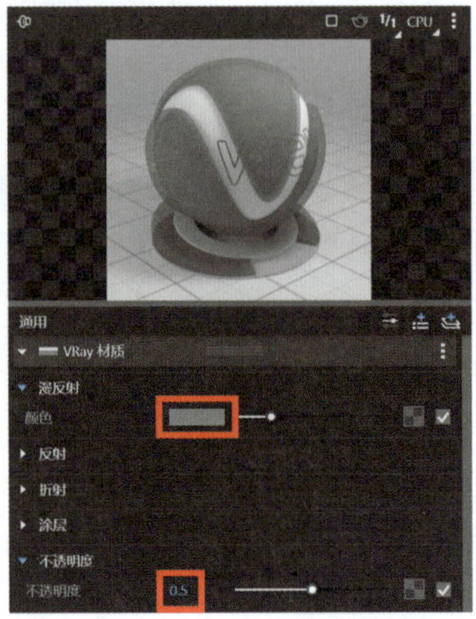

图3-95　不透明度为0.5效果

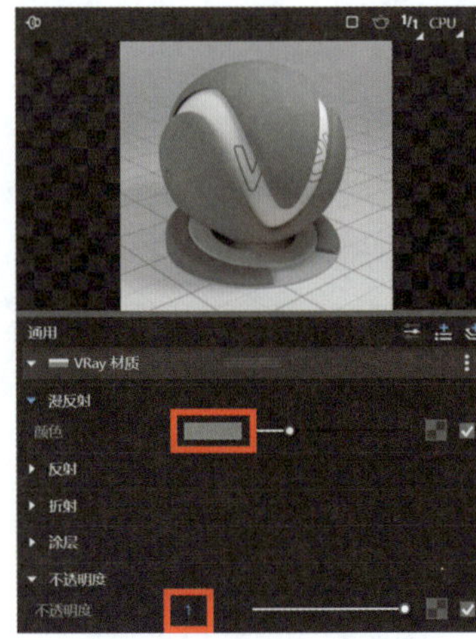

图3-96　不透明度为1.0效果

3.2.6.2　不透明度数值调试栏

不透明度数值调试栏： 用于调试不透明度的数值。不透明度随着数值调试栏的提高或降低而变化。

3.2.6.3　不透明度贴图框

不透明度贴图框： 通过不透明度贴图框添加贴图为材质添加物体局部不同程度的不透明度效果。通常在不透明度贴图中，白色代表不透明，黑色代表透明，颜色越深代表透明度越高。不透明度贴图框为彩色贴图时，贴图框会自动将彩色贴图转换为黑白贴图。

操作效果： 漫反射颜色调试框为灰色，不透明度贴图框添加穿孔板贴图展示操作效果，如图3-97和图3-98所示。

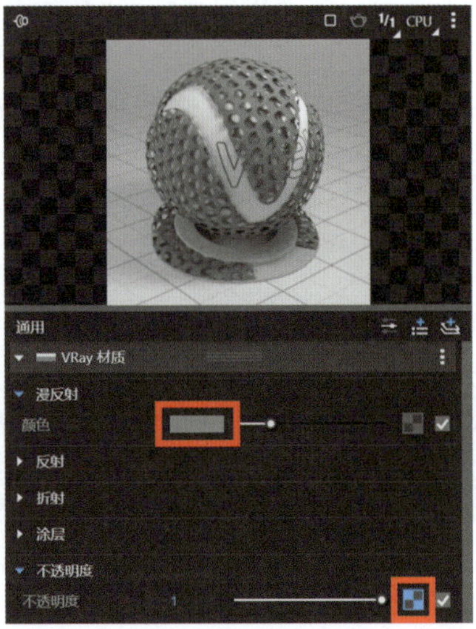

图3-97　不透明度贴图效果

图3-98　穿孔板贴图效果

3.2.6.4 不透明度贴图显示开关

不透明度贴图显示开关：不透明度贴图的开关，关闭则显示不透明度贴图框前面的不透明度数值的效果，打开则显示不透明度贴图的效果。

3.2.6.5 自定义来源显示开关

自定义来源：自定义来源包含“漫反射纹理透明通道”和“不透明纹理透明通道”两个选项，两者的区别在于漫反射纹理透明通道通过不透明度贴图中的灰色明度来控制材质的不透明度且为默认选项，而不透明纹理透明通道通过具有透明通道的PNG格式贴图作为不透明度贴图来控制材质的不透明度。

自定义来源显示开关：当自定义来源需要从“漫反射纹理透明通道”换到“不透明纹理透明通道”时，则需要开启自定义来源开关。

3.2.6.6 不透明纹理透明通道

不透明纹理透明通道：通过具有透明通道的PNG格式贴图作为不透明度贴图来控制材质的不透明度。

操作效果：漫反射颜色调试框为灰色，不透明度贴图框添加穿孔板PNG格式贴图展示操作效果，开启自定义来源，自定义来源设置为“不透明纹理透明通道”，如图3-99和图3-100所示。

图3-99 不透明度贴图效果

图3-100 穿孔板PNG贴图

3.2.7 凹凸

凹凸：在V-Ray程序中，凹凸选项可控制材质纹理表面凹凸不平的效果，通常情况下，需要借助凹凸贴图或法线贴图来进行表现。

界面介绍：凹凸的界面包含“模式/贴图”和“数量”两个部分，如图3-101所示。

图3-101 不透明度界面

1—凹凸效果显示开关；2—凹凸模式选项栏；3—凹凸模式贴图框；4—凹凸数量数值栏；5—凹凸数量数值调试栏；6—凹凸数量贴图框；7—凹凸数量贴图显示开关

3.2.7.1 凹凸效果显示开关

凹凸效果显示开关： 凹凸效果关闭和开启的开关。

3.2.7.2 凹凸模式选项栏和贴图框

凹凸模式选项栏： 凹凸模式选项栏包含凹凸贴图模式和法线贴图模式两种。

凹凸贴图模式： 凹凸贴图通过贴图中的灰色明度来控制凹凸效果，颜色越深代表凹陷越深，颜色为白色代表凹凸效果保持表面平坦。一般为黑白贴图，使用彩色贴图时，贴图框会自动将彩色贴图转换为黑白贴图。

操作效果： 漫反射颜色调试框为灰色，金属度数值栏为1.0，凹凸模式为凹凸贴图，凹凸模式贴图框添加花纹扣板贴图，凹凸数量数值栏为0.1展示操作效果，如图3-102和图3-103所示。

法线贴图模式： 法线贴图通过贴图中的色彩变化来控制法线凹凸效果，贴图中颜色为洋红色代表凹凸方向与法线方向一致，颜色为青色代表凹凸方向与法线方向呈90°翻转，颜色由洋红色渐变到青色代表凹凸方向由法线方向0°向90°方向翻转。需要注意的是法线贴图需要特殊方法制作，普通贴图不可作为法线贴图使用。

操作效果： 漫反射颜色调试框为灰色，反射IOR数值栏为1.1，金属度数值栏为1.0，凹凸模式为法线贴图，凹凸模式贴图框添加鹅卵石法线贴图展示操作效果，如图3-104和图3-105所示。

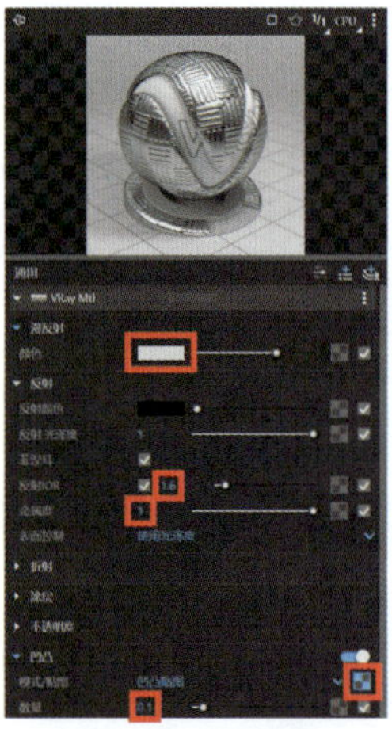

图3-102 凹凸贴图效果

图3-103 花纹扣板凹凸贴图

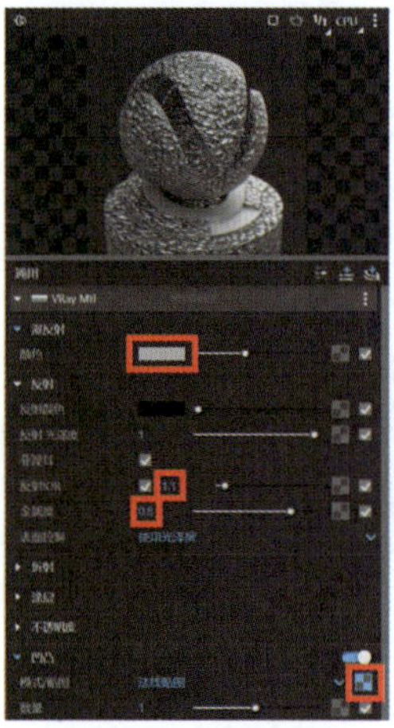

图3-104 法线贴图效果

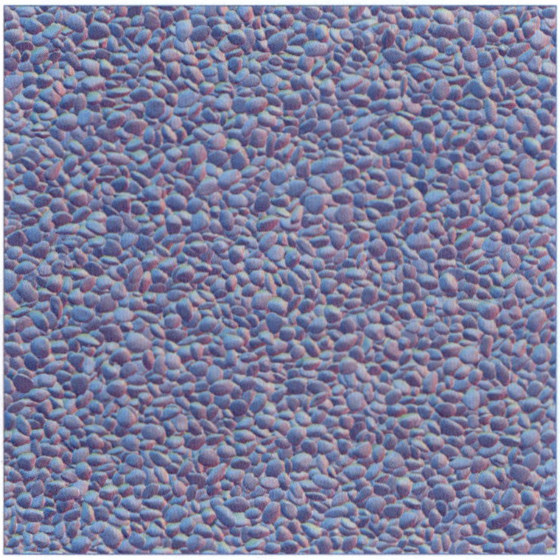

图3-105 鹅卵石法线贴图

3.2.7.3　凹凸数量数值栏

凹凸数量数值栏： 通过数值控制材质的凹凸程度，数值0代表无凹凸，数值1.0代表常规凹凸，数值越大代表凹凸凹陷越深。

操作效果： 漫反射颜色调试框为灰色，反射IOR数值栏为1.1，金属度数值栏为1.0，凹凸模式为凹凸贴图，凹凸模式贴图框添加花纹扣板贴图，凹凸数量数值栏分别设置0、0.05、0.3三个数值展示操作效果，如图3-106~图3-108所示。

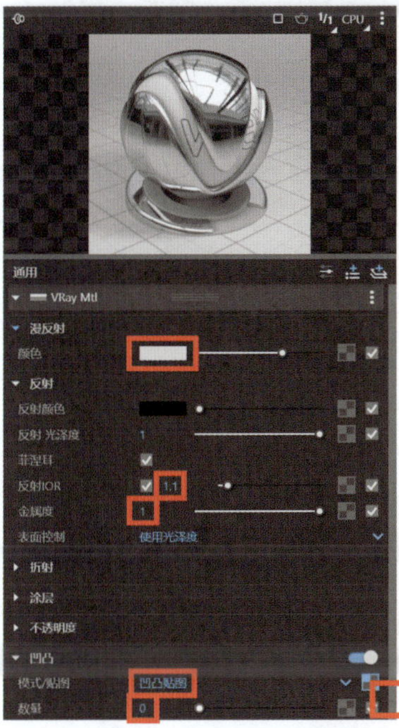

图3-106　凹凸数量为0效果

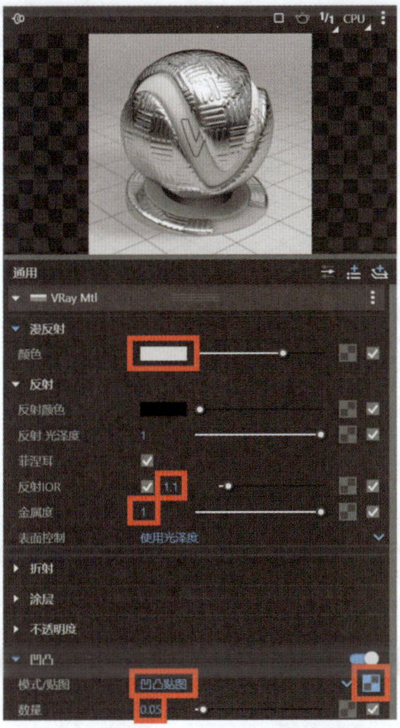

图3-107　凹凸数量为0.05效果

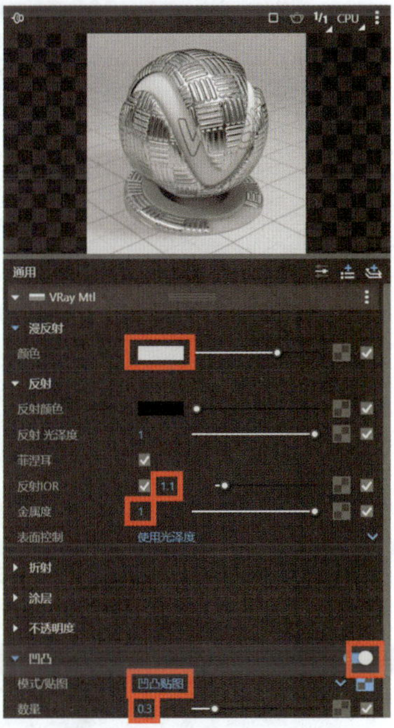

图3-108　凹凸数量为0.3效果

3.2.7.4　凹凸数量数值调试栏

凹凸数量数值调试栏： 用于调试凹凸数量的数值。凹凸数量跟随数值调试栏的提高或降低而变化。

3.2.7.5　凹凸数量贴图框

凹凸数量贴图框： 通过凹凸数量贴图框添加贴图为材质添加物体局部不同程度的凹凸数量效果。通常在凹凸数量贴图中，白色代表数值为2，黑色代表数值为0，颜色越深代表凹凸数量越低。凹凸数量贴图框为彩色贴图时，贴图框会自动将彩色贴图转换为黑白贴图。

3.2.7.6　凹凸数量贴图显示开关

凹凸数量贴图显示开关： 凹凸数量贴图的开关，关闭则显示凹凸数量贴图框前面的凹凸数量数值的效果，打开则显示凹凸数量贴图的效果。

3.2.8　绑定

绑定： 在V-Ray程序中，绑定概念为解决V-Ray和SketchUp两个程序中同时存在“颜色”“不透明度”“纹理模式”“纹理”的问题，绑定即显示V-Ray程序的材质效果，关闭绑定即显示SketchUp的材质效果。

界面介绍： 绑定的界面包含“颜色”“不透明度”“纹理模式”“纹理”四个部分，如图3-109所示。

操作效果： 以颜色绑定开关为例，绑定V-Ray程序和SketchUp程序漫反射颜色同步的开关，开启则两者同步，关闭则两者独立显示自身漫反射颜色，如图3-110和图3-111所示。

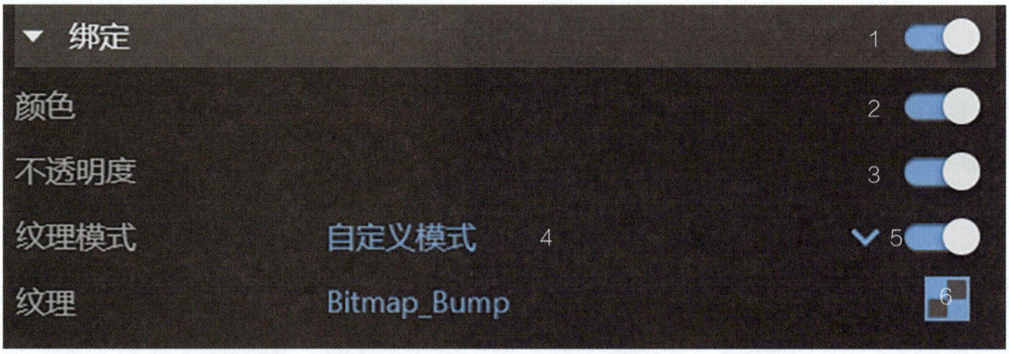

图3-109　绑定界面

1—绑定总开关；2—颜色绑定开关；3—不透明度绑定开关；4—纹理模式绑定选项栏；5—纹理模式绑定开关；6—纹理绑定开关

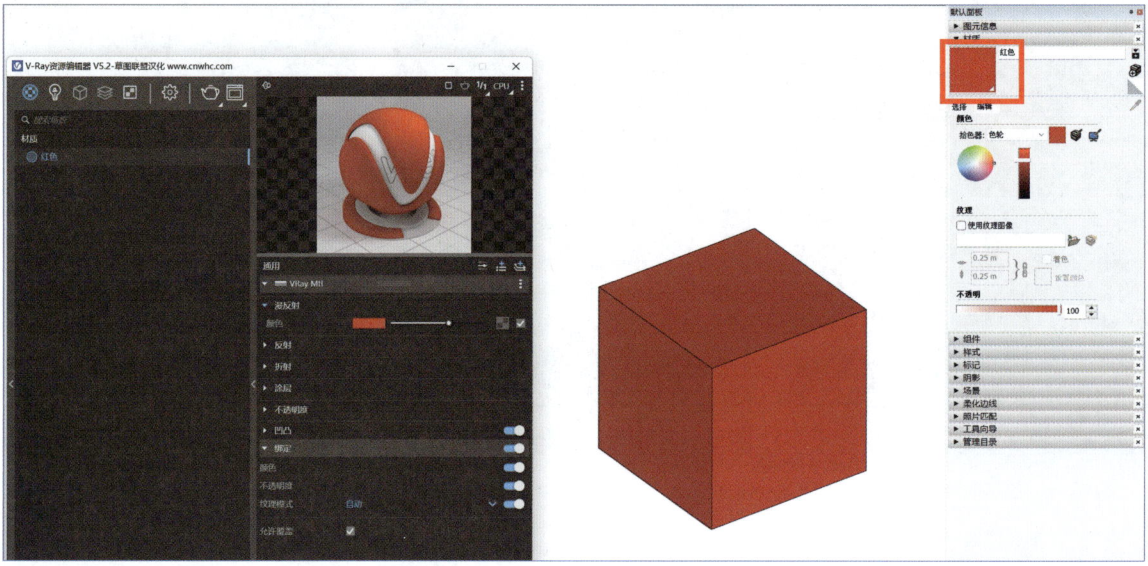

图3-110　颜色绑定开启效果

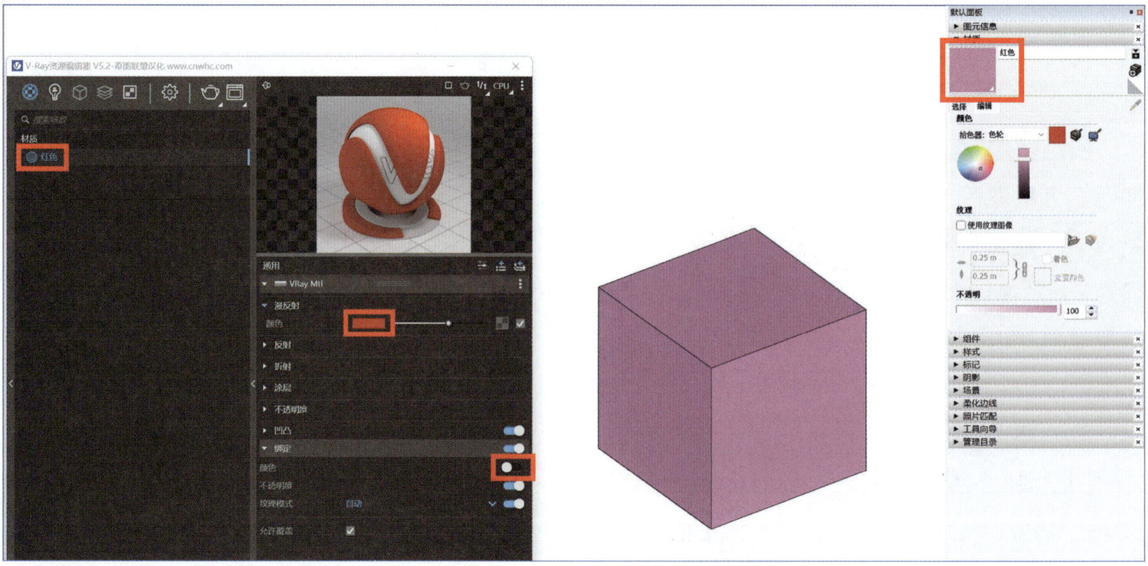

图3-111　颜色绑定关闭效果

△ 提示

①绑定总开关意为“颜色”“不透明度”“纹理模式”“纹理”四个部分绑定总开关。

②颜色绑定，指的是绑定V-Ray程序中通用材质的漫反射颜色和SketchUp程序的材质面板颜色。

③不透明度绑定，指的是绑定V-Ray程序中通用材质的不透明度和SketchUp程序的材质面板编辑标签页中的不透明。

④纹理模式绑定，指的是绑定V-Ray程序中通用材质的漫反射贴图和SketchUp程序的材质面板的贴图。

3.2.9　自发光材质

自发光材质：在V-Ray程序中，自发光材质概念为让形式复杂的物体的材质发光，与灯光类似，例如手机或电视屏幕。

需要注意的是，自发光材质不会向场景投射直接光线，如果需要自发光充当灯光照亮场景则需要足够的全局照明（GI）。

自发光材质的创建方法

步骤 01　单击材质列表下方工具栏中“Create Assets”的图标（ ）。

步骤 02　单击“Create Assets”对话框中“材质”选项的“自发光”选项，如图3-112所示。

图3-112　自发光材质的创建方法

界面介绍：自发光的界面包含“颜色”“强度”“透明度”“曝光补偿EV值”四个部分，如图3-113所示。

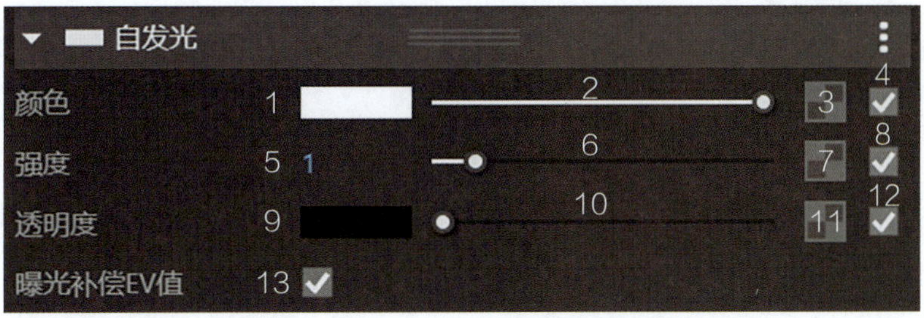

图3-113　自发光材质界面

1—自发光颜色调试框；2—自发光颜色亮度调试栏；3—自发光颜色贴图；4—自发光颜色贴图显示开关；5—自发光强度数值栏；6—自发光强度数值调试栏；7—自发光强度贴图框；8—自发光强度贴图显示开关；9—自发光透明度颜色调试框；10—自发光透明度颜色亮度调试栏；11—自发光透明度贴图框；12—自发光透明度贴图显示开关；13—曝光补偿EV值开关

3.2.9.1　自发光颜色调试框

自发光颜色调试框：用于指定自发光的颜色。

操作效果：自发光颜色调试框分别为青色、洋红色、黄色的展示操作效果，如图3-114~图3-116所示。

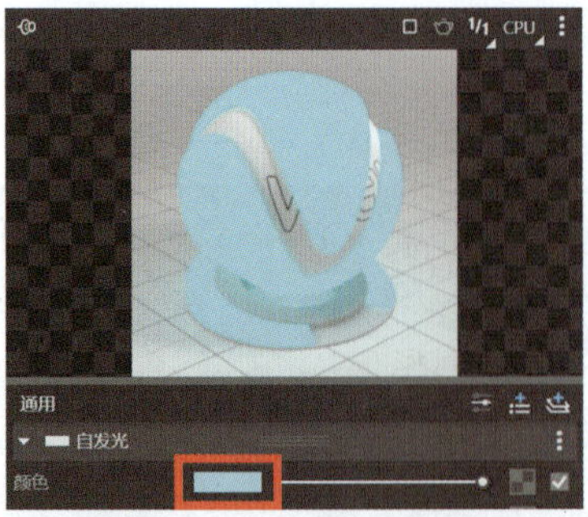

图3-114　自发光颜色为青色效果

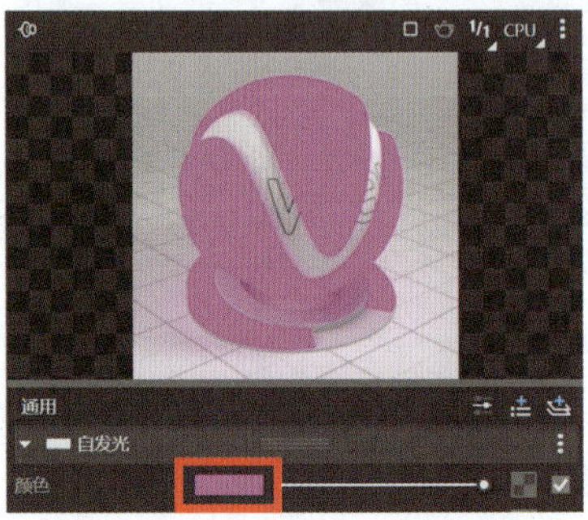

图3-115　自发光颜色为洋红色效果

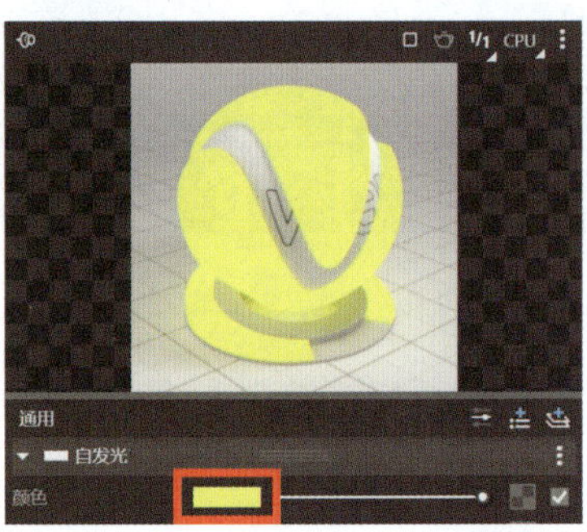

图3-116　自发光颜色为黄色效果

3.2.9.2　自发光颜色亮度调试栏

自发光颜色亮度调试栏： 用于调试自发光颜色的亮度。自发光颜色跟随颜色亮度调试栏的提高或降低而变化，自发光颜色效果在原颜色调试框的基础上添加亮度变化。

3.2.9.3　涂层颜色贴图框

涂层颜色贴图框： 通过自发光颜色贴图框添加贴图为材质添加物体局部不同颜色的自发光颜色效果。

操作效果： 自发光颜色贴图框添加红黄格贴图展示操作效果，如图3-117和图3-118所示。

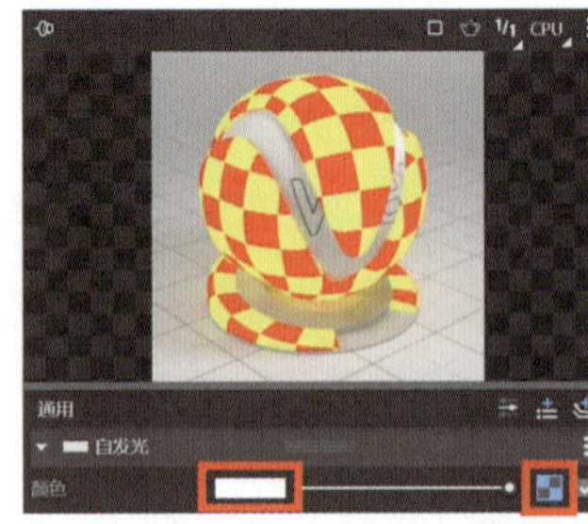

图3-117　自发光颜色贴图效果

图3-118　红黄格贴图

3.2.9.4　自发光颜色贴图显示开关

自发光颜色贴图显示开关： 自发光颜色贴图的开关，关闭则显示自发光颜色贴图框前面的自发光颜色调试框的效果，打开则显示自发光颜色贴图的效果。

3.2.9.5　自发光强度数值栏

自发光强度数值栏： 通过数值控制自发光材质的亮度，数值0代表不发光，数值越高代表亮度越高。

操作效果： 自发光颜色调试框为红色，强度分别调试为0.1、0.5、1.0展示操作效果，如图3-119~图3-121所示。

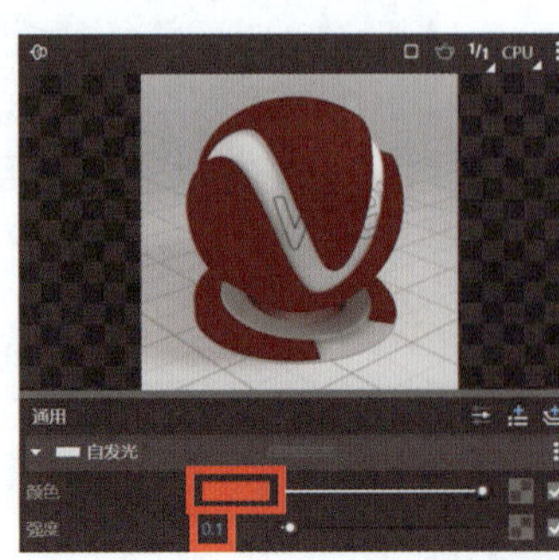

图3-119　自发光强度为0.1效果

图3-120　自发光强度为0.5效果

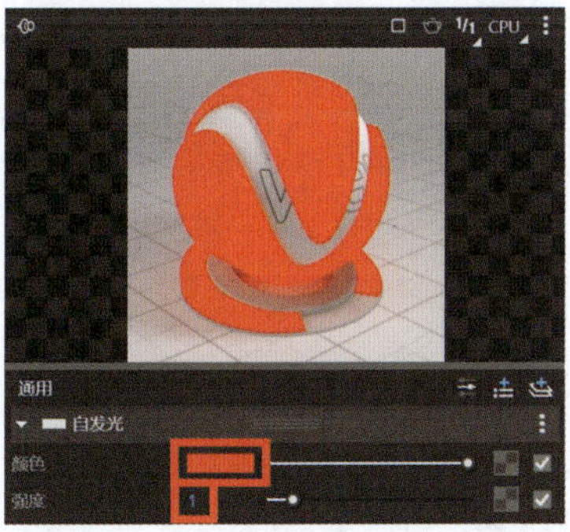

图3-121　自发光强度为1.0效果

3.2.9.6　自发光强度数值调试栏

自发光强度数值调试栏： 用于调试自发光强度的数值。自发光强度跟随数值调试栏的提高或降低而变化。

3.2.9.7　自发光强度贴图框

自发光强度贴图框： 通过自发光强度贴图框添加贴图，为材质添加物体局部不同程度的自发光强度效果。通常在自发光强度贴图中，白色代表自发光强度数值为10，黑色代表自发光强度数值为0，颜色越深代表涂层数量数值越低。自发光强度贴图框为彩色贴图时，贴图框会自动将彩色贴图转换为黑白贴图。

3.2.9.8　自发光强度贴图显示开关

自发光强度贴图显示开关： 自发光强度贴图的开关，关闭则显示自发光强度贴图框前面的自发光强度数值的效果，打开则显示自发光强度贴图的效果。

3.2.9.9　自发光透明度颜色调试框

自发光透明度颜色调试框： 用于指定自发光材质的透明度。颜色调试框为白色代表自发光材质绝对透明，颜色调试框为黑色代表自发光材质绝对不透明，颜色越浅代表自发光材质越透明。通常情况下自发光透明度颜色只调试黑灰白色。

操作效果： 自发光透明度颜色调试框分别为黑色、浅灰色、白色展示操作效果，如图3-122~图3-124所示。

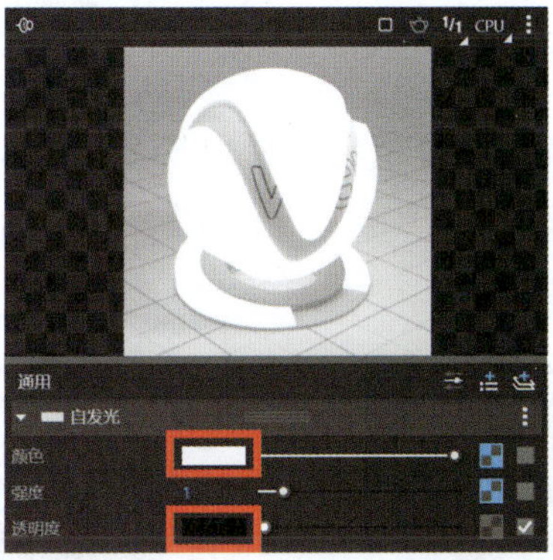

图3-122　透明度颜色为黑色效果

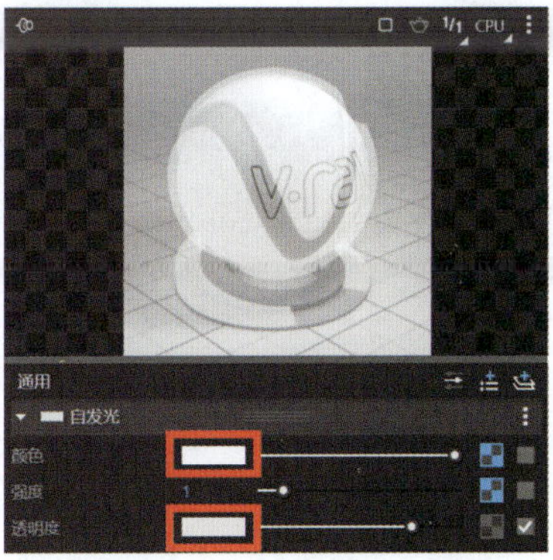

图3-123　透明度颜色为浅灰色效果

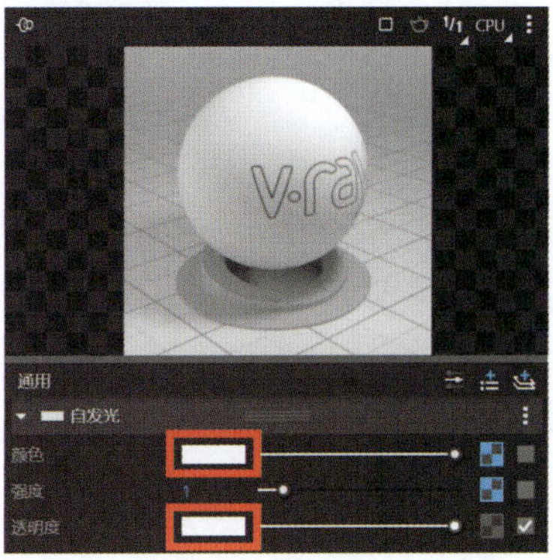

图3-124　透明度颜色为白色效果

3.2.9.10 自发光透明度颜色亮度调试栏

自发光透明度颜色亮度调试栏： 用于调试自发光透明度颜色的亮度。自发光透明度颜色随着颜色亮度调试栏的提高或降低而变化，自发光透明度颜色效果在原颜色调试框的基础上添加亮度变化。

3.2.9.11 自发光透明度贴图框

自发光透明度贴图框： 通过自发光透明度贴图框添加贴图为材质添加物体局部不同透明度的自发光颜色效果。

操作效果： 自发光颜色调试框为白色，自发光透明度贴图框添加黑白格贴图展示操作效果，如图3-125所示。

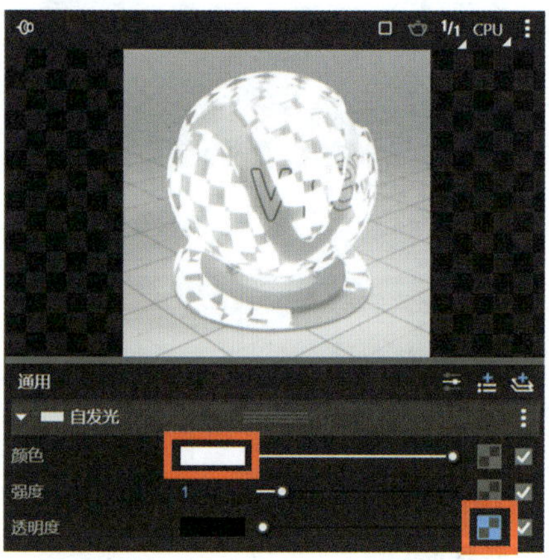

图3-125 自发光透明度贴图效果

3.2.9.12 自发光透明度贴图显示开关

自发光透明度贴图显示开关： 自发光透明度贴图的开关，关闭则显示自发光透明度贴图框前面的自发光透明度颜色调试框的效果，打开则显示自发光透明度贴图的效果。

3.2.10 双面材质（半透明）

双面材质： 在V-Ray程序中，双面材质的概念为让一个材质显示两个面材质，分别为正面材质和背面材质。

半透明颜色调试框越接近白色，显示背面材质就越多。

双面材质的创建方法

步骤 01 单击材质列表下方工具栏中“Create Assets”的图标（ ）。

步骤 02 单击“Create Assets”对话框中“材质”选项的“双面”选项，如图3-126所示。

图3-126 双面材质的创建方法

界面介绍： 自发光的界面包含“正面材质”“背面材质”“半透明”“叠加正面的漫反射”四个部分，如图3-127所示。

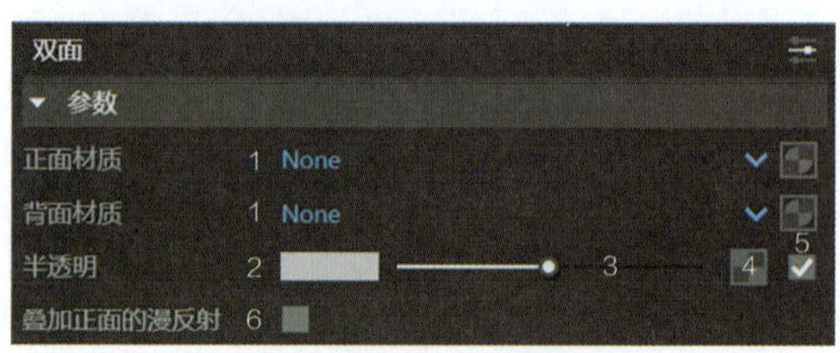

图3-127 双面材质界面
1—正/背面材质选项栏；2—半透明颜色调试框；
3—半透明颜色亮度调试栏；4—半透明贴图框；
5—半透明贴图框显示开关；6—叠加正面的漫反射开关

3.2.10.1 正/背面材质选项栏

正/背面材质选项栏： 用于选择正面和背面

材质的选项栏。

操作方法： 直接单击选择已经调试好的材质即可。

3.2.10.2　半透明颜色调试框

半透明颜色调试框： 用于控制正面材质和背面材质的显示分量，当半透明颜色调试框为黑色时显示正面材质；当半透明颜色调试框为白色时则显示背面材质。半透明颜色调试框越接近白色，显示背面材质就越多。

操作效果： 正面材质选择V-Ray材质库中木材材质，背面材质分别选择V-Ray材质库中车漆材质和“None”选项，半透明颜色调试框为灰色展示操作效果，如图3-128和图3-129所示。

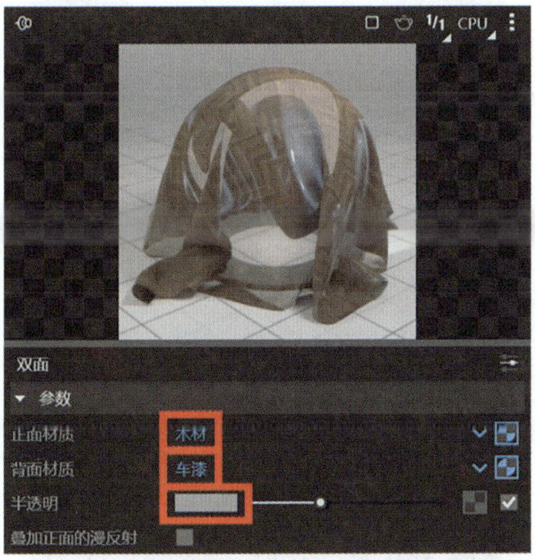

图3-128　双面材质效果

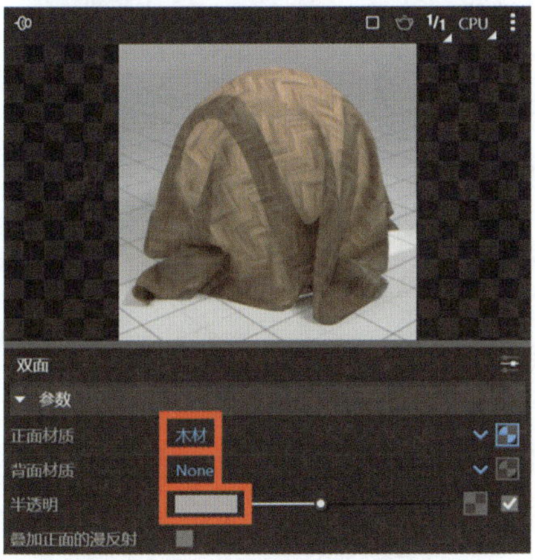

图3-129　单面材质效果

> **提示**
>
> 双面材质运用在单面材质上更为多见，例如一块布料设置为正面材质，背面材质设置为“None”选项，半透明颜色调试框为灰色，就可以表现出类似如图3-126中纱布、窗纱、灯罩等效果。

3.2.10.3　半透明颜色亮度调试栏

半透明颜色亮度调试栏： 用于调试半透明颜色的亮度。半透明颜色随着颜色亮度调试栏的提高或降低而变化，半透明颜色效果在原颜色调试框的基础上添加亮度变化。

3.2.10.4　半透明贴图框

半透明贴图框： 通过半透明贴图框添加贴图为材质添加物体局部不同透明度的半透明颜色效果。

3.2.10.5　半透明贴图显示开关

半透明贴图显示开关： 半透明贴图的开关，关闭后显示半透明贴图框前面的半透明颜色调试框的效果，打开则显示半透明贴图的效果。

3.2.10.6　叠加正面的漫反射

叠加正面的漫反射： 当启用叠加正面的漫反射时，半透明颜色会与正面材质色彩叠加，效果基本相当于在半透明贴图框中添加正面材质的漫反射贴图。

3.2.11　卡通覆盖材质（轮廓）

卡通覆盖材质： 在V-Ray程序中，卡通覆盖材质的概念为让一个材质显示轮廓线，轮廓线的颜色、透明度、宽度等参数均可调试。

卡通覆盖材质的创建方法

步骤 01　单击材质列表下方工具栏中“Create Assets”的图标（ ）。

步骤 02　单击“Create Assets”对话框中“材质”选项的“卡通覆盖”选项，如图3-130所示。

图3-130　卡通覆盖材质的创建方法

界面介绍： 自发光的界面包含“线颜色”“不透明度”“法线阈值”“轮廓线圆滑度”“宽度”五个部分，如图3-131所示。

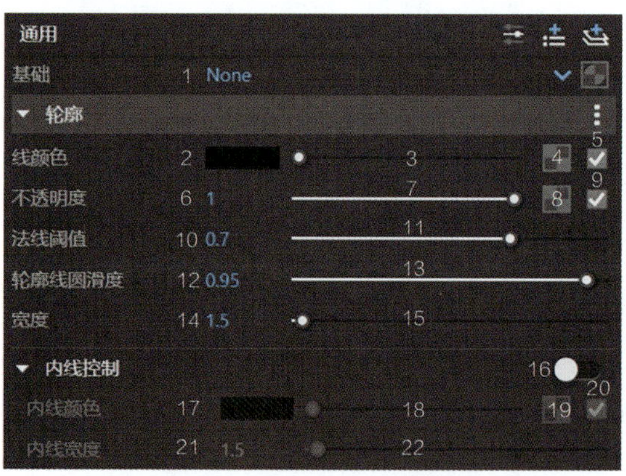

图3-131　卡通覆盖材质界面

1—基础材质选项栏；2—轮廓线颜色调试框；3—轮廓线颜色亮度调试栏；4—轮廓线贴图框；5—轮廓线贴图框显示开关；6—轮廓线不透明度数量数值栏；7—轮廓线不透明度数量数值调试栏；8—轮廓线不透明度数量贴图框；9—轮廓线不透明度数量贴图显示开关；10—轮廓线法线阈值数量数值栏；11—轮廓线法线阈值数量数值调试栏；12—轮廓线圆滑度数量数值栏；13—轮廓线圆滑度数量数值调试栏；14—轮廓线宽度数量数值栏；15—轮廓线宽度数量数值调试栏；16—内线控制开关；17—内线颜色调试框；18—内线颜色亮度调试栏；19—内线贴图框；20—内线贴图框显示开关；21—内线宽度数量数值栏；22—内线宽度数量数值调试栏

3.2.11.1　基础材质选项栏

基础材质选项栏： 用于选择需要应用轮廓线的材质。

操作方法： 直接单击选择已经调试好的材质即可。

3.2.11.2　轮廓线颜色调试框

轮廓线颜色调试框： 用于控制材质的轮廓线颜色。

操作效果： 基础材质选择V-Ray材质库中的木材材质，轮廓线颜色调试框为红色、绿色、蓝色展示操作效果，如图3-132~图3-134所示。

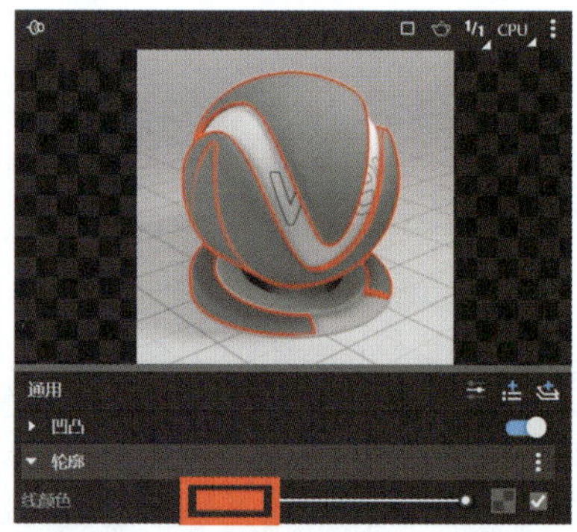

图3-132　轮廓线为红色效果

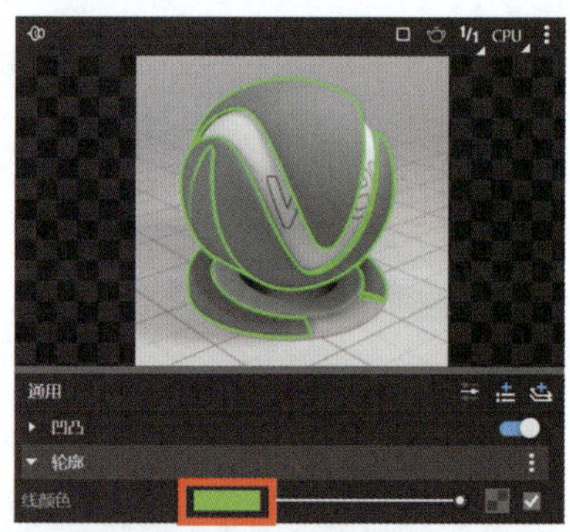

图3-133　轮廓线为绿色效果

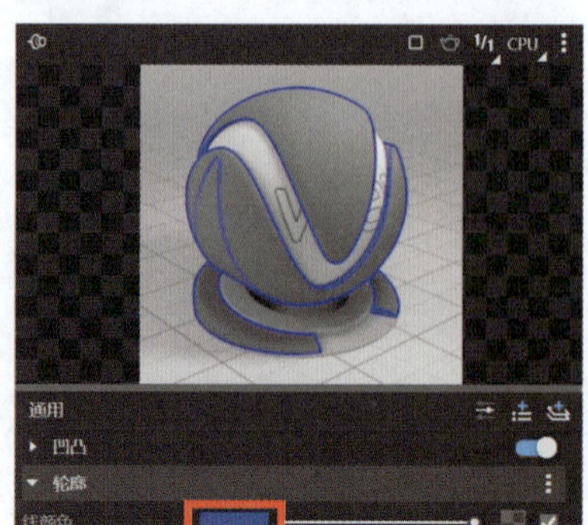

图3-134　轮廓线为蓝色效果

3.2.11.3 轮廓线颜色亮度调试栏

轮廓线颜色亮度调试栏： 用于调试轮廓线颜色的亮度。轮廓线颜色随着颜色亮度调试栏的提高或降低而变化，轮廓线颜色效果在原颜色调试框的基础上添加亮度变化。

3.2.11.4 轮廓线贴图框

轮廓线贴图框： 通过轮廓线贴图框添加贴图为材质添加物体轮廓线局部不同颜色的效果。

3.2.11.5 轮廓线贴图显示开关

轮廓线贴图显示开关： 轮廓线贴图的开关，关闭显示轮廓线贴图框前面的轮廓线颜色调试框的效果，打开则显示轮廓线的效果。

3.2.11.6 轮廓线不透明度数量数值栏

轮廓线不透明度数量数值栏： 用于控制材质的轮廓线透明度。数值栏为 1.0 代表绝对不透明，完全显示轮廓线颜色，数值栏为 0 代表绝对透明，完全不显示轮廓线颜色，相当于关闭轮廓线显示。数值栏数值越低，轮廓线越透明，材质原始边缘越清晰。由于操作比较简单，此处不再展示操作效果。

3.2.11.7 轮廓线不透明度数量数值调试栏

轮廓线不透明度数量数值调试栏： 用于调试轮廓线不透明度数量的数值。轮廓线不透明度数量随着数值调试栏的提高或降低而变化。

3.2.11.8 轮廓线不透明度数量贴图框

轮廓线不透明度数量贴图框： 通过轮廓线不透明度数量贴图框添加贴图为材质添加物体轮廓线局部不同程度的不透明度数量效果。通常在轮廓线不透明度数量贴图中，黑色代表数值为 0，白色代表数值为 1，颜色越深代表轮廓线不透明度数量越低。轮廓线不透明度数量贴图框为彩色贴图时，贴图框会自动将彩色贴图转换为黑白贴图。

3.2.11.9 轮廓线不透明度数量贴图显示开关

轮廓线不透明度数量贴图显示开关： 轮廓线不透明度数量贴图的开关，关闭显示轮廓线不透明度数量贴图框前面的轮廓线不透明度数值的效果，打开则显示轮廓线不透明度数量贴图的效果。

3.2.11.10 轮廓线法线阈值数量数值栏

轮廓线法线阈值数量数值栏： 用于控制不同角度的法线夹角边缘轮廓线的显示。数值栏为 0 代表显示法线夹角为 0° 边缘轮廓线，数值栏为 0.5 代表显示法线夹角为 90° 以内边缘轮廓线，数值栏为 1.0 代表显示法线夹角为 180° 以内边缘轮廓线，相当于轮廓线颜色基本全部覆盖材质。由于操作频率较低，此处不再展示操作效果。

3.2.11.11 轮廓线法线阈值数量数值调试栏

轮廓线法线阈值数量数值调试栏： 用于调试轮廓线法线阈值数量的数值。轮廓线法线阈值数量随着数值调试栏的提高或降低而变化。

3.2.11.12 轮廓线宽度数量数值栏

轮廓线宽度数量数值栏： 用于控制材质的轮廓线的粗细。

操作效果： 基础材质选择 V-Ray 材质库中木材材质，轮廓线宽度数量数值栏分别为 1.5、5.0、10 展示操作效果，如图 3-135~图 3-137 所示。

图 3-135 轮廓线宽度为 1.5 效果

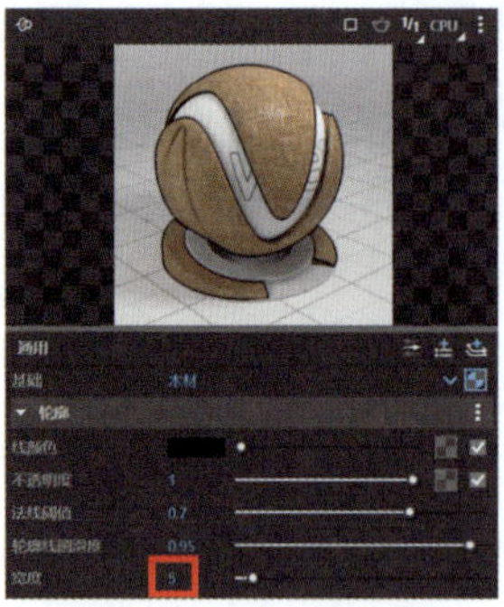

图3-136　轮廓线宽度为5.0效果

图3-137　轮廓线宽度为10效果

3.2.11.13　轮廓线宽度数量数值调试栏

轮廓线宽度数量数值调试栏：用于调试轮廓线粗细的数值。轮廓线的粗细随着数值调试栏的提高或降低而变化。

3.2.11.14　内线

内线：指物体材质中除了轮廓线以外的边线，如图3-138所示。

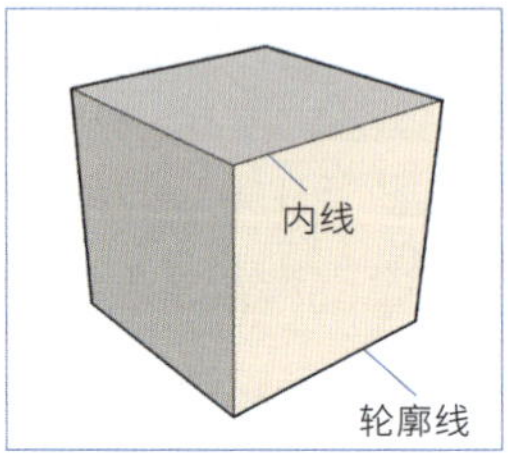

图3-138　轮廓线和内线

内线控制开关：内线的显示开关。

内线颜色、宽度的概念和操作方法与轮廓线基本一致，此处不再详细讲解。

3.3　常见材质制作方法

本节主要介绍常见材质制作方法，其中包含金属类材质、玻璃类材质、液体类材质、漆类或塑料类材质、木材类材质、石材类材质、布料类材质、皮革类材质、半透明类材质、自发光材质以及V-Ray材质资源库的用法。

3.3.1　金属类材质

金属类材质的基础做法一般为漫反射调试金属颜色，反射调试金属反射，光泽度调试金属表面光滑度，反射IOR调试金属反射衰减的强弱变化，金属度调试材质接近金属的程度，凹凸贴图调试金属粗糙表面的细节，凹凸数量调试金属粗糙表面的凹陷程度。

通常情况下，常见的金属有不锈钢、铜、银、铝、铁等，详细材质参考参数见表3-1。

表3-1　常见金属材质参考参数（一）

材质层	漫反射	反射				凹凸 / 法线	
材质名称	颜色	颜色	光泽度	IOR	金属度	贴图	数量
亮光不锈钢	RGB 208,208,208	白色	0.98	1.002	1	—	—
亚光不锈钢	RGB 208,208,208	白色	0.65	1.002	1	—	—
拉丝不锈钢	RGB 208,208,208	白色	0.6	1.002	1	拉丝凹凸贴图	自定义
铜	RGB 238,158,137	白色	0.8	1.219	1	—	—
铝	RGB 230,233,235	白色	0.78	1.002	1	—	—
银	RGB 252,250,249	白色	0.8	1.082	1	—	—
铁	RGB 226,223,210	白色	0.7	1.006	1	—	—
金	RGB 252,204,130	白色	0.98	1.35	1	—	—

3.3.2　玻璃类材质

玻璃类材质的基础做法一般为漫反射保持默认黑色，因为透明材质基本看不到漫反射。

反射调试玻璃反射；光泽度调试玻璃表面光滑度；反射 IOR 调试玻璃反射衰减的强弱变化。

折射颜色调试玻璃颜色；折射 IOR 调试玻璃折射率；折射光泽度调试玻璃内部粗糙度。

凹凸贴图调试玻璃粗糙表面的细节；凹凸数量调试玻璃粗糙表面的凹陷程度。

通常情况下，常见的玻璃有亮光玻璃、磨砂玻璃、彩色玻璃等，详细材质参考参数见表 3-2。

表 3-2　常见玻璃材质参考参数（二）

材质层	漫反射	反射			折射			凹凸 / 法线	
材质名称	颜色	颜色	光泽度	IOR	颜色	IOR	光泽度	贴图	数量
亮光玻璃	黑色	RGB 233,233,233	0.95	—	RGB 249,249,249	1.53	—	—	—
蓝色玻璃	黑色	RGB 167,226,233	0.95	2.6	RGB 202,216,241	1.5	0.98	—	—
磨砂玻璃	黑色	RGB 233,233,233	0.98	—	RGB 249,249,249	1.53	—	磨砂凹凸贴图	自定义

3.3.3　液体类材质

液体类材质的基础做法一般为漫反射保持默认黑色，因为透明材质基本看不到漫反射，半透明材质透明度比较低的则需要漫反射调试一定的材质固有色。

反射颜色调试液体反射出的光线强度；光泽度调试液体表面光滑度；反射 IOR 调试液体反射衰减的强弱变化。

折射颜色调试液体颜色；折射 IOR 调试液体折射率；折射光泽度调试液体内部粗糙度。

雾颜色调试有较大体积液体的颜色；半透明调试液体半透明类型；背面颜色调试液体表面的另一面的颜色；前/后系数调试正面和背面颜色的混合程度；厚度调试半透明材质的厚度范围。

凹凸贴图调试液体粗糙表面的细节；凹凸数量调试液体粗糙表面的凹陷程度。

通常情况下，常见的液体有纯净水、牛奶、可乐、橙汁、湖水等，详细材质参考参数见表3-3。

表 3-3　常见液体材质参考参数（三）

材质层	漫反射	反射			折射								凹凸 / 法线	
材质名称	颜色	颜色	光泽度	IOR	颜色	IOR	光泽度	雾颜色	半透明	背面颜色	前 / 后系数	厚度	贴图	数量
纯净水	黑色	RGB 236,236,236	—	—	RGB 250,255,255	1.3	—	RGB 238,243,243	—	—	—	—	—	—
冰茶	黑色	RGB 231,231,231	0.95	—	RGB 202,216,241	1.5	0.98	RGB 236,216,197	Hybrid	RGB 215,187,159	0.5	10^{18}	—	—
牛奶	RGB 206,206,206	RGB 231,231,231	0.95	—	RGB 149,149,149	1.1	0.52	—	Hybrid	RGB 152,152,152	0.5	10^{18}	—	—
可乐	黑色	RGB 236,236,236	—	—	RGB 221,195,169	—	—	RGB 121,92,73	—	—	—	—	—	—
橙汁	黑色	白色	0.9	1.65	白色	1.35	0.7	RGB 255,224,115	Hybrid	RGB 253,195,84	0.5	10^{18}	—	—
红酒	黑色	白色	0.95	—	RGB 255,233,233	—	—	RGB 197,93,59	Hybrid	RGB 200,51,51	0.5	10^{18}	—	—
泳池水	黑色	RGB 236,236,236	—	—	RGB 250,255,255	1.3	—	RGB 238,243,243	—	—	—	—	噪波凹凸贴图	自定义
湖水	RGB 33,45,44	RGB 224,224,224	0.95	—	黑色	—	—	—	—	—	—	—	噪波凹凸贴图	自定义

3.3.4　漆类、木材类、石材类、布料类、皮革类材质

漆类、木材类、石材类、布料类、皮革类等非透明且不发光材质，其做法大致相同。

漫反射调试材质固有色或添加表面纹理贴图。

反射调试材质反射出的光线强度或局部不同的强度；光泽度调试材质表面或局部不用光滑度；反射 IOR 调试材质反射衰减的强弱变化。

凹凸贴图调试材质粗糙表面的细节，凹凸

数量调试材质粗糙表面的凹陷程度。

通常情况下，常见的此类非透明且不发光材质有亚光黑色漆面、亚光木地板、混凝土、鹅卵石地面、牛皮、地毯等，详细材质参数参考见表3-4。

△ 提示

材质参考参数表中可以看出，漫反射贴图、反射贴图、光泽度贴图、凹凸贴图、法线贴图的添加调试为材质的重要部分，通常情况下这些贴图更多为现成的素材资源，国内外的大量网站都有分享。在材质贴图下载使用过程中，如何分辨漫反射贴图、反射贴图、光泽度贴图、凹凸贴图、法线贴图尤为重要。亮光木地板、混凝土、鹅卵石地面、牛皮材质贴图的展示，如图3-139~图3-142所示。

表 3-4 常见材质参考参数（四）

材质层	漫反射	反射			凹凸 / 法线	
材质名称	颜色	颜色	光泽度	IOR	贴图	数量
亚光黑色漆面	RGB9,9,9	RGB239,239,239	0.65	1.5	漆面凹凸贴图	自定义
亮光灰色漆面	RGB 103,103,103	RGB 86,86,86	0.8	4	—	—
亚光木地板	木地板纹理贴图	木地板反射贴图	0.7/ 木地板光泽度贴图	—	木地板凹凸贴图	自定义
亮光木地板	木地板纹理贴图	木地板反射贴图	0.8/ 木地板光泽度贴图	—	木地板凹凸贴图	自定义
防腐木地板	木地板纹理贴图	—	—	—	木地板凹凸贴图	自定义
混凝土	混凝土纹理贴图	混凝土反射贴图	0.75/ 混凝土光泽度贴图	—	混凝土凹凸贴图	自定义
亚光文化石	文化石纹理贴图	文化石反射贴图	0.75/ 文化石光泽度贴图	—	文化石凹凸贴图	自定义
水刷石	水刷石纹理贴图	水刷石反射贴图	0.6/ 水刷石光泽度贴图	—	水刷石凹凸贴图	自定义
鹅卵石地面	鹅卵石纹理贴图	鹅卵石反射贴图	鹅卵石光泽度贴图	—	鹅卵石法线贴图	自定义
牛皮	牛皮纹理贴图	牛皮反射贴图	0.7/ 牛皮光泽度贴图	—	牛皮凹凸贴图	自定义
疯马皮	疯马皮纹理贴图	疯马皮反射贴图	0.5/ 疯马皮光泽度贴图	—	疯马皮凹凸贴图	自定义
鳄鱼皮	鳄鱼皮纹理贴图	鳄鱼皮反射贴图	0.8/ 鳄鱼皮光泽度贴图	—	鳄鱼皮凹凸贴图	自定义
地毯	地毯纹理贴图	—	—	—	地毯凹凸贴图	自定义
棉麻布	棉麻布纹理贴图	—	—	—	棉麻布凹凸贴图	自定义
毛巾	毛巾纹理贴图	—	—	—	毛巾法线贴图	自定义

图3-139 亮光木地板效果预览图、漫反射贴图、反射贴图、反射光泽度贴图、凹凸贴图

图3-140 混凝土效果预览图、漫反射贴图、反射贴图、反射光泽度贴图、法线贴图

图3-141 鹅卵石地面效果预览图、漫反射贴图、反射贴图、反射光泽度贴图、法线贴图

图3-142　牛皮材质效果预览图、漫反射贴图、反射贴图、反射光泽度贴图、凹凸贴图

3.4　V-Ray 材质库使用方法

V-Ray材质库： ChaosGroup公司在V-Ray程序中制作了大量高质量的分类材质，其中包含砖石、液体、混凝土、自发光、金属、玻璃、石材、木头、车漆、皮革等20类材质，无论是清晰度还是真实度，都属于行业顶尖水平。V-Ray材质库的使用大大提高了材质制作的效率，实际操作也极为简单。

V-Ray材质库材质使用方法

步骤 01　选择SketchUp场景中需要添加材质的物体。

步骤 02　单击材质库目录中的材质名称。

步骤 03　单击拖拽材质库目录右侧的材质球至材质列表，如图3-143所示。

步骤 04　用鼠标右键点击列表中的材质，单击选择“应用到选择物体”即完成为物体添加V-Ray材质库的材质，如图3-144所示。

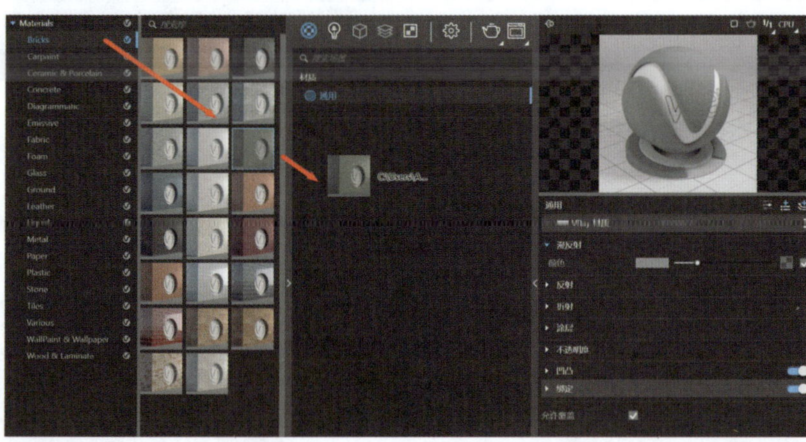

图3-143　添加材质库材质到材质列表

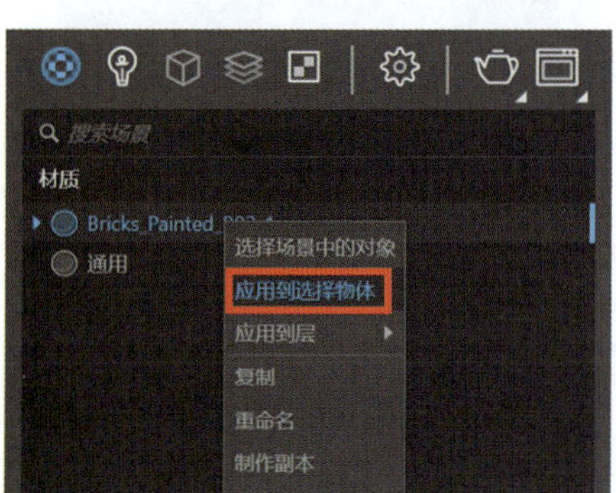

图3-144　应用材质到选择物体

> △ 提示
>
> V-Ray材质库在实际项目中的应用尤为重要，在节省大量时间的同时，其效果质量也实属上乘，但毕竟种类和数量有限，有时也会对材质库中的材质稍作修改再加以应用，前提条件是必须懂得漫反射、反射、折射、涂层、半透明、凹凸等材质基本属性的概念。

3.5 纹理系统

本节主要介绍纹理系统的基础操作方法。纹理贴图系统分为色彩类、色彩调整类、常规纹理类、异形纹理类、法线纹理类五大类，共包含38种纹理，由于有些纹理使用率较低，并且纹理操作原理基本大同小异，所以本节主要讲解位图、颜色、色温、色彩校正、棋盘格、网格、噪波A、边、衰减、污垢十种纹理。纹理的应用范围主要在材质系统和灯光系统。

3.5.1 纹理基础操作方法

材质基础操作方法包含新建纹理、应用纹理到贴图框、复制纹理、重命名纹理、另存为纹理、导入纹理、删除纹理、搜索纹理、清理未使用纹理。其中除了新建纹理和应用纹理到贴图框以外，其他纹理基础操作方法与材质基本一致，本小节不再赘述。

3.5.1.1 新建纹理

新建纹理：为场景创建新的V-Ray纹理。

操作方法

步骤 01　单击资源编辑器工具栏中“纹理系统”的图标（ ）。

步骤 02　单击“纹理系统”选项框中需要创建的纹理，如图3-145所示。

图3-145　新建纹理

3.5.1.2 应用材质到贴图框

应用纹理到贴图框：为材质的属性贴图框或灯光的属性框添加V-Ray纹理。

操作方法

步骤 01　从列表中直接单击并拖拽创建好的纹理到贴图框，如图3-146所示。

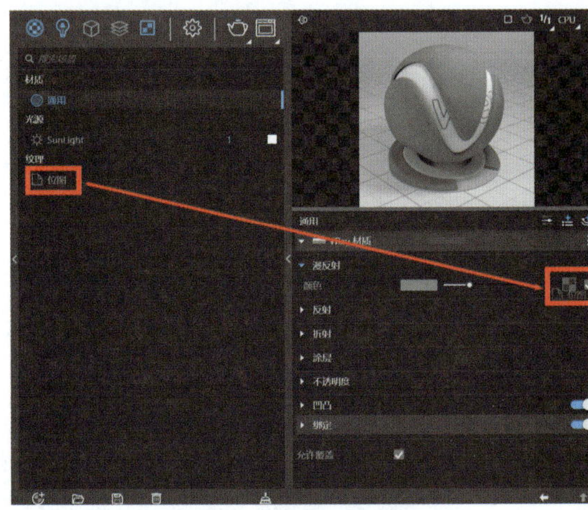

图3-146　拖拽纹理到贴图框

步骤 02　直接单击需要创建纹理的贴图框，在纹理列表中选择需要创建的纹理，如图3-147所示。

图3-147　添加纹理到贴图框

3.5.2　位图

位图： 为V-Ray程序中所有贴图框添加程序以外的图片，并可对其进行二次编辑。

界面介绍： 位图的界面包含“图像文件”“颜色操作”“纹理布局”三个部分，如图3-148所示。

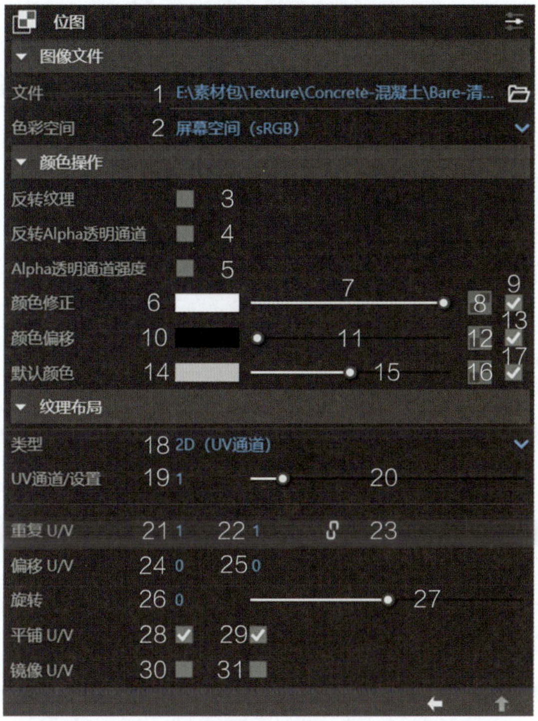

图3-148　位图界面

1—位图文件；2—色彩空间选项栏；3—反转纹理开关；4—反转Alpha透明通道；5—Alpha透明通道强度开关；6—颜色修正颜色调试框；7—颜色修正颜色亮度调试栏；8—颜色修正贴图框；9—颜色修正贴图显示开关；10—颜色偏移颜色调试框；11—颜色偏移颜色亮度调试栏；12—颜色偏移贴图框；13—颜色偏移贴图显示开关；14—默认颜色调试框；15—默认颜色亮度调试栏；16—默认颜色贴图框；17—默认颜色贴图显示开关；18—纹理布局类型选项栏；19—UV通道/设置数值栏；20—UV通道/设置数值调试栏；21—重复U数值栏；22—重复V数值栏；23—锁定UV同步开关；24—偏移U数值栏；25—偏移V数值栏；26—纹理布局旋转数值栏；27—纹理布局旋转数值调试栏；28—平铺U开关；29—平铺V开关；30—镜像U开关；31—镜像V开关

> △ 提示
>
> 位图的调整一般不会在位图系统内进行，颜色操作一般会在Photoshop软件中处理或添加“色彩校正”贴图处理，纹理布局一般会在SketchUp软件的材质系统中处理。

3.5.2.1　位图文件

位图文件： 为贴图框更换贴图。

操作方法

步骤 01　单击文件路径后面的“Open File”图标（🗁）。

步骤 02　双击其他贴图即可更换贴图。

3.5.2.2　色彩空间选项栏

色彩空间： 指定颜色空间使用的位图类型。

屏幕空间（sRGB）： 现实生活的色彩如果需要投放在显示器上被人眼看到，就需要在原基础亮度的基础上增加伽马值亮度，屏幕空间（sRGB）的伽马值是0.45。

渲染空间（线性）： 渲染空间（线性）的伽马值是1.0，亮度比屏幕空间（sRGB）更高。

自定义伽马值： 可以自定义伽马值，自定义调节贴图亮度。数值越高，亮度越高。

3.5.2.3　反转纹理

反转纹理： 将贴图颜色进行反相。

3.5.2.4　反转 Alpha 透明通道 /Alpha 透明通道强度

反转Alpha透明通道： PNG格式贴图的透明和不透明颜色区域进行透明度调换。

Alpha透明通道强度： 将贴图的RGB亮度作为Alpha通道。

3.5.2.5　颜色修正

颜色修正： 将贴图颜色与颜色修正的颜色或贴图叠加相乘。

颜色修正颜色调试框： 用于控制颜色修正的颜色。

颜色修正颜色亮度调试栏： 用于控制颜色修正的颜色亮度。

颜色修正贴图框： 为颜色修正添加贴图。

颜色修正贴图显示开关： 用于控制颜色修正贴图的开启与关闭。

3.5.2.6　颜色偏移

颜色偏移： 将指定RGB颜色值添加到贴图

中原本的RGB颜色值，相当于给贴图添加一个滤镜，滤镜颜色可通过颜色偏移指定。

颜色偏移颜色调试框：用于控制颜色偏移的颜色。

颜色偏移颜色亮度调试栏：用于控制颜色偏移的颜色亮度。

颜色偏移贴图框：为颜色偏移添加贴图。

颜色偏移贴图显示开关：用于控制颜色偏移贴图的开启与关闭。

3.5.2.7 默认颜色

默认颜色：指定颜色用于没有有效UV的多边形。

默认颜色调试框：用于控制默认颜色的颜色。

默认颜色亮度调试栏：用于控制默认颜色的颜色亮度。

默认颜色贴图框：为默认颜色添加贴图。

默认颜色贴图显示开关：用于控制默认颜色贴图的开启与关闭。

3.5.2.8 纹理布局类型

纹理布局类型：用于控制贴图在几何体上的定位方式。

2D（UV通道）：贴图将使用对象UV坐标。

环境：只在环境背景和半球灯中使用。

映射源：贴图将使用一个外部UV放置源。

3.5.2.9 UV 通道 / 设置

UV通道设置：指定要使用的映射通道数据的索引。数值为1时代表将使用第一个可用通道。

3.5.2.10 重复 U/V

重复U/V：用于调整贴图大小，重复次数越多，代表贴图平铺数量越多，贴图整体的纹理就越小。U和V分别代表贴图的两个轴，锁定UV同步时，U和V将同时改变。

3.5.2.11 偏移 U/V

偏移U/V：用于调整贴图位置，U和V分别代表贴图的两个轴，U数值栏的数据提高或降低代表着贴图向U的正方向或反方向移动，偏移V同理。

锁定UV同步时，U和V将同时改变。

3.5.2.12 旋转

旋转：用于调整贴图角度，在旋转数值框内输入角度可将贴图旋转。

3.5.2.13 平铺 U/V

平铺U/V：用于将贴图向U和V两个方向平铺，开启U就会向U方向平铺，开启V就会向V方向平铺，U和V同时开启就同时向U和V两个方向平铺。

3.5.2.14 镜像 U/V

镜像U/V：用于将贴图向U和V两个方向镜像，开启U就以U方向为对称轴进行镜像，开启V就以V方向为对称轴进行镜像，U和V同时开启就同时以U和V两个方向为对称轴进行镜像。

3.5.3 颜色

颜色：为V-Ray程序中的贴图框添加“颜色”贴图。

界面介绍：位图的界面包含“颜色调试框”和“颜色亮度调试栏”两个部分。由于界面过于简单，此处不再展示。

> △ 提示
>
> 在V-Ray程序的贴图框中添加“颜色”贴图，如果需要频繁使用某种颜色，可以为贴图框添加“颜色”贴图以便于复制颜色。

3.5.4 色温

色温：为V-Ray程序中的贴图框添加“色温”贴图。

界面介绍：位图的界面包含“模式”“颜色”“色温（K）”“颜色倍增”“颜色伽玛值”五个部分，如图3-149所示。

图3-149 位图界面

1—模式；2—颜色调试框；3—颜色亮度调试栏；4—色温数值栏；5—色温数值调试栏；6—颜色倍增数值栏；7—颜色倍增数值调试栏；8—颜色伽玛值数值栏；9—颜色伽玛值数值调试栏

△ 提示

“色温”贴图一般用于灯光系统中的贴图框，在实例操作过程中，如果一个灯光的颜色频繁被使用，则“色温”贴图将极大提高工作效率。

3.5.4.1 模式

模式： 用于切换“RGB颜色”和“色温”两种模式。

3.5.4.2 颜色

颜色/颜色调试框： 为V-Ray程序中的贴图框添加“RGB颜色”。

颜色亮度调试栏： 用于调节“RGB颜色”的亮度。

3.5.4.3 色温

色温/色温数值栏/色温数值调试栏： 为V-Ray程序中的贴图框添加“色温”。

3.5.4.4 颜色倍增

颜色倍增/颜色倍增数值栏/颜色倍增数值调试栏： 用于调试“颜色”亮度，数值越高，“颜色”亮度越高。

3.5.4.5 颜色伽玛值

颜色伽玛值/颜色伽玛值数值栏/颜色伽玛值数值调试栏： 用于调试“颜色”亮度，数值越高，“颜色”亮度越低。

3.5.5 色彩校正

色彩校正： 将V-Ray程序中的贴图进行色彩编辑。

界面介绍： 色彩校正的界面包含“颜色/输入”“色相”“饱和度”“色调”“着色强度”“亮度模式”“亮度”“对比度”“红（红色通道）”“绿色（绿色通道）”“蓝色（蓝色通道）”“Alpha透明通道”12个部分，如图3-150所示。

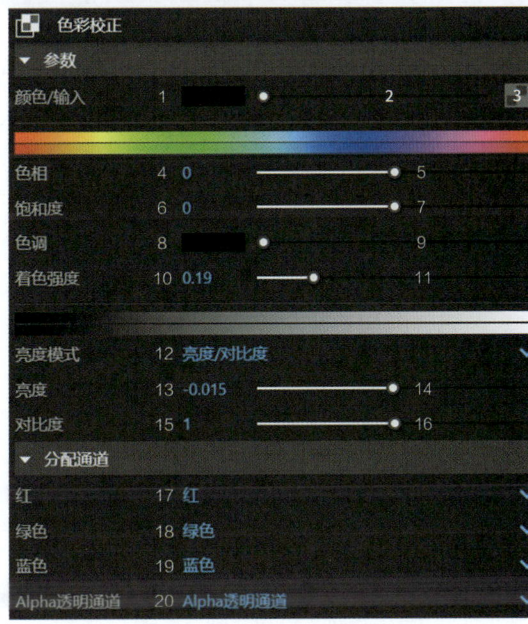

图3-150 色彩校正界面

1—颜色/输入颜色调试框；2—颜色/输入颜色亮度调试栏；3—颜色/输入贴图框；4—色相数值栏；5—色相数值调试栏；6—饱和度数值栏；7—饱和度数值调试栏；8—色调颜色调试框；9—色调颜色亮度调试栏；10—着色强度数值栏；11—着色强度数值调试栏；12—亮度模式选项栏；13—亮度数值栏；14—亮度数值调试栏；15—对比度数值栏；16—对比度数值调试栏；17—红色通道选项栏；18—绿色通道选项栏；19—蓝色通道选项栏；20—Alpha透明通道选项栏

3.5.5.1 颜色/输入

颜色/输入： 用于添加需要色彩校正的颜色或贴图。

颜色/输入颜色调试框： 用于添加需要色彩校正的颜色。

颜色/输入颜色亮度调试栏： 用于调整需要色彩校正的颜色亮度。

颜色/输入贴图框： 用于添加需要色彩校正的贴图。

3.5.5.2 色相

色相： 用于调整输入源的色相。

色相数值框： 通过数值调整输入源的色相。

色相数值调试栏： 通过数值调试栏调整输入源的色相。

3.5.5.3 饱和度

饱和度： 用于调整输入源的饱和度。

饱和度数值框： 通过数值调整输入源的饱和度。

饱和度数值调试栏： 通过数值调试栏调整输入源的饱和度。

3.5.5.4 色调

色调： 用于调整输入源的色调。

色调颜色调试框： 通过颜色调试框调整输入源的色调。

色调颜色调试栏： 通过颜色调试栏调整输入源的色调。

3.5.5.5 着色强度

着色强度： 用于调整输入源的色调的叠加程度。

着色强度数值框： 通过数值调整输入源色调的叠加程度。

着色强度数值调试栏： 通过数值调试栏调整输入源色调的叠加程度。

3.5.5.6 亮度模式

亮度模式： 用于切换“亮度/对比度”和“增益/伽玛/提升亮度”两种模式。

3.5.5.7 亮度

亮度： 用于调整输入源的亮度。

亮度数值框： 通过数值调整输入源的亮度。

亮度数值调试栏： 通过数值调试栏调整输入源的亮度。

3.5.5.8 对比度

对比度： 用于调整输入源的对比度。

亮度数值框： 通过数值调整输入源的对比度。

亮度数值调试栏： 通过数值调试栏调整输入源的对比度。

3.5.5.9 红色/绿色/蓝色/Alpha 透明通道

红色/绿色/蓝色/Alpha透明通道： 用于调整输入源的每个RGB通道以及Alpha透明通道的颜色。

红色/绿色/蓝色/Alpha透明通道选项栏： 通过选项栏调整输入源的每个RGB通道以及Alpha透明通道的颜色。

3.5.6 棋盘格

棋盘格： 为V-Ray程序中的贴图框添加“棋盘格”贴图。“棋盘格”贴图样式为黑白相间，与传统国际象棋的样式基本一致。

界面介绍： 棋盘格的界面包含“颜色A”“颜色B”“倍增模式”“倍增颜色A”“倍增颜色B”等17个部分，如图3-151所示。其中“颜色操作选项”和“纹理布局选项”在“位图”小节中已经介绍过，此处不再赘述。

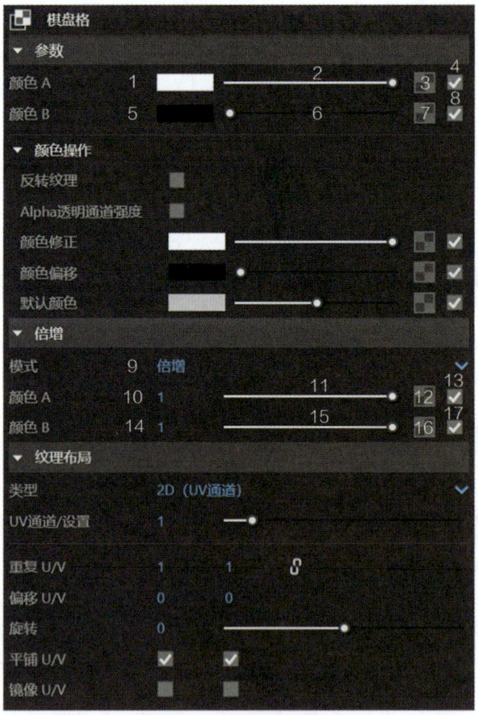

图3-151 棋盘格界面

1—颜色A颜色调试框；2—颜色A颜色亮度调试栏；3—颜色A贴图框；4—颜色A贴图框显示开关；5—颜色B颜色调试框；6—颜色B颜色亮度调试栏；7—颜色B贴图框；8—颜色B贴图框显示开关；9—倍增模式选项栏；10—倍增颜色A颜色调试框；11—倍增颜色A颜色亮度调试栏；12—倍增颜色A贴图框；13—倍增颜色A贴图框显示开关；14—增颜色B颜色调试框；15—倍增颜色B颜色亮度调试栏；16—倍增颜色B贴图框；17—倍增颜色B贴图框显示开关

3.5.6.1　颜色 A/ 颜色 B

颜色 A/ 颜色 B： 用于控制“棋盘格”贴图中黑格和白格的颜色或贴图。

颜色 A/ 颜色 B 颜色调试框： 用于调试黑格和白格的颜色。

颜色 A/ 颜色 B 颜色亮度调试栏： 用于调试黑格和白格的颜色亮度。

颜色 A/ 颜色 B 贴图框： 用于添加黑格和白格的贴图。

颜色 A/ 颜色 B 贴图框显示开关： 用于控制黑格和白格的贴图的显示与关闭。

3.5.6.2　倍增模式

模式： 用于切换“倍增”和“混合量”两种模式。“倍增”指的是倍增颜色的显示程度，数值越高，倍增颜色显示越多，原始颜色显示越少；“混合量”的概念与“倍增”类似，指的是原始颜色和倍增颜色的混合程度，数值越高，倍增颜色显示越多，数值越低，原始颜色显示越多。

颜色 A/ 颜色 B 数值栏： 通过数值调试颜色A/颜色B的“倍增”或“混合量”。

颜色 A/ 颜色 B 数值调试栏： 通过数值调试栏调试颜色A/颜色B的“倍增”或“混合量”。

颜色 A/ 颜色 B 贴图框： 用于添加颜色A/颜色B的“倍增”或“混合量”的贴图。

颜色 A/ 颜色 B 贴图框显示开关： 用于控制颜色A/颜色B的“倍增”或“混合量”的贴图显示与关闭。

3.5.7　网格

网格： 为V-Ray程序中的贴图框添加“网格”贴图。“网格”贴图样式为瓷砖式布局样式，多应用在需要表现瓷砖、地砖等有明显接缝的属性的贴图框。

界面介绍： 网格的界面包含“边线颜色”“颜色填充”“U宽度”“V宽度”等19个部分，如图3-152所示。其中“颜色操作”“倍增”和“纹理布局”在“位图”和“棋盘格”小节中已经介绍过，此处不再赘述。

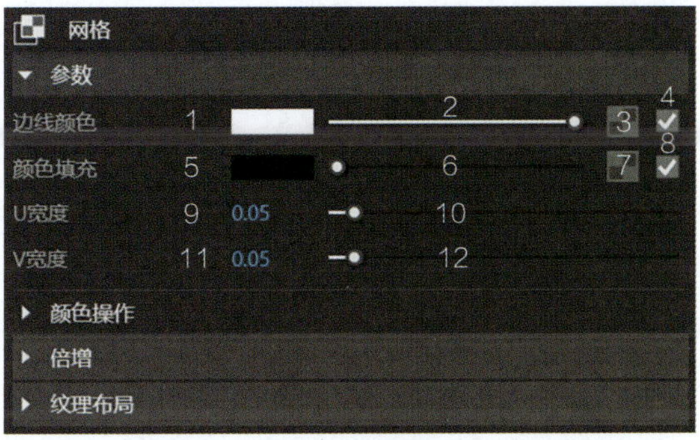

图3-152　网格界面

1—边线颜色调试框；2—边线颜色亮度调试栏；3—边线颜色贴图框；4—边线颜色贴图框显示开关；5—颜色填充颜色调试框；6—颜色填充颜色亮度调试栏；7—颜色填充贴图框；8—颜色填充贴图框显示开关；9—U 宽度数值栏；10—U 宽度数值调试栏；11—V 宽度数值栏；12—V 宽度数值调试栏

3.5.7.1　边线颜色

边线颜色： 用于控制“网格”贴图中接缝的颜色或贴图。

边线颜色调试框： 用于调试“网格”贴图中接缝的颜色。

边线颜色亮度调试栏： 用于调试“网格”贴图中接缝的颜色亮度。

边线贴图框： 用于添加“网格”贴图中接缝的贴图。

边线贴图框显示开关： 用于控制“网格”贴图中接缝贴图的显示与关闭。

3.5.7.2　颜色填充

颜色填充： 用于控制“网格”贴图中接缝以外的颜色或贴图。

颜色填充颜色调试框： 用于调试“网格”贴图中接缝以外的颜色。

颜色填充颜色亮度调试栏： 用于调试“网格”贴图中接缝以外的颜色亮度。

颜色填充贴图框： 用于添加“网格”贴图中接缝以外的贴图。

颜色填充贴图框显示开关： 用于控制“网

格”贴图中接缝以外的贴图的显示与关闭。

3.5.7.3 U/V 宽度

U/V 宽度：用于控制“网格”贴图中接缝的宽度，U代表竖向的接缝，V代表横向的接缝。

U/V 宽度数值栏：通过数值控制“网格”贴图中竖向和横向的接缝宽度。

U/V 宽度数值调试栏：通过数值调试栏控制“网格”贴图中竖向和横向的接缝宽度。

3.5.8 噪波 A

噪波 A：为V-Ray程序中的贴图框添加“噪波A”贴图。“噪波”贴图样式为光斑、波纹样式，多应用在需要表现水面、体积雾、光影等属性的贴图框。

界面介绍：噪波A的界面包含“颜色A”“颜色B”“类型”“振幅”“频率”“变形”等21个部分，如图3-153所示。其中“颜色操作”“倍增”和“纹理布局”在“位图”和“棋盘格”小节中已经介绍过，此处不再赘述。

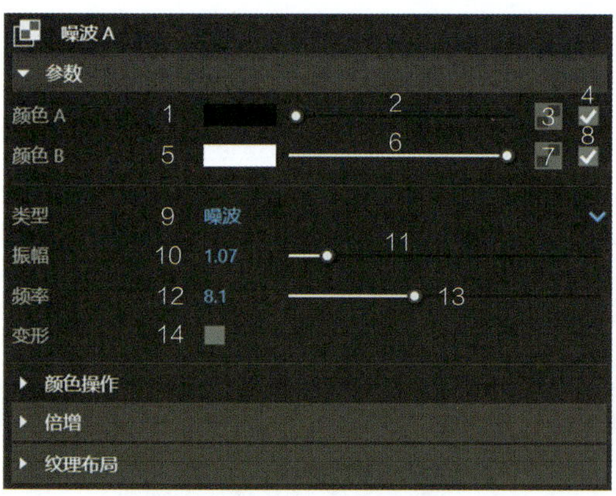

图3-153 噪波A界面

1—颜色A颜色调试框；2—颜色A颜色亮度调试栏；3—颜色A贴图框；4—颜色A贴图框显示开关；5—颜色B颜色调试框；6—颜色B颜色亮度调试栏；7—颜色B贴图框；8—颜色B贴图框显示开关；9—类型选项栏；10—振幅数值栏；11—振幅数值调试栏；12—频率数值栏；13—频率数值调试栏；14—变形开关

3.5.8.1 颜色 A/ 颜色 B

颜色 A/ 颜色 B：用于控制“噪波”贴图中波纹高点和低点的颜色或贴图。

颜色 A/ 颜色 B 颜色调试框：用于调试“噪波”贴图中波纹高点和低点的颜色。

颜色 A/ 颜色 B 颜色亮度调试栏：用于调试“噪波”贴图中波纹高点和低点的颜色亮度。

颜色 A/ 颜色 B 贴图框：用于添加“噪波”贴图中波纹高点和低点的贴图。

颜色A/颜色B贴图框显示开关：用于控制“噪波”贴图中波纹高点和低点的贴图的显示与关闭。

3.5.8.2 类型

类型：用于切换“噪波”“培林（Perlin）”“变形培林（Perlin）”和“大理石培林（Perlin）”四种噪波类型，四种噪波类型是基于波纹的振幅和频率的不同给出的四种不同方案，一般应用在不同情况下，如图3-154~图3-157所示。

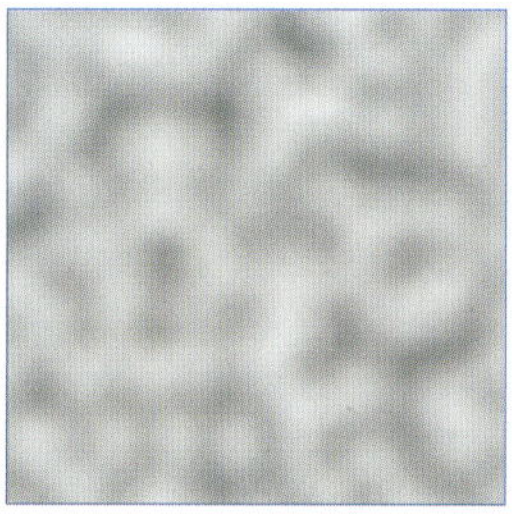

图3-154 噪波类型效果

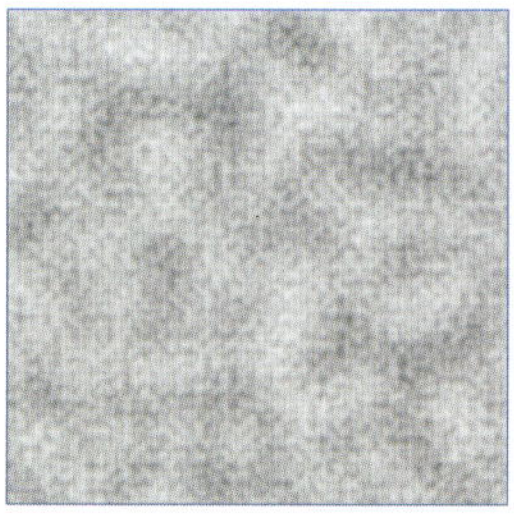

图3-155 培林类型效果

图3-156 变形培林类型效果

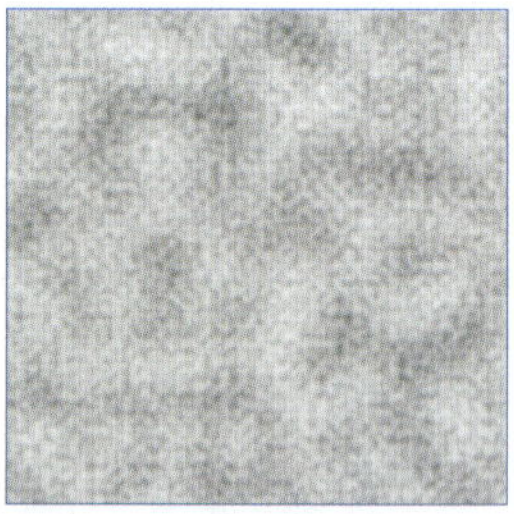

图3-157 大理石培林类型效果

3.5.8.3 振幅

振幅：用于控制“噪波”贴图的对比度，数值越大，对比度就越大，应用在凹凸贴图框中，代表凹凸起伏越大。

振幅数值栏：通过数值控制“噪波”贴图的对比度。

振幅数值调试栏：通过数值调试栏控制“噪波”贴图的对比度。

3.5.8.4　频率

频率： 用于控制“噪波”贴图的大小，数值越大，贴图纹理越小，相当于贴图的图形密度。

频率数值栏： 通过数值控制“噪波”贴图的纹理大小。

频率数值调试栏： 通过数值调试栏控制“噪波”贴图的纹理大小。

3.5.8.5　变形

变形： 是基于波纹振幅和频率的不同给出的新方案，一般应用在不同情况下，如图3-158和图3-159所示。

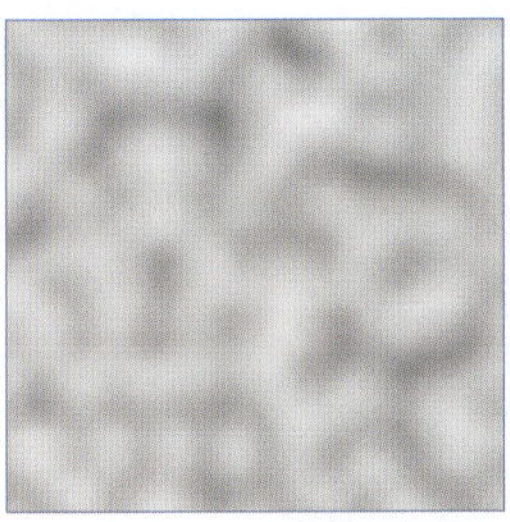

图3-158　变形未开启效果

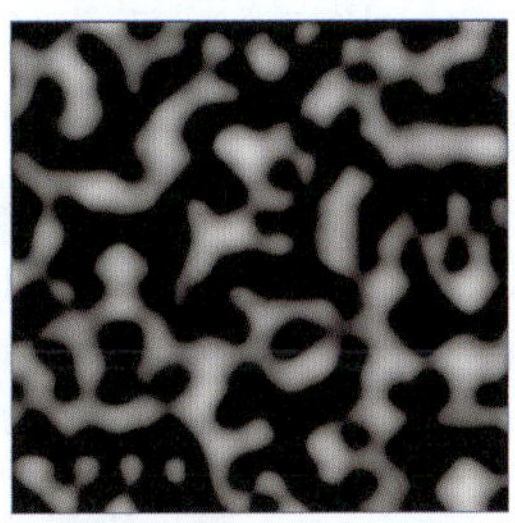

图3-159　变形开启效果

变形开关： 通过开关控制“噪波”贴图的变形的开启与关闭。

频率数值调试栏： 通过数值调试栏控制“噪波”贴图的纹理大小。

3.5.9　边

边： 为V-Ray程序中的贴图框添加“边”贴图。“边”贴图样式是为法线转角边缘添加描边，其效果与卡通覆盖材质类似。“边”贴图通常应用在为物体边缘添加描边或三维倒角凹凸效果。

界面介绍：“边”的界面包含“边线颜色”“背景颜色”“宽度单位类型”“宽度（场景单位）”“显示隐藏边线”“显示细分边”“仅相同对象”“倒角”等11个部分，如图3-160所示。其中“倍增”在“棋盘格”小节中已经介绍过，此处不再赘述。

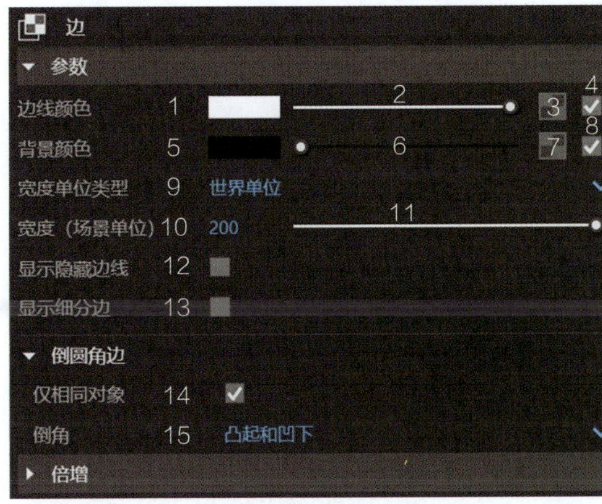

图3-160　边界面

1—边线颜色调试框；2—边线颜色亮度调试栏；3—边线贴图框；4—边线贴图框显示开关；5—背景颜色调试框；6—背景颜色亮度调试栏；7—背景贴图框；8—背景贴图框显示开关；9—宽度单位类型选项栏；10—宽度数值栏；11—宽度数值调试栏；12—显示隐藏边线开关；13—显示细分边开关；14—仅相同对象开关；15—倒角选项栏

3.5.9.1　边线颜色/背景颜色

边线颜色/背景颜色： 用于控制“边”贴图中描边和描边以外的颜色或贴图。

边线颜色/背景颜色调试框： 用于调试“边”贴图中描边和描边以外的颜色。

边线颜色/背景颜色亮度调试栏： 用于调试“边”贴图中描边和描边以外的颜色亮度。

边线颜色/背景贴图框： 用于添加“边”贴图中描边和描边以外的贴图。

边线颜色/背景贴图框显示开关： 用于控制“边”贴图中描边和描边以外的贴图的显示与关闭。

3.5.9.2　宽度单位类型

宽度单位类型： 用于切换世界单位和像素两种单位类型。

世界单位： 在V-Ray程序中，世界单位用的是英寸（in，1in=2.54cm）。

像素： 在V-Ray程序中，像素单位取决于图像输出的分辨率大小。

3.5.9.3　宽度

宽度： 用于控制“边”贴图中描边的粗细。

宽度数值栏： 通过数值调试“边”贴图中描边的粗细。

宽度数值调试栏： 通过数值调试栏调试“边”贴图中描边的粗细。

3.5.9.4 显示隐藏边线 / 显示细节边

显示隐藏边线： 用于控制SketchUp软件中隐藏的三角面边线的显示和隐藏。

显示细节边： 用于控制V-Ray程序中由位移映射或渲染时间细分产生的边线的显示和隐藏。

3.5.9.5 倒圆角边

仅相同对象： 用于控制SketchUp软件中隐藏的三角面边线的显示和隐藏。

倒角： 控制V-Ray渲染时由位移贴图或细分曲面生成的硬边结构的圆角效果（数值越大，边缘越平滑）。

3.5.10 衰减

衰减： 为V-Ray程序中的贴图框添加“衰减”贴图。“衰减”贴图样式通过远近距离、垂直平行、菲涅耳、距离混合等方式达到衰减效果。“衰减”贴图通常应用在为布料类材质添加布料的衰减效果。

界面介绍： 衰减的界面包含“颜色A”“颜色B”“衰减类型”“方向”“反转”“模式”等8个部分，如图3-161所示。其中“倍增”在“棋盘格”小节中已经介绍过，此处不再赘述。

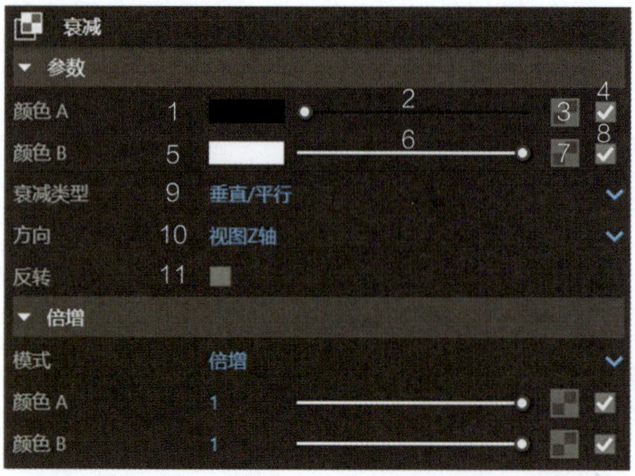

图3-161 衰减界面

1—颜色A颜色调试框；2—颜色A颜色亮度调试栏；3—颜色A贴图框；4—颜色A贴图框显示开关；5—颜色B颜色调试框；6—颜色B颜色亮度调试栏；7—颜色B贴图框；8—颜色B贴图框显示开关；9—衰减类型选项栏；10—方向选项栏；11—反转开关

3.5.10.1 颜色 A/ 颜色 B

颜色A/颜色B： 用于控制“边”贴图中需要完成衰减的颜色A和颜色B。

颜色A/颜色B颜色调试框： 用于调试“边”贴图中需要完成衰减的颜色A和颜色B的颜色。

颜色A/颜色B颜色亮度调试栏： 用于调试“边”贴图中需要完成衰减的颜色A和颜色B的颜色亮度。

颜色A/颜色B贴图框： 用于添加“边”贴图中需要完成衰减的颜色A和颜色B的贴图。

颜色A/颜色B贴图框显示开关： 用于控制“边”贴图中需要完成衰减的颜色A和颜色B的贴图的显示与关闭。

3.5.10.2 衰减类型

衰减类型： 用于切换“近/远”“垂直/平行”“菲涅耳”和“距离混合”四种衰减类型。

远/近： 通过物体与镜头的远近达到贴图衰减效果，物体离镜头越近，贴图越接近颜色A；物体离镜头越远，贴图越接近颜色B。

垂直/平行： 通过物体与镜头的夹角（°）达到贴图衰减效果，物体与镜头夹角为90°时，贴图接近颜色A；物体与镜头夹角为180°时，贴图接近颜色B。

菲涅耳： 通过物体与镜头的夹角（°）达到贴图衰减效果，效果与“垂直/平行”衰减类型类似，只是效果上在物体与镜头夹角接近180°时，贴图接近颜色B的程度较低。

距离混合： 同时通过“远/近”和“垂直/平行”两种衰减类型达到贴图衰减效果。

3.5.10.3 方向

方向： 将默认的“视图Z轴”更换为其他轴来完成贴图的衰减，一般其他轴使用率较低，此处不再赘述。

3.5.10.4 反转

反转： 用于将“颜色A”与“颜色B”的颜

色位置调换。

3.5.11　污垢

污垢：为V-Ray程序中的贴图框添加“污垢”贴图。“污垢”贴图样式是为法线转角边缘添加污垢效果。由于V-Ray程序为模拟渲染器，相同材质的法线转角在光线计算中有所欠缺，“污垢”贴图则在法线转角模糊的情况下为其添加污垢效果，从而弥补这一欠缺。

界面介绍：噪波A的界面包含“模式”“半遮蔽区颜色”“遮蔽区颜色”“半径”“衰减”“分布”“光泽度”等17个部分，如图3-162所示。其中除“模式”“半遮蔽区颜色”“遮蔽区颜色”“半径”“衰减”“分布”“光泽度”以外使用频率较低，本小节不再赘述。

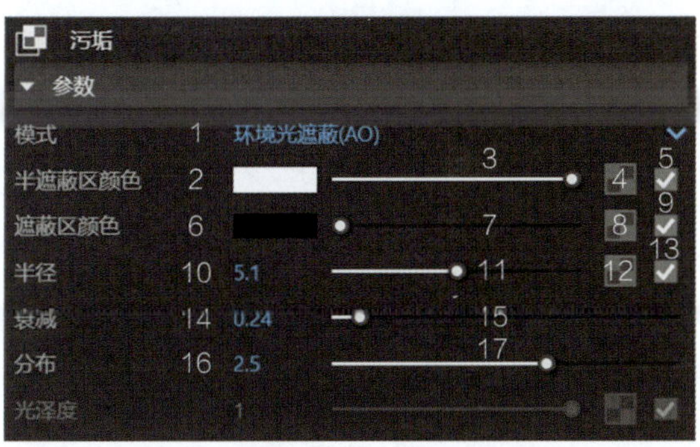

图3-162　污垢界面

1—模式选项栏；2—半遮蔽区颜色调试框；3—半遮蔽区颜色亮度调试栏；4—半遮蔽区贴图框；5—半遮蔽区贴图框显示开关；6—遮蔽区颜色调试框；7—遮蔽区颜色亮度调试栏；8—遮蔽区贴图框；9—遮蔽区贴图框显示开关；10—半径数值栏；11—半径数值调试栏；12—半径数值贴图框；13—半径数值贴图框显示开关；14—衰减数值栏；15—衰减数值调试栏；16—分布数值栏；17—分布数值调试栏

3.5.11.1　模式

模式：用于切换“环境光遮蔽（AO）”“内部遮蔽”“环境＋内部遮蔽”“反射遮蔽（冯氏）”“反射遮蔽（布林）”“反射阻光（沃德）”六种污垢模式。一般情况下，除了“环境光遮蔽（AO）”以外的其他污垢模式并不常用，此处不再赘述。

3.5.11.2　半遮蔽区颜色

半遮蔽区颜色：指的是除污垢以外的颜色。

半遮蔽区颜色调试框：用于调试除污垢以外的颜色。

半遮蔽区贴图框：用于调试除污垢以外的污垢贴图。

半遮蔽区贴图框显示开关：用于控制除污垢以外的污垢贴图的显示与关闭。

3.5.11.3　遮蔽区颜色

遮蔽区颜色：指的是污垢的颜色。

遮蔽区颜色调试框：用于调试污垢的颜色。

遮蔽区贴图框：用于调试污垢贴图。

遮蔽区贴图框显示开关：用于控制污垢贴图的显示与关闭。

3.5.11.4　半径

半径：指的是污垢的分布范围大小。

半径数值栏：通过数值调试污垢的分布范围大小。

半径数值贴图框：通过贴图调试污垢的分布范围大小，通常在半径数值贴图中，黑色代表数值为0，白色代表数值为10，半径数值贴图框为彩色贴图时，贴图框会自动将彩色贴图转换为黑白贴图。

半径数值贴图框显示开关：用于控制污垢数值贴图的显示与关闭。

3.5.11.5　衰减

衰减：指的是遮蔽颜色和未遮蔽颜色之间的过渡区域大小，数值越大代表过渡区域越小。

衰减数值栏：通过数值调试遮蔽颜色和未遮蔽颜色之间的过渡区域大小。

衰减数值调试栏：通过数值调试栏调试遮蔽颜色和未遮蔽颜色之间的过渡区域大小。

3.5.11.6　分布

分布：用于控制污垢效果在物体法线转角边缘的分布，数值越大，代表污垢越靠近角落。要生成正确的环境光遮蔽图，这个数值应该维持在1.0。

分布数值栏： 通过数值调试污垢效果在物体法线转角边缘的分布情况。

分布数值调试栏： 通过数值调试栏调试污垢效果在物体法线转角边缘的分布情况。

3.5.11.7 X/Y/Z偏移

X/Y/Z偏移： 用于控制污垢效果偏向X/Y/Z方向。负值可向反方向偏移。

X/Y/Z偏移数值栏： 通过数值调试污垢效果偏向X/Y/Z方向。

X/Y/Z偏移数值调试栏： 通过数值调试栏调试污垢效果偏向X/Y/Z方向。

第 4 章　V-Ray for SketchUp 几何体系统

4.1 几何体基础操作

V-Ray提供了许多用于渲染的几何对象和工具，用以在SketchUp场景中创建虚拟几何体网格，或者给SketchUp原模型添加几何体网格，几何体网格不改变原模型，但可以渲染得到真实丰富的物体。

V-Ray几何体包括无限平面、代理网格、代理场景、剖切、毛发、置换、贴花、散布等，如图4-1所示，本节包括几何体面板和几何体基础操作等内容。

图4-1 V-Ray几何体工具栏

1—无限平面；2—导出代理网格；3—导入代理网格或V-Ray场景；4—被选中物体添加毛发；5—剖切；6—被选中物体添加置换；7—贴花；8—被选中物体添加散布；9—散布查看器

部分“V-Ray几何体”的创建要以SketchUp模型空间中的“群组”或“组件”为基础，因此在没有选择“群组”或“组件”时，这些“V-Ray几何体”的工具图标为灰色（无法使用），即“V-Ray几何体”可以在SketchUp模型空间中的“群组”或“组件”内部增加一层“V-Ray几何体框架”，从而将其转变为虚拟几何体。

4.1.1 几何体面板界面介绍

打开“V-Ray资源编辑器”，V-Ray资源编辑器中包含V-Ray材质、灯光、几何体、渲染元素和纹理等多种资源。

用鼠标左键单击某个资源图标，即可打开该资源的列表；按住“Ctrl”键，可同时打开多个资源列表。

用鼠标右键单击某个资源图标，即可为该资源创建一个新的项目；如果某个资源列表为空，用鼠标左键单击该资源图标，则为该资源创建一个新的项目。

如图4-2所示，创建一个“几何体”，即可打开“几何体”资源列表，左侧为几何体列表，右侧为几何体参数面板。

① **几何体资源（系统）**——单击鼠标左键可打开几何体列表；单击鼠标右键可创建新的几何体。

② **几何体列表搜索栏**——输入几何体名称即可检索到对应几何体；删除名称即可取消检索，即显示所有已创建的几何体。

③ **几何体列表**——显示已创建的几何体。

用鼠标左键单击“几何体名称”，即可选中该几何体，并可在右侧参数面板中修改该几何体的参数。

按住“Ctrl”键，可加选或减选几何体。

在选中“几何体1”的情况下，按住“Shift”键的同时选择“几何体2”，即可在几何体列表中同时选中位于“几何体1”和“几何体2”之间的所有灯光（包括“几何体1”和“几何体2”）。

④ **展开/收缩材质库**——单击箭头4即可打开或收缩材质库。

⑤ **展开/收缩几何体参数面板**——单击箭头5即可打开或收缩几何体参数面板。

⑥ **新建V-Ray资源**——创建新的V-Ray资源，包括材质、灯光、几何体、渲染元素和纹理等。

⑦ **导入V-Ray资源文件**——将计算机中的“.vrmat”文件导入V-Ray资源编辑器的列表中，“.vrmat”文件包括材质、灯光、几何体、渲染元素和纹理等V-Ray资源文件。

⑧ **保存V-Ray资源为文件**——将V-Ray资源编辑器列表中的材质、灯光、几何体、渲染元素和纹理等V-Ray资源保存为“.vrmat”文件，并存储到计算机中。

⑨ **删除V-Ray资源**——删除已创建的V-Ray资源，包括材质、灯光、几何体、渲染元素和纹理等。

⑩ **清理未使用的资源**——删除仅存在V-Ray资源编辑器列表中，但没有应用到SketchUp的V-Ray资源，包括材质、灯光、几何体、渲染元素和纹理等。

⑪ **固定/不固定预览窗口**——用鼠标左键单击图钉，即可切换“固定”或“不固定”预览窗口。

图钉朝左，表示“不固定”预览窗口，预览窗口显示当前选中的材质、灯光、几何体、渲染元素或纹理等V-Ray资源。

图钉朝下，表示“固定”预览窗口，预览窗口仅显示被固定的材质、灯光等V-Ray资源，不再显示其他被选中的V-Ray资源。

△ 提示

即使预览窗口被固定，右侧参数面板仍然会显示被选中的材质、灯光等资源的详细参数。

⑫ **几何体显示窗口**——显示被选中的几何体。

⑬ **参数面板**——包含被选中的材质、灯光、几何体、渲染元素或纹理等V-Ray资源的详细参数。

⑭ **返回上一次打开的参数面板**——可以返回至任一资源、任一级别的参数面板。

⑮ **返回上一级参数面板**——仅可以返回至当前资源的上一级参数面板。

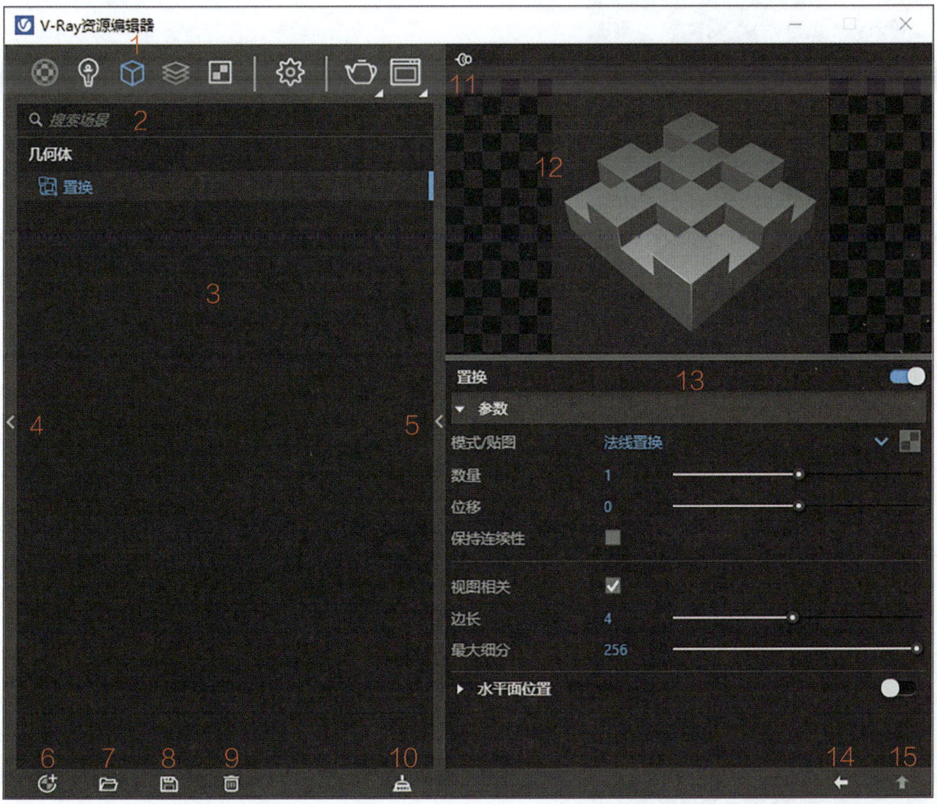

图4-2　V-Ray几何体系统

1—几何体资源（系统）；2—几何体列表搜索栏；3—几何体列表；4—展开/收缩材质库；5—展开/收缩几何体参数面板；6—新建V-Ray资源；7—导入V-Ray资源文件；8—保存V-Ray资源为文件；9—删除V-Ray资源；10—清理未使用的资源；11—固定/不固定预览窗口；12—几何体显示窗口；13—参数面板；14—返回上一次打开的参数面板；15—返回上一级参数面板

4.1.2 几何体面板基础操作

几何体面板基础操作主要有新建几何体、选择场景中的对象、应用到选择物体、重命名几何体、制作几何体副本、另存为几何体文件、删除几何体、清理未使用项等。

4.1.2.1 新建几何体

新建几何体：创建一个新的V-Ray几何体。

在SketchUp中创建V-Ray几何体更加方便快捷，本小节仅介绍在V-Ray资源编辑器中创建V-Ray几何体。

操作方法：在V-Ray资源编辑器中创建V-Ray几何体。

方法01 如图4-3所示，用鼠标右键单击“几何体资源”图标，选择需要创建的几何体，即可在几何体列表中创建一个新的V-Ray几何体。

图4-3 用鼠标右键单击“几何体资源”图标

方法02 如图4-4所示，用鼠标左键单击“新建资源”图标，选择“几何体”资源，再选择需创建的几何体，即可在几何体列表中创建一个新的V-Ray几何体。

图4-4 新建V-Ray资源图标

步骤01 如图4-5所示，点击“在模型中”图标，即可显示已创建的V-Ray几何体。

图4-5 SketchUp组件面板

步骤02 在SketchUp模型空间中，选择一个“群组”或“组件”并双击鼠标左键，进入该“群组”或“组件”内部。

步骤03 在组件列表中，选择所需的V-Ray几何体，在“群组”或“组件”内部单击鼠标左键，即可将原“群组”或“组件”转变成V-Ray几何体（原“组件”的所有个体均转变成V-Ray几何体）。

步骤04 执行快捷键“Esc”退出“群组”或“组件”，即可完成V-Ray几何体的创建。

> **△ 提示**
>
> ① 创建“代理网格”或“代理场景”时，需要选择一个“V-Ray Mesh File”。
>
> ② 在V-Ray资源编辑器中创建几何体，并不会直接呈现在SketchUp模型空间中，而是存在于SketchUp默认面板的“组件”面板中，如图4-5所示。
>
> ③ V-Ray几何体“无线平面”的创建方式较为不同，在组件列表中，选择所需的“无线平面”，并在SketchUp模型空间中单击鼠标左键，即可放置该平面。
>
> ④ 在SketchUp中创建的V-Ray几何体，在V-Ray几何体列表中以英文呈现；在V-Ray资源编辑器中创建的V-Ray几何体，在V-Ray几何体列表中以中文呈现，但两者无本质区别。

4.1.2.2　几何体快捷操作

几何体快捷操作：在几何体列表中，包含几何体开关、几何体名称等快捷操作按钮，如图4-6所示。

① **几何体开关：**用鼠标左键单击1，即可“打开”（亮显）或“关闭”（暗灰）几何体。

② **几何体名称：**用鼠标左键双击2，输入名称并按“回车”键，即可修改几何体名称。

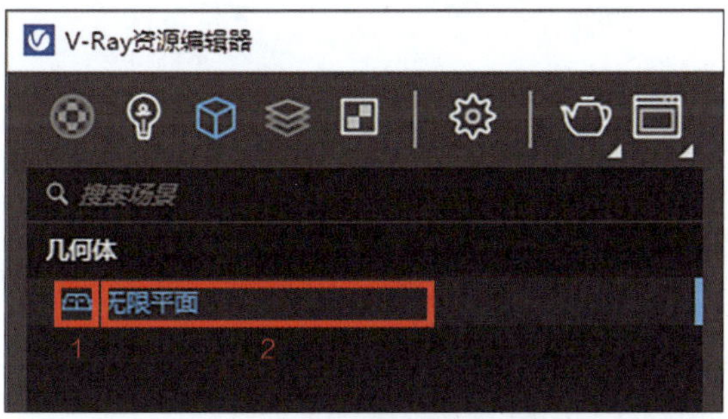

图4-6　几何体列表快捷功能

4.1.2.3　几何体列表右击选项

几何体快捷操作：在几何体列表中，选择任意一个几何体，并在“几何体名称”部分单击鼠标右键，弹出右键菜单，如图4-7和图4-8所示。

“代理场景、代理网格、无限平面、贴花”四类几何体的右键菜单中包含“选择场景中的对象、重命名、制作副本、另存为、删除”选项。

“剖切、散布、置换、毛发”四类几何体的右键菜单中包含“选择场景中的对象、应用到选择物体、重命名、制作副本、另存为、删除”选项，如图4-9所示。

> △ 提示
>
> 按住“Ctrl”键，可加选或减选几何体。
>
> 在选中“几何体1”的情况下，按住“Shift”键的同时选择“几何体2”，即可在几何体列表中同时选中位于“几何体1”和“几何体2”之间的所有几何体（包括“几何体1”和“几何体2”）。

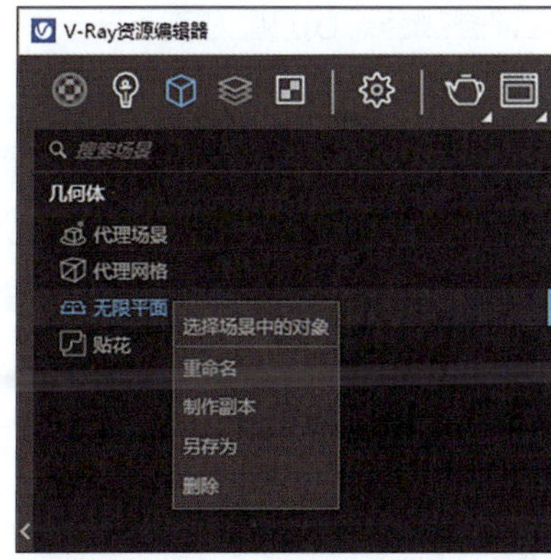

图4-7　几何体列表右键菜单（一）

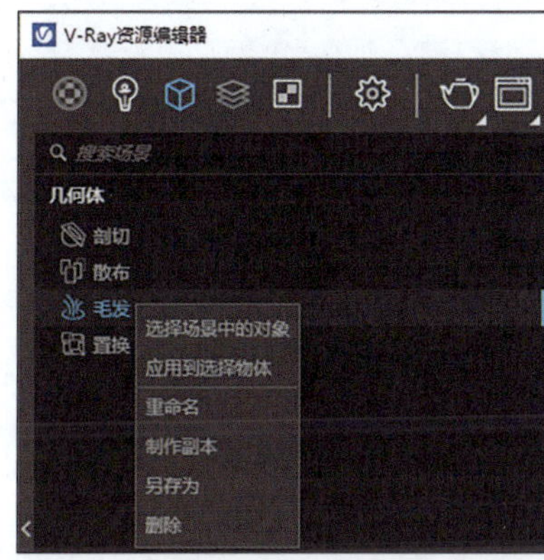

图4-8　几何体列表右键菜单（二）

图4-9　几何体列表

操作方法

① **选择场景中的对象**——在SketchUp模型空间中选中该几何体（如果存在），可同时选择多个几何体。

步骤 01　选择一个或多个灯光。

步骤 02　用鼠标右键单击“几何体名称”部分，如图4-7所示，选择“选择场景中的对象”，即可在SketchUp模型空间中选中该几何体（如果存在）。

② **重命名**——修改几何体名称。每次只能修改一个几何体的名称。

方法 01 选择一个几何体，用鼠标右键单击“几何体名称”部分，如图4-7所示，选择“重命名”，输入几何体名称并按“回车”键确认，即可修改该几何体的名称。

方法 02 在任意一个几何体的名称上双击鼠标左键，输入几何体名称并按“回车”键确认，即可修改该几何体的名称。

③ **制作副本**——创建一个与原几何体一样的复制品（几何体），即副本，副本几何体是一个全新的几何体（组件）。每次只能给一个几何体创建副本。

步骤 01 选择一个几何体（几何体A）。

步骤 02 用鼠标右键单击“几何体A”的名称，如图4-7所示，选择“创建副本”，即可在V-Ray几何体列表中创建出“几何体A”的副本。副本几何体自动命名，在原几何体名称后添加“#+数字”作为新的几何体名称。

△ **提示**

“V-Ray几何体”在SketchUp模型空间中是一个“组件”，在SketchUp模型空间中复制V-Ray几何体，V-Ray几何体列表中不会产生几何体副本，即V-Ray几何体列表中的“几何体A”代表SketchUp模型空间中的所有“几何体A”个体。

如果在SketchUp模型空间中，把“几何体A”的个体“设定为唯一”，即创建出另一个“组件”，可在V-Ray几何体列表中创建出“几何体A”的副本（新组件）。几何体副本自动命名，在原几何体名称后添加“#+数字”作为新的几何体名称。

④ **另存为**——将V-Ray资源编辑器列表中的灯光保存为“.vrmat”文件，并存储到计算机中。可同时选择多个几何体并存储。

步骤 01 选择一个或多个几何体。

步骤 02 用鼠标右键单击“几何体名称”部分，如图4-7所示，选择“另存为”；或者如图4-9所示，单击“Save Asset to File”的图标 。

步骤 03 弹出“Save V-Ray Asset File As...”窗口，如图4-10所示，选择“存储位置”，输入“文件名”并单击“保存”即可。

△ **提示**

多个几何体同时保存时，不能输入“文件名”。

⑤ **删除**——删除已创建的V-Ray几何体。可同时删除多个几何体。

步骤 01 选择一个或多个几何体。

步骤 02 用鼠标右键单击“几何体名称”部分，如图4-7所示，选择“删除”；或者如图4-9所示，单击“Delete asset”的图标 。

步骤 03 弹出“Delete asset”对话框，如图4-11所示，“Permanently delete the selected asset?”意为“永久删除被选中的资源？”。

选择“Delete”，即可删除被选中的灯光；选择“Cancel”，可取消删除。

⑥ **应用到选择物体**——把SketchUp模型转变成为V-Ray几何体，可转变为“剖切、散布、置换、毛发”四类几何体。

步骤 01 在SketchUp模型空间中选择一个或多个物体（必须是群组或组件）。

步骤 02 在V-Ray几何体列表选择“剖切、散布、置换、毛发”等几何体，用鼠标右键单击“几何体名称”部分，如图4-8所示，选择“应用到选择物体”，即可将被选中的群组或组件转变为V-Ray几何体。

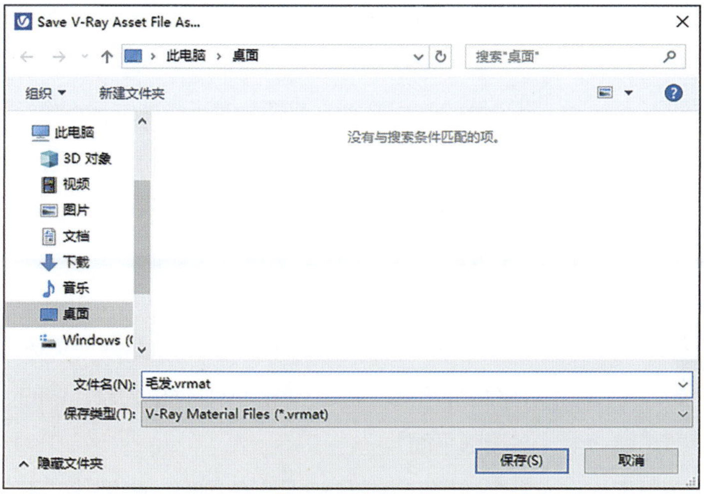

图4-10　V-Ray几何体存储为“.vrmat”文件

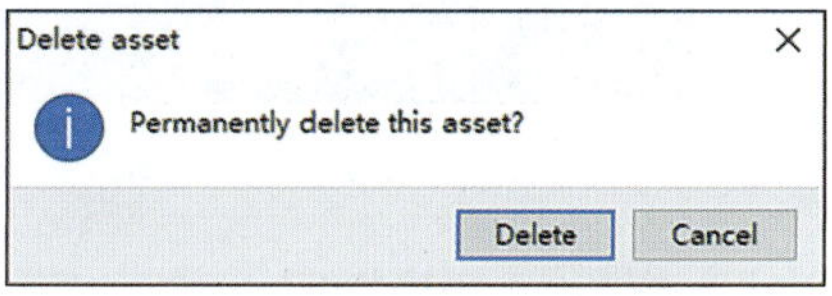

图4-11　“Delete asset”对话框

4.1.2.4　导入和清除

“导入V-Ray资源文件”和“清理未使用的资源”的功能与“灯光面板”相同，详见本书2.1.2.4小节“导入和清除”。

4.1.2.5　参数面板通用操作

在V-Ray参数面板中，常见的参数调整方式有“颜色框+颜色滑杆+颜色贴图框”和“数值框+数值滑杆+数值贴图框”，如图4-12和图4-13所示。详细内容见本书第2.1.2.5小节“参数面板通用操作”。

本章节其他部分不再详细说明“颜色框+颜色滑杆+颜色贴图框”和“数值框+数值滑杆+数值贴图框”的具体操作步骤。

图4-12　“颜色框+颜色滑杆+颜色贴图框”

图4-13　“数值框+数值滑杆+数值贴图框”

4.2　无限平面

无限平面/Infinite Plane：一个无限大的平面。

4.2.1　几何体面板界面介绍

“无限平面”创建：创建一个新的无限平面。“无限平面”几何体是一个“组件”。

操作方法：在SketchUp中创建“无限平面”。

步骤 01　如图4-14所示，在“V-Ray几何体”工具栏中，用鼠标左键单击“无限平面”工具的图标；或者执行“扩展程序>V-Ray>V-Ray Objects>Infinite Plane”菜单指令。

图4-14　“无限平面”图标

步骤 02　在绘图区任意一点单击鼠标左键，即可创建一个“无限平面”几何体，如图4-15所示。

同时，在V-Ray资源编辑器的几何体列表中，同步出现一个新的无限平面，如图4-16所示。

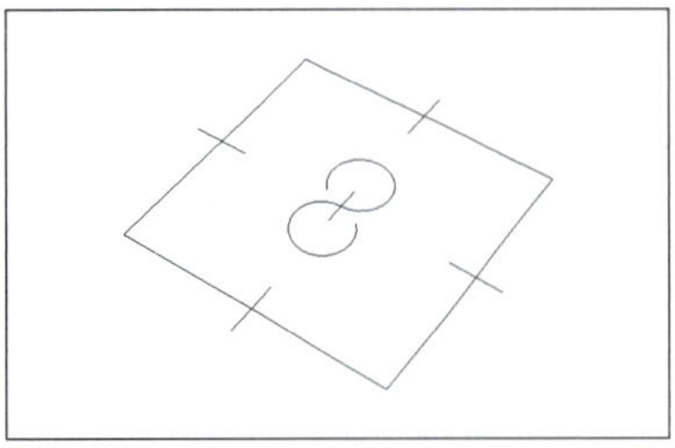

图4-15 “无限平面”模型

图4-16 V-Ray几何体列表

步骤 03 切换为SketchUp的“选择”工具，即可退出“无限平面”的创建。

> △ 提示
>
> ①如果SketchUp模型尺寸较大，“无限平面”创建后可能不易被发现。
>
> ②“V-Ray几何体”在SketchUp模型空间中是一个“组件”。

4.2.2 “无限平面”删除

“无限平面”删除： 删除已经创建的无限平面。

操作方法

（1）在SketchUp中删除V-Ray无限平面

步骤 01 在SketchUp模型中，使用“选择”工具，选择需要被删除的一个或多个“无限平面”。

步骤 02 在SketchUp模型中，执行“删除”工具指令，即可在SketchUp模型空间中删除被选中的“无限平面”。

（2）在V-Ray几何体列表中删除V-Ray无限平面

步骤 01 在V-Ray几何体列表中，选择一个或多个需要删除的“无限平面”。

步骤 02 用鼠标右键单击“无限平面名称”部分，在右键菜单中选择“删除”；或者在几何体列表底部单击“Delete assets”的图标（ ）。

步骤 03 弹出“Delete assets”对话框，“Permanently delete the selected assets?”意为“永久删除被选中的资源？”。

选择“Delete”，即可删除被选中的几何体；选择“Cancel”，可取消删除。

> △ 提示
>
> ①在SketchUp模型空间中删除“无限平面”，不会删除“V-Ray几何体列表”中的“无限平面”。
>
> ②在“V-Ray几何体列表”中删除“无限平面”，会同时删除该“无限平面”在SketchUp模型空间中的所有个体。

4.2.3 “无限平面”开关

“无限平面”开关： 打开或关闭“无限平面”。

操作方法

如图4-17所示，在V-Ray几何体列表中，鼠标左键单击“无限平面”图标，即可“打开”（亮显）或“关闭”（暗灰）无限平面。

图4-17 V-Ray几何体列表

4.2.4 “无限平面”材质

“无限平面”材质： 在SketchUp模型空间中，可以直接给“无限平面”的几何模型添加材质。

> △ 提示
>
> 修改“无限平面”材质贴图大小的两种方法：
>
> ①直接缩放“无限平面”的几何模型；
>
> ②修改“材质”贴图的大小。
>
> “材质”的创建和调整方法详见本书第3章“V-Ray材质系统”。

4.2.5 “无限平面”模型

“无限平面”模型：“V-Ray几何体”模型在SketchUp模型空间中是“组件”。

操作方法

（1）“无限平面”模型变动

在SketchUp模型空间中，使用“移动”“旋转”“缩放”等工具，可以调整“无限平面”模型的位置、角度、大小等，并且可以调整“无限平面”材质贴图的角度和大小。

（2）复制“无限平面”模型

在SketchUp模型空间中，使用“复制”工具，可以复制多个“无限平面”。

△ 提示

①“V-Ray几何体”在SketchUp模型空间中是“组件”，在SketchUp模型空间中复制V-Ray几何体，V-Ray几何体列表中不会产生几何体副本，即V-Ray几何体列表中的“几何体A”代表SketchUp模型空间中所有的“几何体A”个体。修改几何体列表中“几何体A”的参数，则模型空间中所有“几何体A”均发生变化。

②如果在SketchUp模型空间中，把“几何体A”的个体“设定为唯一”，即创建出另一个“组件”，可在V-Ray几何体列表中创建出“几何体A”的副本（新组件）。副本几何体自动命名，在原几何体名称后添加“#+数字”作为新的几何体名称。

4.3 代理物体

代理物体/Proxy：将SketchUp模型中面数较多的物体导出为“代理物体”文件，并且用“代理物体”的模型替代原模型，“代理物体”面数极少，但实际渲染结果与原模型相同，可节约大量系统资源。“代理物体”有“代理网格”（“.vrmesh”文件）和“代理场景”（“.vrscene”文件）两种。

本节主要包括导出“代理物体”和导入“代理物体”两部分内容。

4.3.1 导出“代理物体”

导出“代理物体”：将SketchUp模型中面数较多的物体导出为“代理网格”（“.vrmesh”文件）或代理场景”（“.vrscene”文件）。

操作方法

步骤 01　如图4-18所示，在SketchUp模型空间中，选择一个需要导出为“代理物体”的“群组”。

图4-18　选择待导出“群组”

步骤 02　如图4-19所示，在“V-Ray几何体”工具栏中，用鼠标左键单击导出“代理物体”工具的图标；或者执行“扩展程序>V-Ray>V-Ray Objects>Export Proxy”菜单指令。

图4-19　导出“代理物体”图标

步骤 03　弹出“Export V-Ray Proxy”

窗口，如图4-20和图4-21所示，在“模式”中选择“代理网格”或“代理场景”。

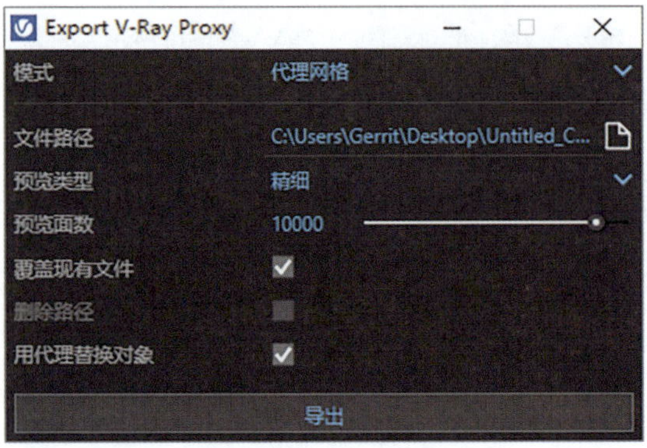

图4-20　导出“代理网格”

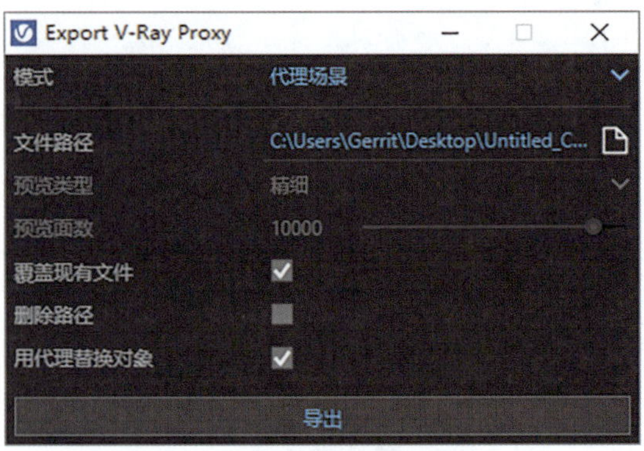

图4-21　导出“代理场景”

步骤 04　设置相应参数后，用鼠标左键单击“导出”，即可将被选中的SketchUp模型导出为“代理物体”，如图4-22所示。将“代理物体”进行渲染，其渲染结果与原模型相同，如图4-23所示。

图4-22　“代理物体”

图4-23　“代理物体”渲染结果

同时，在V-Ray资源编辑器的几何体列表中，同步出现一个新的“代理网格”或“代理场景”，如图4-24和图4-25所示。

图4-24　V-Ray几何体列表“代理网格”

图4-25　V-Ray几何体列表“代理场景”

（1）导出“代理网格”（“.vrmesh”文件）

如图4-20所示，选择导出“代理网格”。

文件路径： 单击右侧文件图标，弹出“Select a file”窗口，选择文件“保存位置”，输入“文件名”，并单击“保存”即可确认“代理网格”文件的存储路径。

预览类型： 代理物体的预览方式有“简面”“精细”“点”三种类型。

“简面”——最快的预览方式。

“精细”——生成更精确的预览网格，但速度稍慢（默认类型）。

“点”——生成相当精确的预览网格，且速度较快。

预览面数： 指定代理物体的预览面数，面数越多，代理模型越精确。

覆盖现有文件： 勾选后，V-Ray将自动覆盖任何现有且重名的“.vrmesh”文件。

用代理替换对象： 勾选后，代理物体的模型将替代原有的模型。

（2）导出“代理场景”（“.vrscene”文件）

如图4-21所示，选择导出“代理场景”。

文件路径： 单击右侧文件图标，弹出“Select a file”窗口，选择文件“保存位置”，输入“文件名”，并单击“保存”即可确认“代理网格”文件的存储路径。

预览类型： 代理物体的预览方式有“简面”“精细”“点”三种类型。

覆盖现有文件： 勾选后，V-Ray将自动覆盖任何现有且重名的“.vrmesh”文件。

删除路径： 勾选后，“.vrscene”文件中所有资源（材质等）的文件路径都被剥离为文件名。只要所有资源文件移动到相同的文件目录下，“.vrscene”文件的传输就是安全的。

用代理替换对象： 勾选后，代理物体的模型将替代原有的模型。

△ 提示

①“代理网格”（“.vrmesh”文件）不能保存原模型的材质信息，因此导入“代理网格”文件后，需要手动加载材质，否则渲染时会出现材质错误。

②“代理场景”（“.vrscene”文件）可以将整个场景或选中的物体导出，并且可以保存原模型的材质、灯光、几何体等信息，因此渲染时不易出现材质错误，但是材质和几何体不能被再编辑，灯光只能打开或关闭。

只有将多个对象组合为一个“群组”或“组件”，V-Ray才可以将SketchUp模型和“V-Ray灯光”“V-Ray几何体”等一起导出为“.vrscene”文件。

导入“代理物体”和“代理物体”参数详见本书4.3.2和4.3.3小节。

③导出的“.vrmesh”和“.vrscene”文件要保存好，不能删除，否则渲染结果是空的。

“.vrmesh”和“.vrscene”文件可以在计算机中移动位置或修改名称，但是需要在V-Ray代理物体的“参数面板”重新加载文件链接。

V-Ray代理物体的“参数面板”详见本书4.3.3小节。

4.3.2　导入“代理物体”

导入“代理物体”： 将导出的“代理网格”（“.vrmesh”文件）或“代理场景”（“.vrscene”文件）导入SketchUp模型空间中。

操作方法

步骤01　如图4-26所示，在“V-Ray几何体”工具栏中，用鼠标左键单击“导入代理网格或代理场景”工具的图标；或者执行“扩展程序>V-Ray>V-Ray Objects>Import Proxy or V-Ray Scene”菜单指令。

图4-26　“导入代理网格或代理场景”

步骤02　弹出“Import Proxy File”窗口，如图4-27所示，选择所需的“.vrmesh”文件或“.vrscene”文件，并单击“打开”，即可将代理物体文件导入SketchUp模型空间中，如图4-28所示。

如图4-29所示，由于代理网格”（“.vrmesh”文件）不能保存原模型的材质信息，导入“代理网格”后，渲染结果中会出现材质错误。

如图4-30所示，由于“代理场景”（“.vrscene”文件）可以将整个场景或选中的物体导出，并且可以保存原模型的材质、灯光、几何体等信息，因此渲染时不易出现材质错误。

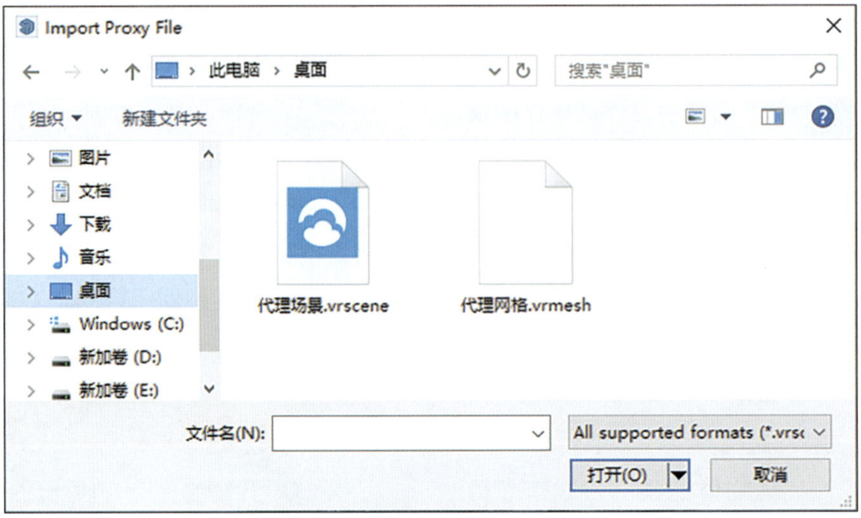

图4-27 “Import Proxy File”窗口

图4-28 导入“代理物体”

图4-29 “代理网格”渲染结果

图4-30 “代理场景”渲染结果

△ 提示

导入“代理网格”后，由于原模型材质的丢失，需要手动指定“代理网格”的材质，较为复杂。

为了简化该方法，可以将导出“代理网格”后的预览模型存储为“.skp”模型文件，该文件存储了原模型的材质。在其他场景中使用该“代理物体”文件时，可直接导入“.skp”模型文件，无需重新加载材质。注意前提是导出的“.vrmesh”和“.vrscene”文件要保存好，不能删除，否则渲染结果是空的。

“.vrmesh”和“.vrscene”文件可以在计算机中移动位置或修改名称，但是需要在V-Ray代理物体的“参数面板”重新加载文件链接。

V-Ray代理物体的“参数面板”详见本书4.3.3小节。

4.3.3 “代理物体”参数

“代理物体”参数：“代理网格”参数和“代理场景”参数不尽相同，如图4-31和图4-32所示。

参数面板中的“数值”“数值滑杆”“贴图框”操作方法详见本书2.1.2.5小节“参数面板通用操作”。

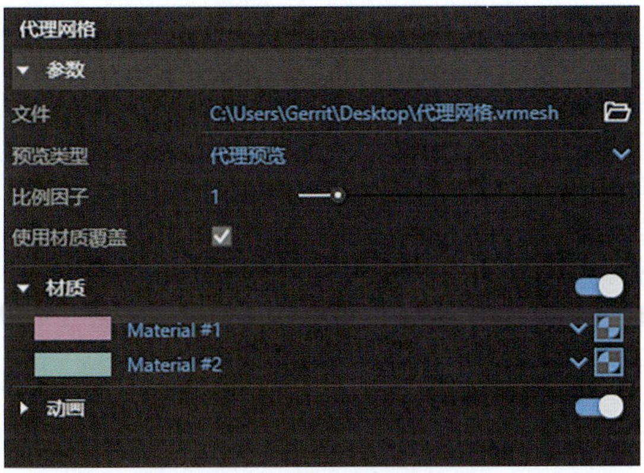

图4-31　“代理网格”参数

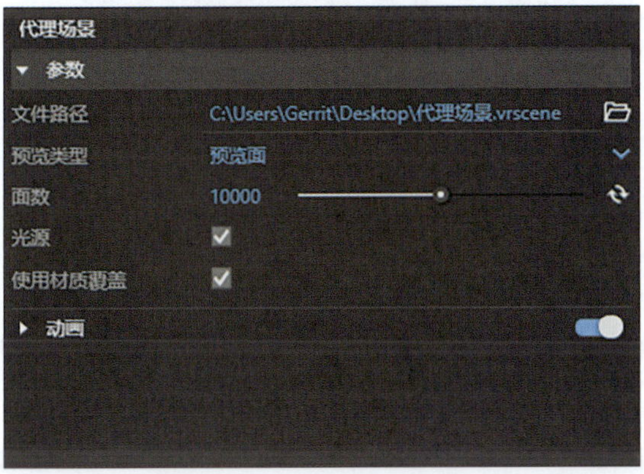

图4-32　“代理场景”参数

4.3.3.1　“代理网格”参数

“代理网格”参数：“代理网格”参数包括文件、预览类型、比例因子、使用材质覆盖、材质、动画等内容，如图4-31所示。

① **文件：**显示被加载的“.vrmesh”文件在计算机中的位置，单击图标可以重新加载文件。

如果被加载的“.vrmesh”文件在计算机中被重命名、移动或者删除，均会使文件链接断裂，文件加载失败，并导致渲染错误。如果文件链接断裂，则需要重新加载“.vrmesh”文件。

② **预览类型：**“.vrmesh”文件的预览模式，不影响渲染结果，有“预览面”“所有面”“边界框”“点（原点）”“自定义预览”五种类型。

“预览面”——预览代理网格的一部分，其中隐藏了一些面，如图4-33所示。

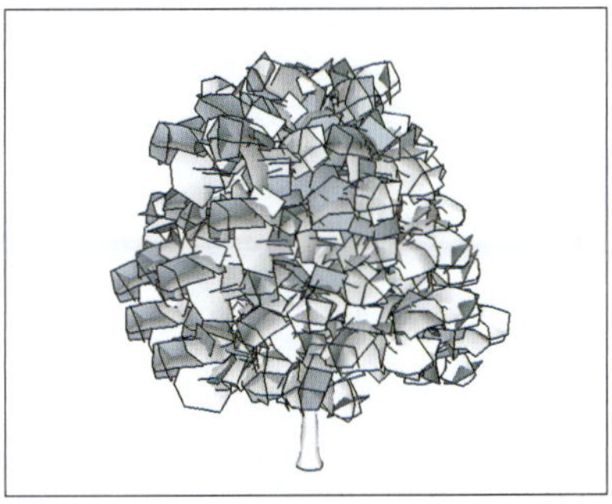

图4-33　“预览面”

“所有面”——预览整个代理网格，该模式会给系统带来较大的压力。

“边界框”——预览显示为边界框，如图4-34所示。

图4-34　“边界框”

“点（原点）”——将网格预览为具有自己的原点和轴指示符的边界框轮廓，如图4-35所示。

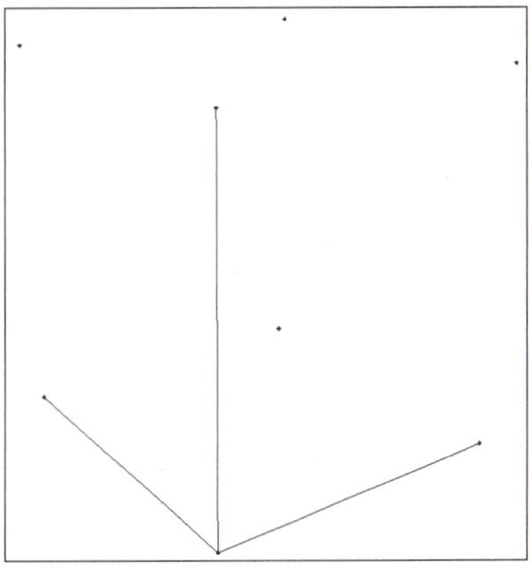

图4-35　“点（原点）”

“自定义预览”——此选项允许在不影响或不更新预览几何图形的情况下更改代理文件。

③ **比例因子：** 导入的“代理物体”模型的缩放倍数。

④ **使用材质覆盖：** 勾选后，“渲染设置”系统中的“材质覆盖”选项会覆盖“.vrmesh”文件的材质；取消勾选后，“.vrmesh”文件的材质不会被“渲染设置”系统中的“材质覆盖”选项覆盖。

⑤ **材质：** 开启“材质”后，将使用下方列表中的颜色或材质来渲染代理物体。

⑥ **动画：** 打开或关闭动画。本书不涉及动画渲染，该选项不做详细解释。

4.3.3.2 “代理场景”参数

“代理场景”参数：“代理场景”参数包括文件路径、预览类型、面数、光源、使用材质覆盖、动画等内容，如图4-32所示。

① **文件路径：** 显示被加载的“.vrscene”文件在计算机中的位置，单击图标（ ）可以重新加载文件。

如果被加载的“.vrscene”文件在计算机中被重命名、移动或者删除，均会使文件链接断裂，文件加载失败，并导致渲染错误。如果文件链接断裂，则需要重新加载“.vrscene”文件。

② **预览类型：**“.vrscene”文件的预览模式，与“.vrmesh”文件的预览模式相同。

③ **面数：** 选择“预览面”的预览类型时，可以设置预览的面数。

④ **光源：** 勾选后，导入的“.vrscene”文件中的灯光将照亮当前场景，如图4-36所示；取消勾选后，导入的“.vrscene”文件中的灯光不会对当前场景产生影响，如图4-37所示。

图4-36 勾选“光源”

图4-37 不勾选“光源”

> **提示**
>
> 调整光源的前提是，导出的“.vrscene”文件中包含原模型的“V-Ray灯光”。

⑤ **使用材质覆盖：** 勾选后，“渲染设置”系统中的“材质覆盖”选项会覆盖“.vrmesh”文件的材质；取消勾选后，“.vrmesh”文件的材质不会被“渲染设置”系统中的“材质覆盖”选项覆盖。

⑥ **动画：** 打开或关闭动画。本书不涉及动画渲染，该选项不做详细解释。

4.3.4 “代理物体”删除

“代理物体”删除： 删除SketchUp中的代理物体。

操作方法

（1）在SketchUp中删除V-Ray代理物体

步骤 01 在SketchUp模型中，使用“选择”工具，选择需要被删除的一个或多个“代理物体”。

步骤 02　在SketchUp模型中，执行“删除”工具指令，即可在SketchUp模型空间中删除被选中的“代理物体”。

（2）在V-Ray几何体列表中删除V-Ray代理物体

步骤 01　在V-Ray几何体列表中，选择一个或多个需要删除的“代理物体”。

步骤 02　用鼠标右键单击“代理物体名称”部分，在右键菜单中选择“删除”；或者在几何体列表底部单击“Delete assets”的图标（ ）。

步骤 03　弹出“Delete assets”对话框，“Permanently delete the selected assets?”意为“永久删除被选中的资源？”。

选择“Delete”，即可删除被选中的几何体；选择“Cancel”，可取消删除。

> △ 提示
>
> ①在SketchUp模型空间中删除“代理物体”，不会删除“V-Ray几何体列表”中的“代理物体”。
>
> ②在“V-Ray几何体列表”中删除“代理物体”，会同时删除该“代理物体”在SketchUp模型空间中的所有个体。

4.4　毛发

毛发/Fur： V-Ray中的毛发是指一个非常简单的程序毛发，可以在渲染时模拟草地或纺织纤维。

4.4.1　“毛发”创建

“毛发”创建： 给SketchUp中的模型添加“毛发”网格，使模型的正面在渲染时出现毛发。

> △ 提示
>
> 只有SketchUp模型空间中的“群组”或“组件”才可以添加“毛发”。
>
> 模型的反面在渲染时不会出现毛发。

操作方法： 在SketchUp中创建“无限平面”

步骤 01　如图4-38所示，在SketchUp模型空间中选择需要生成毛发的“群组”或“组件”。

步骤 02　如图4-39所示，在“V-Ray几何体”工具栏中，用鼠标左键单击“毛发”工具的图标；或者执行“扩展程序>V-Ray>V-Ray Objects>Add Fur to Selection”菜单指令，即可完成毛发几何体的创建，SketchUp模型上出现“毛发”几何体的网格，如图4-40所示。

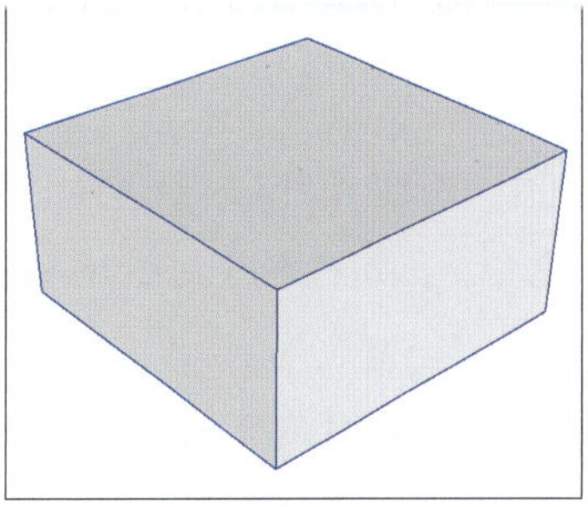

图4-38　选择“群组”或“组件”

图4-39　“毛发”图标

同时，在V-Ray资源编辑器的几何体列表中，同步出现一个新的“毛发”，如图4-41所示。

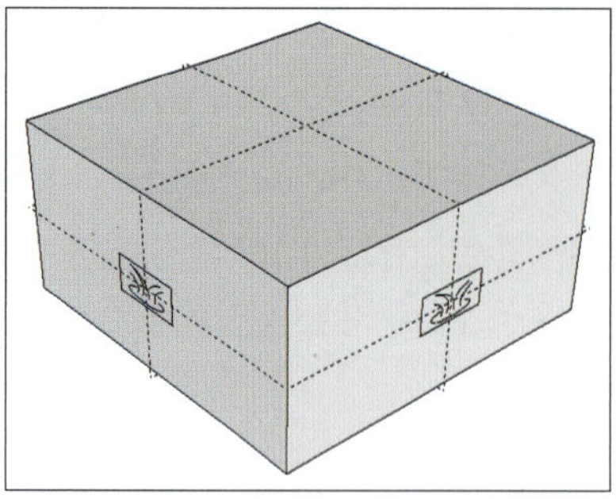

图4-40　添加“毛发”网格

图4-41　V-Ray几何体列表

4.4.2　“毛发”删除

“毛发”删除： 删除已经创建的“毛发”网格。

操作方法

（1）在SketchUp中删除V-Ray毛发

步骤 01　在SketchUp模型中，使用“选择”工具，在需要被删除毛发的“群组”或“组件”上双击鼠标左键，进入“群组”或“组件”内部。

步骤 02　单击鼠标左键，即可选中“毛发”插件的网格。

步骤 03　在SketchUp模型中，执行“删除”工具指令，即可在SketchUp模型空间中删除被选中的“毛发”。

（2）在V-Ray几何体列表中删除V-Ray毛发

步骤 01　在V-Ray几何体列表中，选择一个或多个需要删除的“毛发”。

步骤 02　用鼠标右键单击“毛发名称”部分，在右键菜单中选择“删除”；或者在几何体列表底部单击“Delete assets”的图标（ ）。

步骤 03　弹出“Delete assets”对话框，“Permanently delete the selected assets?”意为“永久删除被选中的资源？”。

选择“Delete”，即可删除被选中的几何体；选择“Cancel”，可取消删除。

> **△ 提示**
>
> ① 在SketchUp模型空间中删除“几何体”网格，不会删除“V-Ray几何体列表”中的“几何体”。
>
> ② 在“V-Ray几何体列表”中删除“几何体”，会同时删除该“几何体”在SketchUp模型空间中的所有“几何体”网格，但不会删除原来的SketchUp模型。
>
> ③ 在SketchUp模型空间中删除原来的SketchUp模型，会同时删除该模型上的“几何体”网格。

4.4.3　“毛发”开关

“毛发”开关： 打开或关闭“毛发”的渲染效果。

操作方法

方法 01　如图4-42所示，用鼠标左键单击“毛发开关”的按钮（ ），即可打开或关闭“毛发”。

图4-42　“毛发”参数面板

方法 02　如图4-43所示，在几何体列表中，用鼠标左键单击毛发图标，即可“打开”（亮显）或“关闭”（暗灰）“毛发”。

图4-43　几何体列表

4.4.4　“毛发”参数

“毛发”参数：“毛发”参数包括分布、长度、方差、弯曲、细分级别、材质等内容，如

图4-44所示。

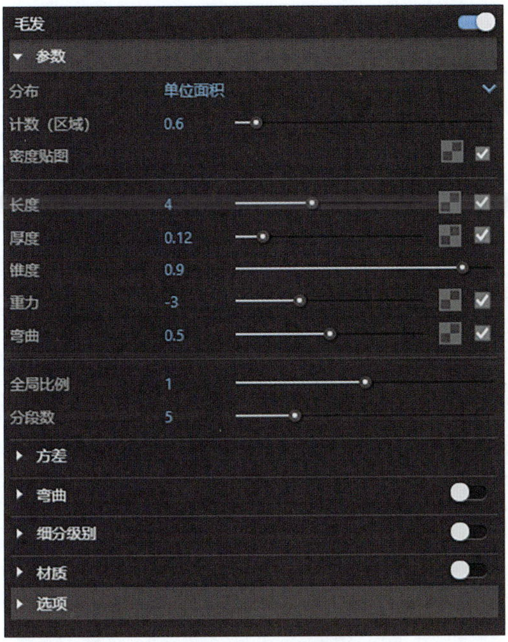

图4-44　“毛发”参数

参数面板中的“数值+数值滑杆+数值贴图框”操作方法详见本书2.1.2.5小节“参数面板通用操作”。

① **分布**：指定毛发分布的模式，有“单位面积”和“每面”两种类型。

“单位面积”——表面的毛发数量取决于该面的大小，面积越小，代表毛发数量越少。

“每面”——每个面都会生成同样数量的毛发。

② **计数（区域）**：单位面积的毛发数量，数值越大，代表毛发数量越多，如图4-45和图4-46所示。

图4-45　计数0.6

图4-46　计数9.6

③ **密度贴图**：在“密度贴图框”中添加一张图片，图片的灰度信息可以控制“计数（区域）”的“倍数”，黑色部分表示“0倍”（无数值），白色部分表示“1倍”（正常数值），黑色和白色之间部分表示渐变过渡。

④ **长度**：毛发的长度，如图4-47和图4-48所示。

图4-47　长度2

图4-48　长度6

⑤ **厚度**：毛发的粗细，如图4-49和图4-50所示。

⑥ **锥度**：毛发上端的尖锐程度，如图4-51和图4-52所示。

⑦ **重力**：控制沿Z轴方向向下拉动毛发的

力，如图4-53和图4-54所示。

⑧ **弯曲：**毛发的弹性。数值为0时，代表毛发是僵直的；数值越大，代表毛发越弯曲，如图4-55和图4-56所示。

⑨ **全局比例：**毛发的比例大小，如图4-57和图4-58所示。

⑩ **分段数：**毛发的段数。数值越大，代表毛发越精细，如图4-59和图4-60所示。

图4-49　厚度0.6

图4-50　厚度4.8

图4-51　锥度0.1

图4-52　锥度1

图4-53　重力6

图4-54　重力0

图4-55　弯曲0

图4-56　弯曲1

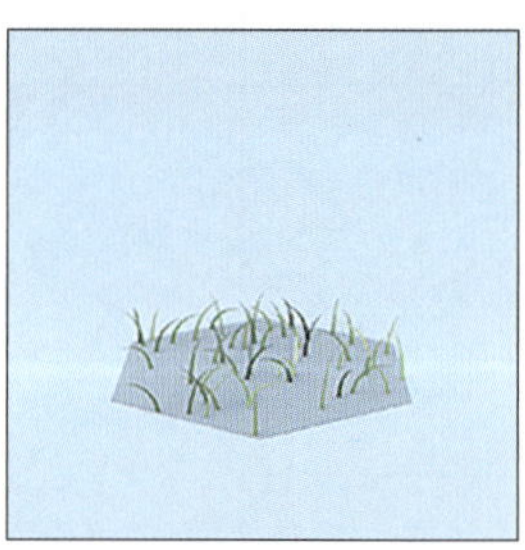
图4-57　全局比例0.5

图4-58　全局比例2

图4-59　分段数3

图4-60　分段数7

⑪ **方差：**表示各个参数的随机程度，数值越大，代表参数的随机程度越大。

如图4-61所示，“方差”参数面板包括“方向”“长度”“厚度”“重力”“弯曲方向贴图”“初始方向贴图”等参数。

“方向”——毛发生长方向的随机程度，数值越大，代表毛发生长方向的差异性越大。

“长度”——毛发长度的随机程度，数值越大，代表毛发长度的差异性越大。

“厚度”——毛发粗细的随机程度，数值越大，代表毛发厚度的差异性越大。

“重力”——毛发所受重力的随机程度，数值越大，代表毛发所受重力的差异性越大。

“弯曲方向贴图”——使用“贴图框”中的图片颜色信息，指定毛发的弯曲方向。红色部分的毛发沿着U方向偏移；绿色部分的毛发沿着V方向偏移；蓝色部分的毛发沿着曲面法线方向偏移。

“初始方向贴图”——使用“贴图框”中的图片颜色信息，指定毛发的初始生长方向。红色部分的毛发沿着U方向生长；绿色部分的毛发沿着V方向生长；蓝色部分的毛发沿着曲面法线方向生长。

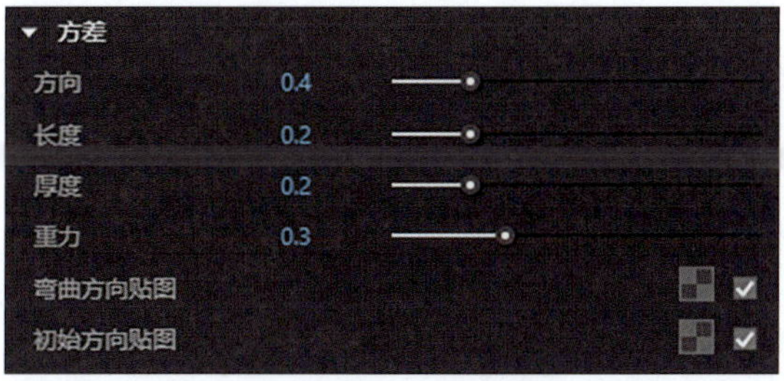

图4-61　“方差”参数

⑫ 弯曲：即“卷曲”，默认关闭，开启“弯曲”后，为毛发添加卷曲效果。

如图4-62所示，“弯曲”参数面板包括“弯曲半径”“弯曲半径变异”“弯曲数”“弯曲贴图”等参数。

“弯曲半径”——指定单个毛发卷曲的半径。

“弯曲半径变化”——弯曲半径的随机度，数值越大，代表毛发弯曲半径的差异性越大。

“弯曲数”——毛发卷曲的数量，数值越大，代表毛发越卷曲。

“弯曲贴图”——使用“贴图框”中的图片灰度信息控制“弯曲数”的“倍数”，黑色部分表示“0倍”（无数值），白色部分表示“1倍”（正常数值），黑色和白色之间部分表示渐变过渡。

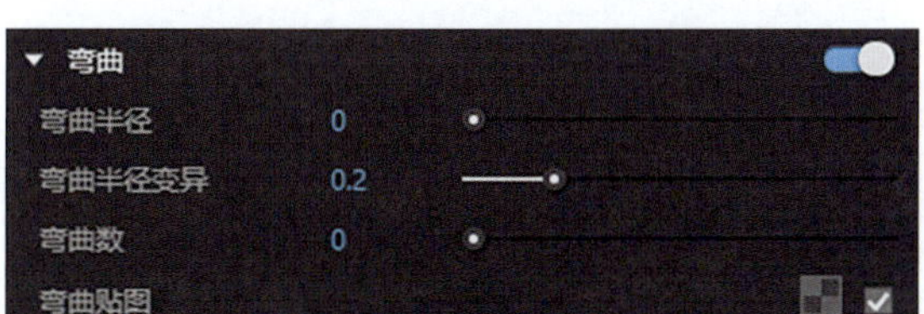

图4-62　“弯曲”参数

⑬ 细分级别：默认关闭，开启“细分级别”后，距离相机较远的部分生成较少的毛发，通过降低毛发的密度并且增加毛发的厚度实现。

如图4-63所示，“细分级别”参数面板包括“开始距离”和“比例”两个参数。

“开始距离”——指定与相机距离多少时，开始降低毛发密度。

“比率”——降低毛发密度的速率（程度）。

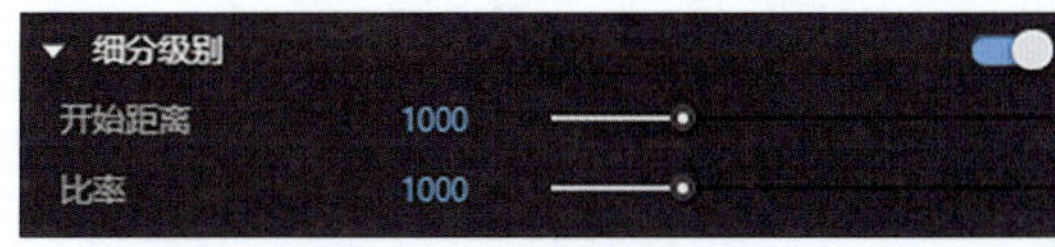

图4-63　“细分级别”参数

⑭ “材质”：“毛发”网格的材质，如图4-64所示。

关闭“材质”时，V-Ray毛发使用SketchUp模型的正面材质进行渲染。

开启“材质”时，可以在材质下拉列表选择V-Ray材质列表中的材质，来指定V-Ray毛发网格在渲染时的材质。

“材质”相关内容详见本书第3章“V-Ray材质系统”。

图4-64　“材质”参数

4.4.5　“毛发”选项

重力方向：手动调整毛发所受重力的方向，如图4-65所示，三个数值分别表示“X”（红轴）、“Y”（绿轴）、“Z”（蓝轴）方向。

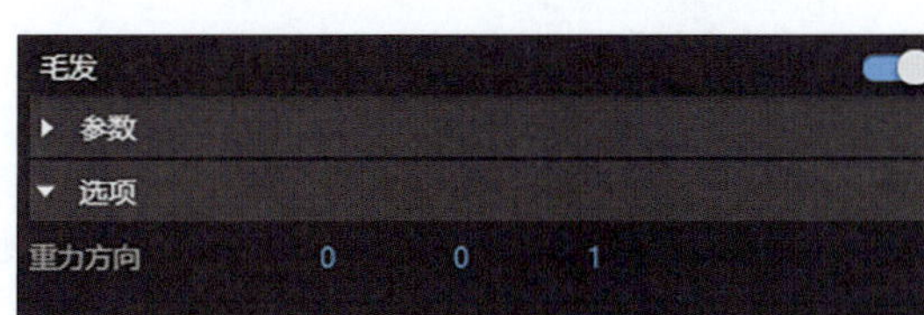

图4-65　“重力方向”

4.5 剪切网格

剪切网格/Clipper：一个虚拟的几何网格，可以用来剪裁部分场景。

“剪切网格”工具可以将SketchUp模型空间中的“群组”或“组件”转变成剪切工具，用以剪切其他接触到的物体。

使用SketchUp中的“剖切面”工具创建剖切面，等同于将一个“平面群组”或“平面组件”转换为“剪切网格”。

4.5.1 “剪切网格”创建

“剪切网格”创建：给SketchUp中的模型添加“剪切网格”，使该模型成为剪切工具，可以剪切其他接触到的物体。

> △ 提示
>
> 只有SketchUp模型空间中的“群组”或“组件”才可以添加“剪切网格”。
>
> 使用SketchUp中的“剖切面”工具创建剖切面，等同于将一个“平面群组”或“平面组件”转换为“剪切网格”。

操作方法：在SketchUp中创建“剪切网格”

方法 01 如图4-66所示，在SketchUp模型中，有一个正方体“群组”和一个圆柱“群组”，两个群组相互交叉。

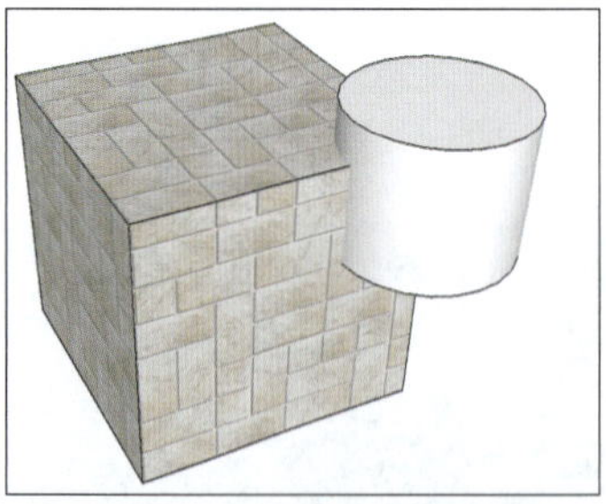

图4-66 正方体“群组”和圆柱“群组”

步骤 01 在SketchUp模型空间中选择需要添加“剪切网格”的“群组”或“组件”。

如图4-67所示，使用“选择”工具，选择圆柱“群组”。

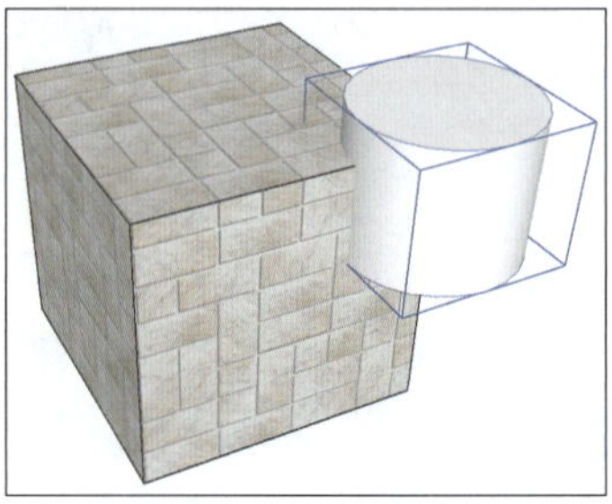

图4-67 选择圆柱“群组”

步骤 02 如图4-68所示，在“V-Ray几何体”工具栏中，用鼠标左键单击“剪切网格”工具的图标；或者执行“扩展程序>V-Ray>V-Ray Objects>Convert to Clipper”菜单指令，即可完成“剪切网格”的创建，SketchUp模型上出现剪切网格，如图4-69所示。

图4-68 “剪切网格”工具图标

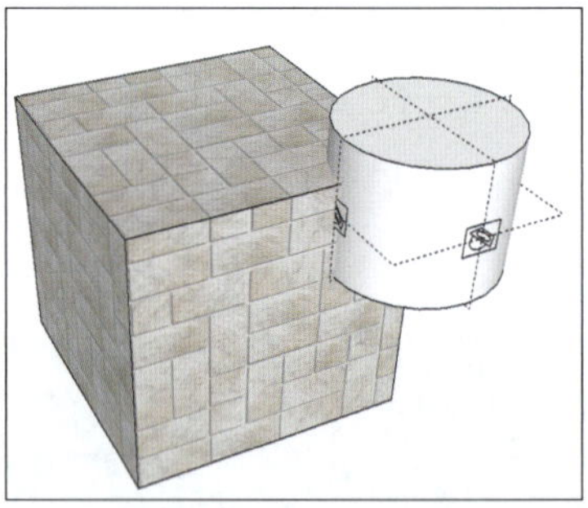

图4-69 添加“剪切网格”

同时，在V-Ray资源编辑器的几何体列表中，同步出现一个新的“剪切网格”，如图4-70所示。

图4-70 V-Ray几何体列表

方法 02　使用SketchUp中的“剖切面”工具，在SketchUp模型空间中创建剖切面，如图4-71所示，即可在V-Ray资源编辑器的几何体列表中，同步出现一个新的“剪切平面”，如图4-72所示。

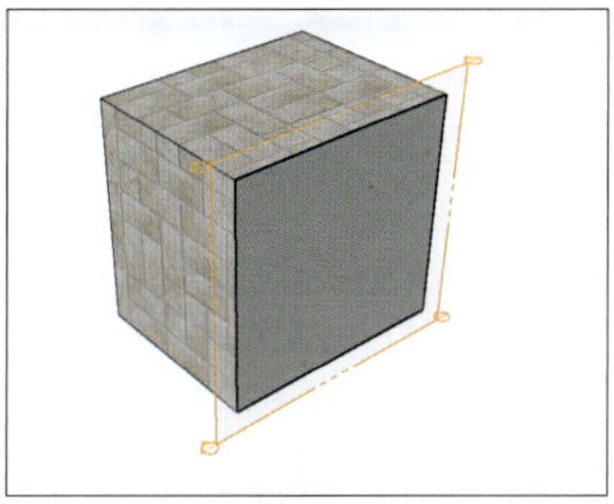

图4-71　“剖切面”工具

图4-72　V-Ray几何体列表

4.5.2　“剪切网格”删除

“剪切网格”删除：删除已经创建的剪切网格。

操作方法

（1）在SketchUp中删除V-Ray剪切网格

步骤 01　在SketchUp模型中，使用“选择”工具，在需要被删除“剪切网格”的“群组”或“组件”上双击鼠标左键，进入“群组”或“组件”内部。

步骤 02　单击鼠标左键，选中“剪切网格”。

步骤 03　在SketchUp模型中，执行“删除”工具指令，即可在SketchUp模型空间中删除被选中的“剪切网格”。

（2）在V-Ray几何体列表中删除V-Ray剪切网格

步骤 01　在V-Ray几何体列表中，选择一个或多个需要删除的“剪切网格”。

步骤 02　用鼠标右键单击“剪切网格名称”部分，在右键菜单中选择“删除”；或者在几何体列表底部单击“Delete assets”的图标（　）。

步骤 03　弹出“Delete assets”对话框，“Permanently delete the selected assets?”意为“永久删除被选中的资源？”。

选择“Delete”，即可删除被选中的几何体；选择“Cancel”，可取消删除。

> △ 提示
>
> ① 在SketchUp模型空间中删除“几何体”网格，不会删除“V-Ray几何体列表”中的“几何体”。
>
> ② 在“V-Ray几何体列表”中删除“几何体”，会同时删除该“几何体”在SketchUp模型空间中的所有“几何体”网格，但不会删除原来的SketchUp模型。
>
> ③ 在SketchUp模型空间中删除原来的SketchUp模型，会同时删除该模型上的“几何体”网格。

4.5.3　“剪切网格”开关

“剪切网格”开关：打开或关闭“剪切网格”的渲染效果。

开启“剪切网格”，则网格可以剪切其他接触到的模型，如图4-73所示。

图4-73　开启“剪切网格”

关闭“剪切网格”，则被添加“剪切网格”的“群组”或“组件”无法被渲染，其他物体不受影响，如图4-74所示。

图4-74 关闭“剪切网格”

操作方法

方法 01 如图4-75所示，用鼠标左键单击“剪切网格开关”的按钮（ ），即可打开或关闭“剪切网格”。

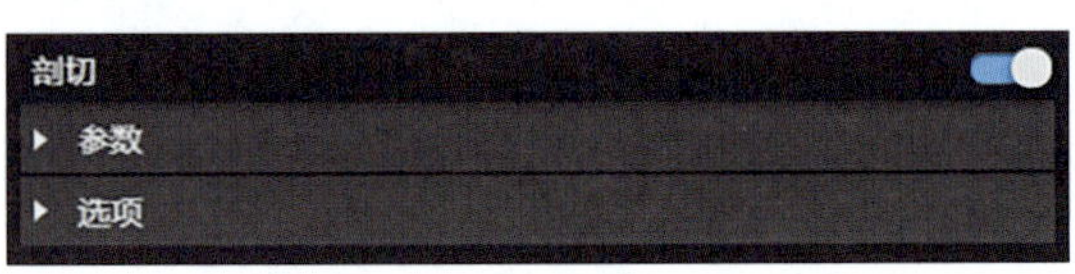

图4-75 “剪切网格”参数面板

方法 02 如图4-76所示，在几何体列表中，用鼠标左键单击剪切网格图标，即可“打开”（亮显）或“关闭”（暗灰）“剪切网格”。

图4-76 V-Ray几何体列表

4.5.4 “剪切网格”参数

“剪切网格”参数：“剪切网格”参数包括模式、剖切面材质、材质等内容，如图4-77所示。

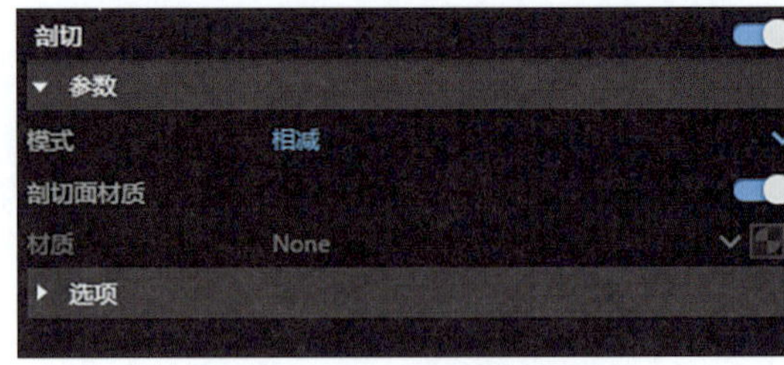

图4-77 “剪切网格”参数面板

① **模式：**切换“剪切网格”切割其他物体的方式，有“相减”和“相交”两种方式。

“相减”——减去“剪切网格”内部的模型，保留“剪切网格”外部的物体，如图4-78所示。

图4-78 “相减”模式

“相交”——减去“剪切网格”外部的模型，保留“剪切网格”内部的物体，如图4-79所示。

图4-79 “相交”模式

② **剖切面材质：** 是否填充剖切面。

开启后，“剖切面”自动填充，如图4-80所示。

图4-80　自动填充“剖切面”

关闭后，“剖切面”无填充，显示出剪切的洞口，如图4-81所示。

图4-81　不填充“剖切面”

③ **材质：** 指定填充“剖切面”的材质。关闭“剖切面材质”后，可以在材质下拉列表选择V-Ray材质列表中的材质，来指定填充“剖切面”的材质，如图4-82所示。

“材质”相关内容详见本书第3章“V-Ray材质系统”。

图4-82　红砖材质填充“剖切面”

4.5.5　“剪切网格”选项

“剪切网格”选项：“剪切网格”选项面板包括影响灯光、仅相机光线、剪辑灯光几何体等参数，如图4-83所示。

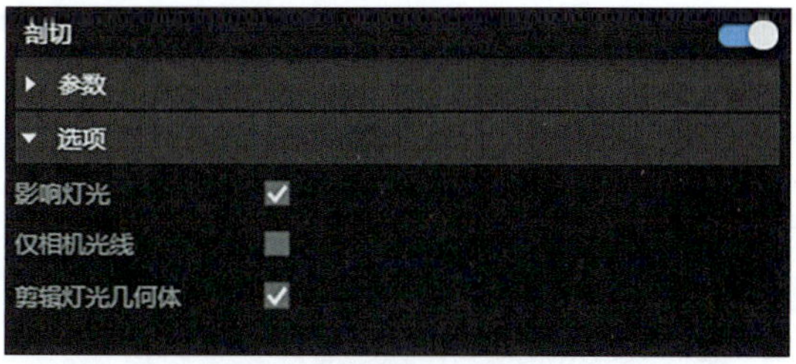

图4-83　“剪切网格”选项

① **影响灯光：** 勾选后，“剪切网格”也会影响照明。

② **仅相机光线：** 勾选后，“剪切网格”会影响到相机直接看到的物体，但在反射、折射、GI射线中保持不变。

③ **剪辑灯光几何体：** 勾选后，“剪切网格”会剪切V-Ray几何体光源（如网格灯）。

4.6 置换

置换/Displacement：“置换”网格是一种无需建模即可在场景中添加细节的渲染方式。

“置换”贴图与“凹凸”贴图非常相似，但是“凹凸”贴图只能改变模型表面的着色效果，而“置换”网格实际上会修改模型表面。

如图4-84所示，在“鹅卵石”平面上方1cm处有一个水平面，“鹅卵石”没有起伏效果。

图4-84 无“凹凸”并且无“置换”

如图4-85所示，给“鹅卵石”平面添加“凹凸”贴图，则“鹅卵石”有起伏效果，但是不会高于水平面。

图4-85 添加“凹凸”贴图

如图4-86所示，给“鹅卵石”平面添加“置换”网格，则“鹅卵石”不仅有起伏效果，而且可以高于水平面。

图4-86 添加“置换”网格

详细内容见本书3.2.7小节“凹凸”。

4.6.1 “置换”创建

“置换”创建：给SketchUp中的模型添加“置换”网格，使模型的表面在渲染时有高度变化。

> △ 提示
>
> 只有SketchUp模型空间中的“群组”或“组件”才可以添加“置换”。

操作方法：在SketchUp中创建“置换”。

步骤01 如图4-87所示，在SketchUp模型空间中选择需要添加“置换”的“群组”或“组件”。

图4-87 选择“群组”或“组件”

步骤02 如图4-88所示，在“V-Ray几何体”工具栏中，用鼠标左键单击“置换”工具的图标；或者执行“扩展程序>V-Ray>V-Ray Objects>Add Displacement to Selection”菜单指令，即可完成“置换”网格的创建，SketchUp模型上出现“置换”几何体的网格，如图4-89所示。

图4-88 “置换”工具图标

图4-89 添加“置换”网格

同时，在V-Ray资源编辑器的几何体列表中，同步出现一个新的“置换”，如图4-90所示。

图4-90 V-Ray几何体列表

步骤 03　“置换”网格创建完成后，需要在“参数面板”上添加“贴图”并指定参数，才能得到相应的效果。

4.6.2　“置换”删除

“置换”删除： 删除已经创建的“置换”网格。

操作方法

（1）在SketchUp中删除V-Ray置换网格

步骤 01　在SketchUp模型中，使用“选择”工具，在需要被删除“置换”的“群组”或“组件”上双击鼠标左键，进入“群组”或“组件”内部。

步骤 02　单击鼠标左键，即可选中“置换网格”。

步骤 03　在SketchUp模型中，执行“删除”工具指令，即可在SketchUp模型空间中删除被选中的“置换网格”。

（2）在V-Ray几何体列表中删除V-Ray置换网格

步骤 01　在V-Ray几何体列表中，选择一个或多个需要删除的“置换”网格。

步骤 02　用鼠标右键单击“置换名称”部分，在右键菜单中选择“删除”；或者在几何体列表底部单击“Delete assets”的图标（ ）。

步骤 03　弹出“Delete assets”对话框，“Permanently delete the selected assets?”意为“永久删除被选中的资源？”。

选择“Delete”，即可删除被选中的几何体；选择“Cancel”，可取消删除。

△ 提示

① 在SketchUp模型空间中删除“几何体”网格，不会删除“V-Ray几何体列表”中的“几何体”。

② 在“V-Ray几何体列表”中删除“几何体”，会同时删除该“几何体”在SketchUp模型空间中的所有“几何体”网格，但不会删除原来的SketchUp模型。

③ 在SketchUp模型空间中删除原来的SketchUp模型，会同时删除该模型上的“几何体”网格。

4.6.3　“置换”开关

“置换”开关： 打开或关闭“置换”的渲染效果。

操作方法

方法 01　如图4-91所示，用鼠标左键单击“置换开关”的按钮（ ），如图4-91所示，用鼠标左键单击“置换开关”的按钮。

图4-91　“置换”参数面板

方法 02　如图4-92所示，在几何体列表中，用鼠标左键单击置换图标，即可“打开”（亮显）或“关闭”（暗灰）“置换”。

图4-92　几何体列表

4.6.4　“置换”参数

“置换”参数： “置换”参数包括模式/贴图、数量、位移、保持连续性、视图相关、边长、最大细分、分辨率、水平面位置等内容，如图4-93和图4-94所示。

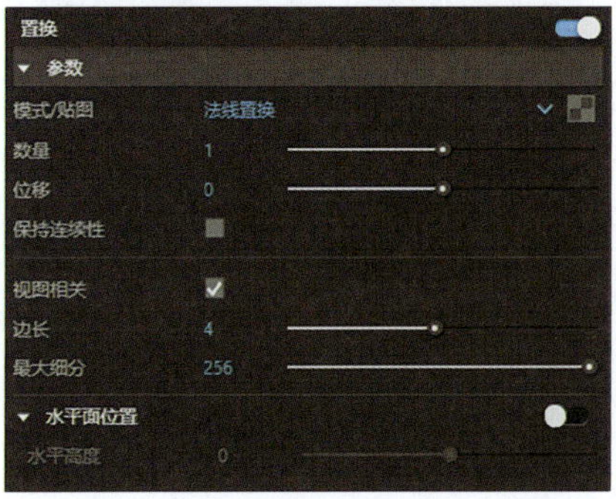

图4-93　“置换”参数（一）

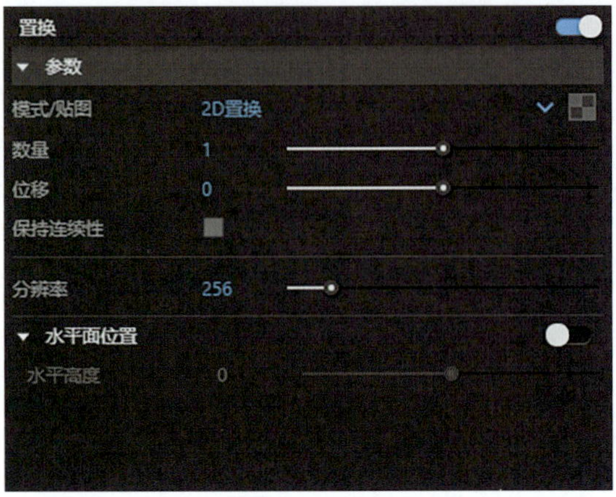

图4-94 “置换”参数（二）

① **模式/贴图：** 指定“置换”的模式，有“法线置换”和“2D置换”两种模式。

“法线置换”——采用原始表面几何并将其三角形细分为更小的子三角形，然后将这些子三角形进行位移（起伏）。

“2D置换”——基于已有的纹理贴图进行置换，该方法可以保留置换贴图中的全部细节。

“贴图”——添加一张“置换贴图”（或“凹凸贴图”），为模型表面的位移提供高度信息，白色部分起伏高，黑色部分起伏低。

② **数量：** 位移（起伏）的量，数值越大，则起伏效果越明显；数值为负数，则模型向内凹陷。

③ **位移：** 沿着法线上下移动“置换”的面，负值表示向下移动，正值表示向上移动，如图4-95~图4-97所示。

图4-95 位移“-10”

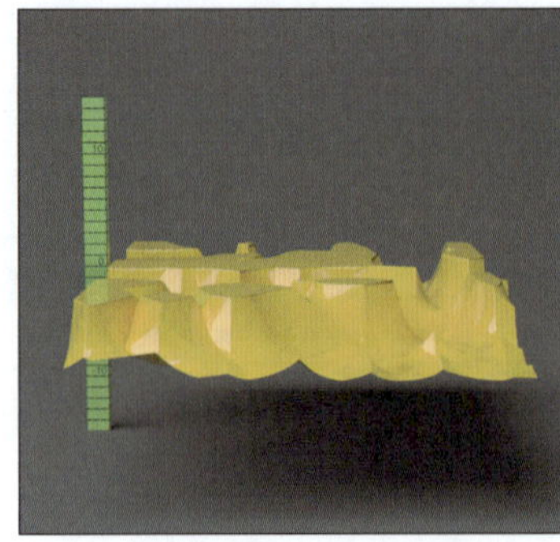

图4-96 位移“0”

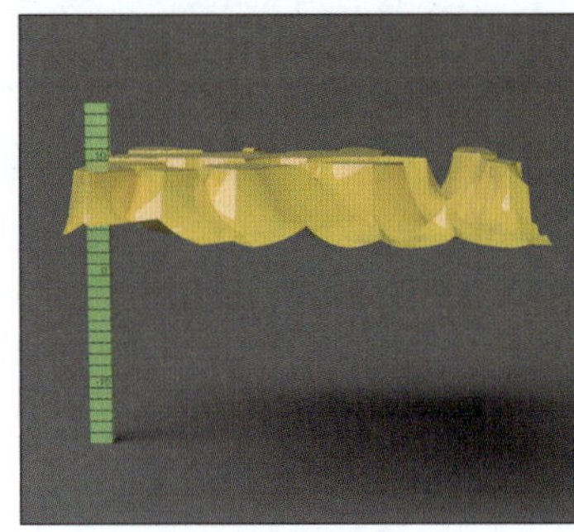

图4-97 位移“10”

④ **保持连续性：** 勾选后，V-Ray会连接生成的表面，如图4-98~图4-100所示。

图4-98 无位移

图4-99 不勾选“保持连续性”

图4-100　勾选“保持连续性”

⑤ **视图相关：**勾选后，“边长”参数以像素为单位确定子三角形的最大边长。

例如，“边长”为“1”，表示生成的网格的最长边（在屏幕上）约1个像素长。

不勾选，则“边长”参数是以世界单位表示子三角形的最大边长。

⑥ **边长：**确定“置换”的质量。数值越大，置换细节越多，但渲染更慢。

⑦ **最大细分：**确定原始表面的每个三角形生成的子三角形的最大数量。

⑧ **分辨率：**确定V-Ray使用的“置换贴图”的分辨率。如果“置换贴图”是位图，则最好将分辨率与“位图”的大小相匹配。

⑨ **水平高度：**确定一个数值（世界单位），低于该数值的几何体将被裁剪，如图4-101~图4-103所示。

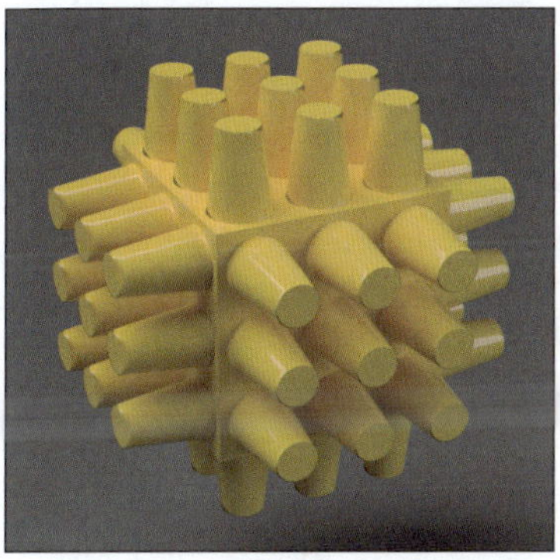

图4-101　水平高度“0”（无裁剪）

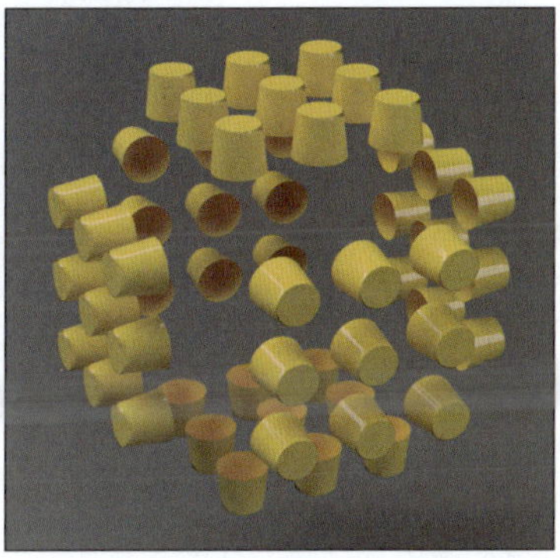

图4-102　水平高度“2.5”

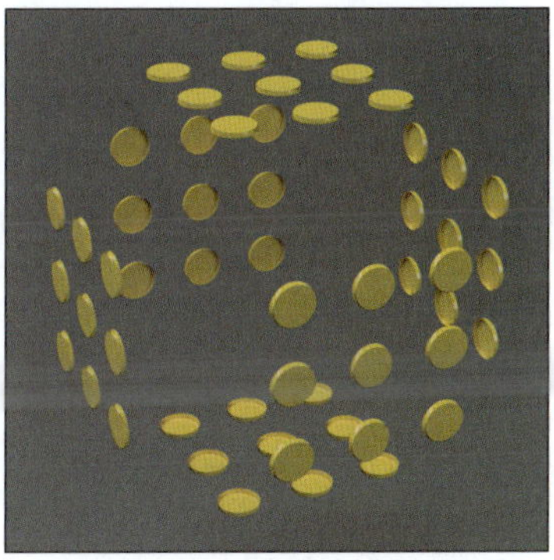

图4-103　水平高度“5.0”

4.7　贴花

贴花/Displacement：V-Ray“贴花”是一个将“材质A”投射到“材质B”上的工具。

将“材质A”（投影材质）放置在“贴花网格”中，可以控制网格的大小、位置等；多个“贴花网格”可以相互叠加。

4.7.1　“贴花”创建

“贴花”创建：在SketchUp模型中添加一个“贴花网格”。

操作方法：在SketchUp中创建“贴花”。

如图4-104所示，SketchUp模型空间中有一堵白墙。

图4-104　白墙

步骤 01　如图4-105所示，在“V-Ray

几何体”工具栏中，用鼠标左键单击“贴花”工具的图标；或者执行“扩展程序>V-Ray>V-Ray Objects>Decal”菜单指令。

图4-105 “贴花”工具图标

步骤 02 在SketchUp模型空间中，单击鼠标左键，确定“贴花网格”第一点。

移动光标，单击鼠标左键，确定“贴花网格”第二点。

再次移动光标，单击鼠标左键，确定“贴花网格”第三点，即可完成“贴花”网格的创建，如图4-106所示，箭头表示材质投影方向。

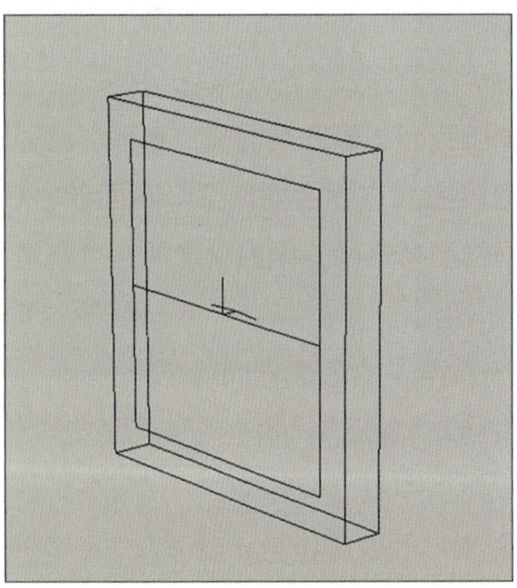

图4-106 添加“贴花”网格

同时，在V-Ray资源编辑器的几何体列表中，同步出现一个新的“贴花”，如图4-107所示。

图4-107 V-Ray几何体列表

步骤 03 打开“贴花”参数面板，如图4-108所示，在“材质”下拉列表选择一个V-Ray材质列表中已有的“材质A”（以墙上的破洞材质为例，“材质”相关内容详见本书第3章“V-Ray材质系统”。

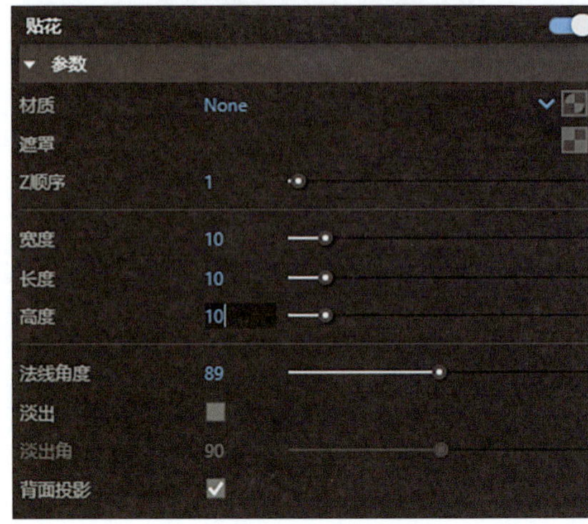

图4-108 “贴花”参数面板

在“贴花”参数面板中选择“投影材质”（材质A）后，即可在墙体上得到“墙洞贴花”，如图4-109所示。

图4-109 “墙洞贴花”渲染效果

4.7.2 “贴花”删除

“贴花”删除： 删除已经创建的“贴花”网格。

操作方法

（1）在SketchUp中删除V-Ray“贴花”网格

步骤 01 在SketchUp模型中，使用“选择”工具，选择需要被删除的一个或多个“贴花”网格。

步骤 02　在SketchUp模型中，执行“删除”工具指令，即可在SketchUp模型空间中删除被选中的“贴花”网格。

（2）在V-Ray几何体列表中删除V-Ray“贴花”网格

步骤 01　在V-Ray几何体列表中，选择一个或多个需要删除的“贴花”网格。

步骤 02　用鼠标右键单击“贴花名称”部分，在右键菜单中选择“删除”；或者在几何体列表底部单击“Delete assets”的图标（ ）。

步骤 03　弹出“Delete assets”对话框，“Permanently delete the selected assets?”意为“永久删除被选中的资源？”。

选择“Delete”，即可删除被选中的几何体；选择“Cancel”，可取消删除。

> △ 提示
>
> ① 在SketchUp模型空间中删除“贴花”网格，不会删除“V-Ray几何体列表”中的“贴花”网格。
>
> ② 在“V-Ray几何体列表”中删除“贴花”网格，会同时删除该“贴花”网格在SketchUp模型空间中的所有个体。

4.7.3　“贴花”开关

“贴花”开关：打开或关闭“贴花”的渲染效果。

操作方法

方法 01　如图4-110所示，用鼠标左键单击“贴花开关”的按钮（ ），即可打开或关闭“贴花”。

图4-110　“贴花”参数面板

方法 02　如图4-111所示，在几何体列表中，用鼠标左键单击贴花图标，即可“打开”（亮显）或“关闭”（暗灰）“贴花”。

图4-111　几何体列表

4.7.4　“贴花”参数

“贴花”参数：“贴花”参数包括材质、遮罩、Z顺序、宽度、长度、高度、法线角度、淡出、淡出角、背影投射等内容，如图4-112所示。

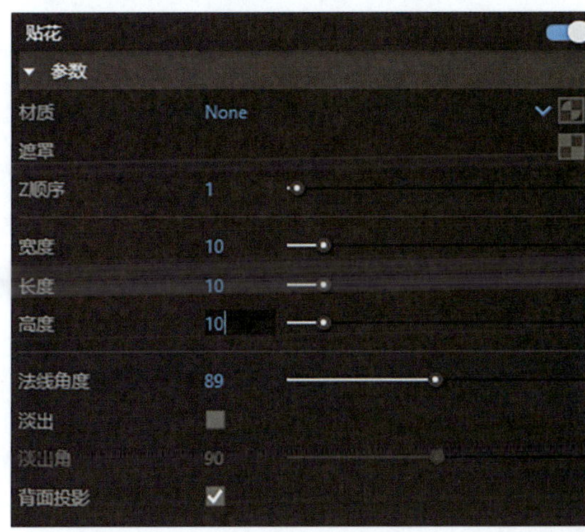

图4-112　“贴花”参数

① **材质：**选择“贴花”网格的投影材质。

② **遮罩：**在“遮罩贴图框”中添加一张图片，图片的灰度信息可以控制“贴花”的透明度，黑色部分表示完全透明，白色部分表示完全不透明，黑色和白色之间部分表示渐变过渡。

③ **Z顺序：**设置当前“贴花”的顺序，以防出现多个重叠贴花。

④ **宽度：**设置“贴花”网格的宽度。

⑤ **长度：**设置“贴花”网格的长度。

⑥ **高度：**设置“贴花”网格的高度。

⑦ **法线角度：**根据目标曲面和投影方向之

间的角度限制贴花效果。

⑧ **淡出：** 勾选后，则启用“淡出角”参数设置。

⑨ **淡出角：** 设置淡出角度的最小值；默认情况下，“淡出角”的值等于“法线角度”的值。

⑩ **背面投影：** 在背面启用投影。

4.8 散布

散布/Scatter： 将一个或多个物体不规则地分布在另一个物体的表面上。

例如，把两棵“树”不规则地分布在“土地”上，如图4-113所示。

图4-113 “散布”渲染效果

4.8.1 “散布”创建

“散布”创建： 给“物体A”添加“散布”网格，并将“物体B/C/D”作为“散布对象”不规则地分布在“物体A”的表面上。

> ⚠ 提示
>
> “物体A”和“散布对象”(物体B/C/D)都必须是“群组”或“组件”。

操作方法

在SketchUp中创建“散布”。

如图4-114所示，SketchUp模型空间中有一个曲面群组(土地)和两棵树(绿树和黄树)。

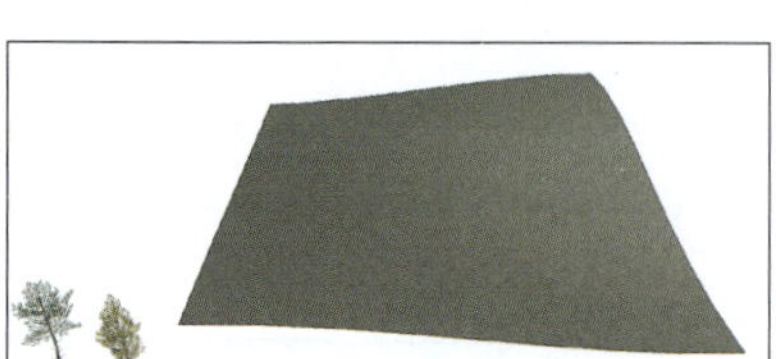

图4-114 一个“曲面”和两棵树

步骤01 使用“选择”工具，选择需要添加“散布”网格的“群组”或“组件”。

如图4-115所示，选择“曲面”群组。

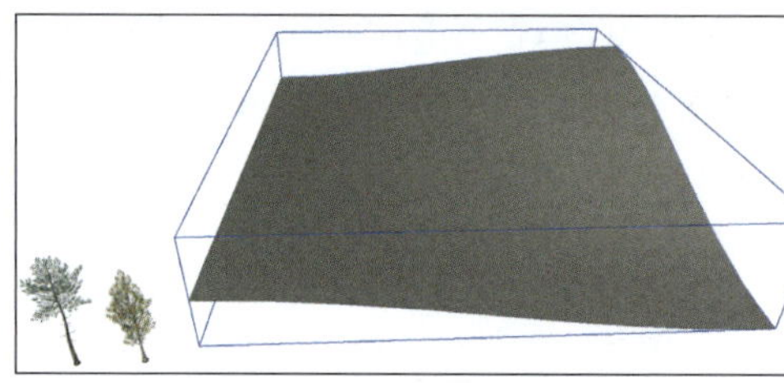

图4-115 选择“曲面”群组

步骤02 如图4-116所示，在“V-Ray几何体”工具栏中，用鼠标左键单击“散布”工具的图标；或者执行“扩展程序>V-Ray>V-Ray Objects>Scatter over Selection”菜单指令，即可完成“散布”网格的创建，SketchUp模型上出现“散布”几何体的网格，如图4-117所示。

图4-116 “散布”工具图标

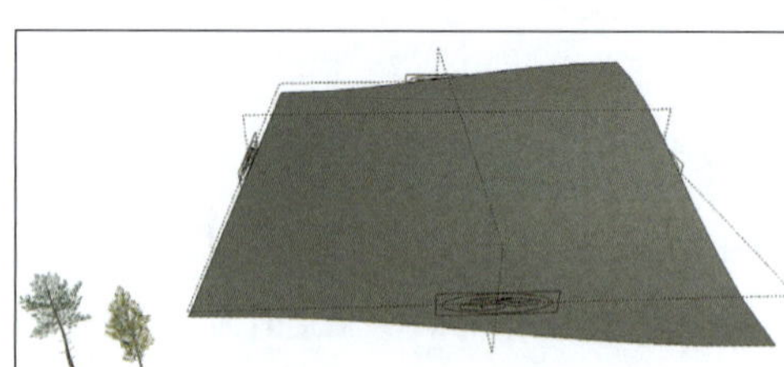

图4-117 创建“散布”网格

同时，在V-Ray资源编辑器的几何体列表中，同步出现一个新的“散布”，如图4-118所示。

图4-118　V-Ray几何体列表

步骤 03　打开“散布”参数面板，如图4-119所示，需要在“添加散步对象”面板上添加“群组”或“组件”。

步骤 04　在SketchUp模型空间中，使用“选择”工具，选中一个或多个“群组”或“组件”(一棵或多棵树)，在“散布”参数面板上单击“添加散步对象”，即可将其添加到面板中，如图4-120所示。

如需删除“散布对象”，单击散布对象右侧的“×”即可。

步骤 05　设置相关参数，即可完成“散布”网格的创建，如图4-121所示。

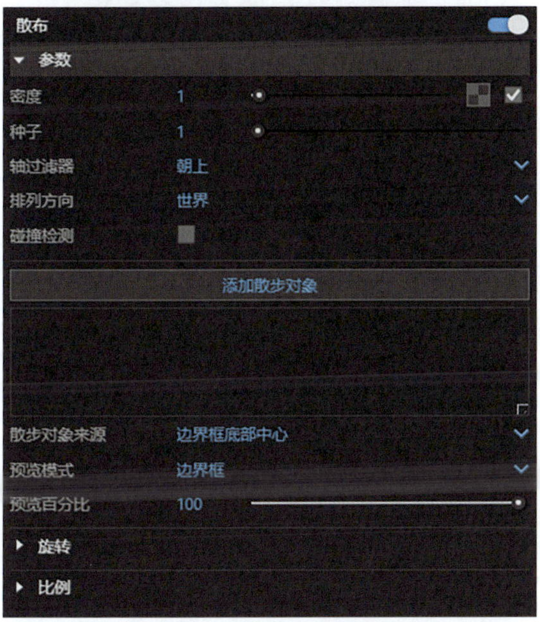

图4-119　“散布”参数面板

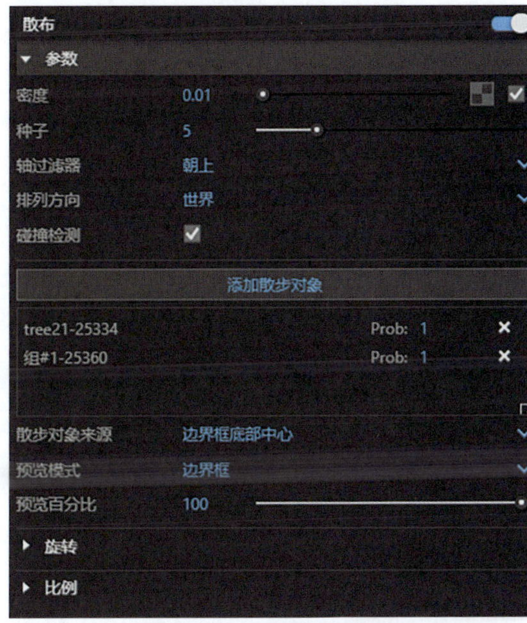

图4-120　“添加散布对象”

图4-121　“散布”渲染效果

4.8.2　“散布”删除

“散布”删除：删除已经创建的“散布”网格。

操作方法

(1)在SketchUp中删除V-Ray散布网格

步骤 01　在SketchUp模型中，使用“选择”工具，在需要被删除“散布”的“群组”或“组件”上双击鼠标左键，进入“群组”或“组件”内部。

步骤 02　单击鼠标左键，即可选中“散布网格”。

步骤 03　在SketchUp模型中，执行“删除”工具指令，即可在SketchUp模型空间中删除被选中的“散布网格”。

(2)在V-Ray几何体列表中删除V-Ray散布网格

步骤 01　在V-Ray几何体列表中，选择一个或多个需要删除的“散布”网格。

步骤 02 用鼠标右键单击“置换名称”部分，在右键菜单中选择“删除”；或者在几何体列表底部单击“Delete assets”的图标（🗑）。

步骤 03 弹出“Delete assets”对话框，“Permanently delete the selected assets?”意为“永久删除被选中的资源？”。

选择“Delete”，即可删除被选中的几何体；选择“Cancel”，可取消删除。

> △ 提示
>
> ① 在SketchUp模型空间中删除“几何体”网格，不会删除“V-Ray几何体列表”中的“几何体”。
>
> ② 在“V-Ray几何体列表”中删除“几何体”，会同时删除该“几何体”在SketchUp模型空间中的所有“几何体”网格，但不会删除原来的SketchUp模型。
>
> ③ 在SketchUp模型空间中删除原来的SketchUp模型，会同时删除该模型上的“几何体”网格。

4.8.3 “散布”开关

“散布”开关：打开或关闭“散布”的渲染效果。

操作方法

方法 01 如图4-122所示，用鼠标左键单击“散布开关”的按钮（ ），即可打开或关闭“散布”。

图4-122 “散布”参数面板

方法 02 如图4-123所示，在几何体列表中，用鼠标左键单击散布图标，即可“打开”（亮显）或“关闭”（暗灰）“散布”。

图4-123 几何体列表

4.8.4 “散布”参数

“散布”参数：“散布”参数包括密度、种子、轴过滤器、排列方向、碰撞检测、添加散步对象、散步对象来源、预览模式、预览百分比、旋转、比例等内容，如图4-124所示。

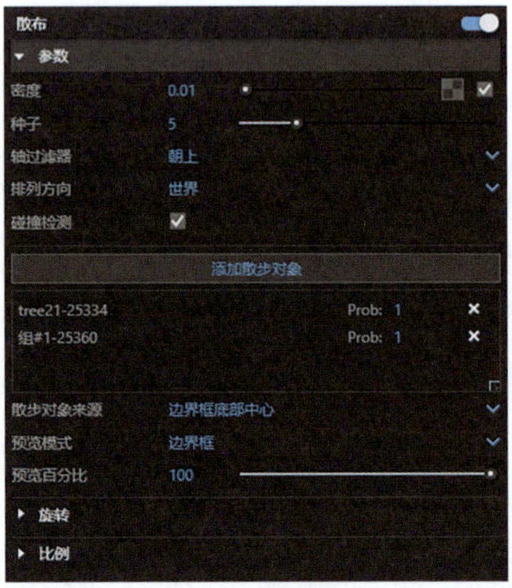

图4-124 “散布”参数

参数面板中的“数值+数值滑杆+数值贴图框”操作方法详见本书2.1.2.5小节“参数面板通用操作”。

① **密度：**每平方米表面的“散步对象”数量，数值越大，表示数量越多。

② **种子：**控制散布的随机种子，更改数值可以获得不同的随机分布情况。

③ **轴过滤器：**指定可以生成散布对象的面，有“朝上”和“所有面”两个类型。

“朝上”——只有向上的面可以生成散布对象，如图4-125所示。

图4-125 “朝上”“世界”

“所有面”——所有的面都可以生成散布对象，如图4-126所示。

图4-126　“所有面”“世界”

④ **排列方向：**散布对象的排列方向，有“世界”和“沿法线”两种类型。

“世界”——所有散布对象都垂直放置，如图4-126所示。

“沿法线”——散布对象垂直于曲面（即沿着曲面法线方向）放置，如图4-127所示。

图4-127　“所有面”“沿法线”

⑤ **碰撞检测：**勾选后，相互重叠的“散布对象”将被删除。

⑥ **添加散步对象：**将被选中的“群组”或“组件”添加到“散布对象”中。

“Prob”——“散布对象”出现的概率，数值越大，表示出现的概率越高。

“×”——删除当前“散布对象”。

⑦ **散布对象来源：**选择“散布对象”的定位方式，有“边界框底部中心”“边界框体积中心”“对象源”三种类型。

“边界框底部中心”——将“散布对象”的“边界框”的底部中心作为定位点进行放置。

“边界框体积中心”——将“散布对象”的“边界框”的体积中心作为定位点进行放置。

“对象源”——将“散布对象”的“边界框”的原点作为定位点进行放置。

⑧ **预览模式：**选择“散布对象”的预览模式，有“无”“点”“边界框”三种类型。

⑨ **预览百分比：**限制SketchUp视口中显示的预览数量。

⑩ **旋转：**“散布对象”旋转的角度，有“随机最小值”和“随机最大值”两个参数，如图4-128所示。

“随机最小值”——“散布对象”旋转的最小角度。

“随机最大值”——“散布对象”旋转的最大角度。

图4-128　“旋转”参数

⑪ **比例：**“散布对象”缩放的比例，有“随机最小值”“随机最大值”“比例倍增器”三个参数，如图4-129所示。

“随机最小值”——“散布对象”缩放的最小比例。

“随机最大值”——“散布对象”缩放的最大比例。

“比例倍增器”——“散布对象”统一缩放的倍数。

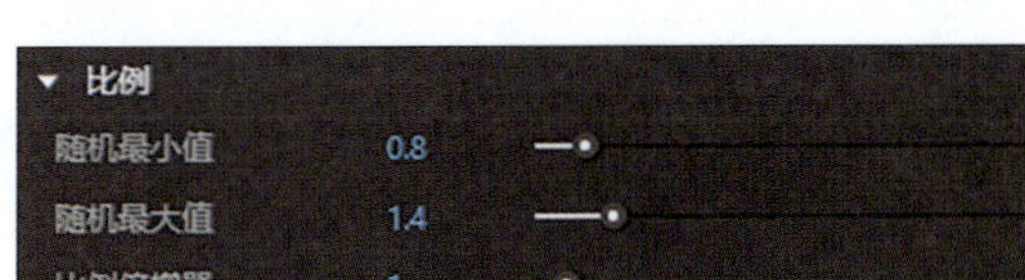

图4-129　“比例”参数

4.8.5 “散布”查看器

“散布”查看器/Scatter Viewer： 开启“散布查看器”后，可以在SketchUp视口中观察到“散布对象”的预览“边界框”。

操作方法

如图4-130所示，在“V-Ray几何体”工具栏中，用鼠标左键单击“散布查看器”工具的图标；或者执行“扩展程序>V-Ray>V-Ray Objects>Scatter Viewer”菜单指令；即可在SketchUp视口中观察到“散布对象”的预览“边界框”，如图4-131所示。

图4-130 “散布查看器”工具图标

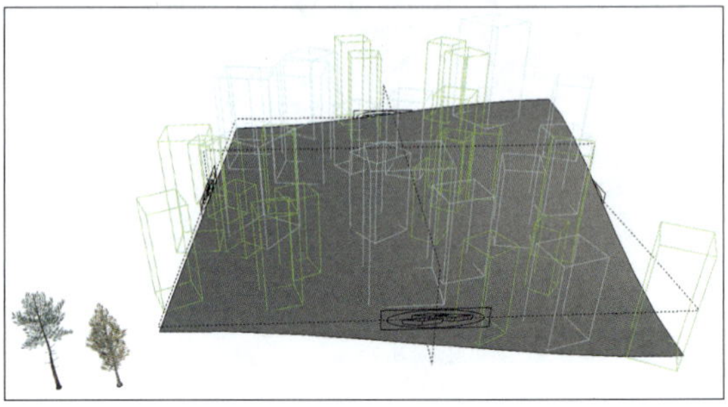

图4-131 开启“散布查看器”

第 5 章　V-Ray for SketchUp 设置系统

5.1 设置系统界面

设置系统： 设置系统是对渲染图像的参数进行控制的面板。

设置系统面板包括“主面板”和“高级选项面板”，“主面板”包括渲染、相机设置、渲染输出、动画、环境、材质覆盖、集群渲染等多个面板，如图5-1所示。

本书仅详细介绍“主面板”中渲染、相机设置、渲染输出、环境、材质覆盖等常用面板。

图5-1　设置系统

5.2 渲染

渲染： 渲染设置面板包括常用渲染功能的开关，如渲染引擎、交互式、渐进式、渲染质量、更新效果、降噪器等，如图5-2所示。

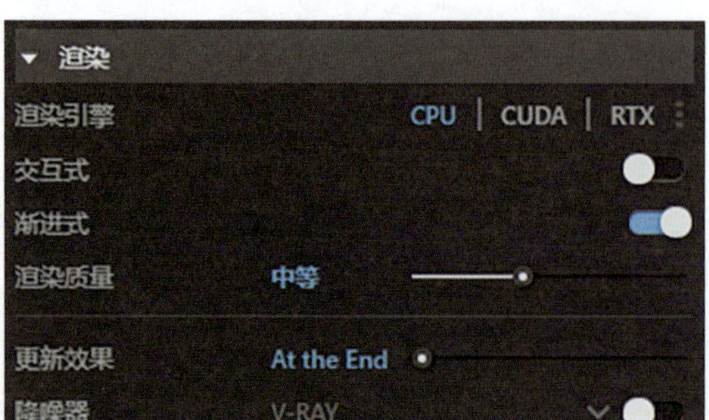

图5-2　“渲染”设置

① **渲染引擎：** 在CPU、CUDA、RTX渲染引擎之间切换。

CPU——中央处理器。

CUDA——使用CPU和NVIDIA GPU混合渲染。

GPU——图形处理器，即显卡。

> **提示**
>
> a. V-Ray CPU和V-Ray GPU引擎的某些计算方式不同，两者的渲染结果非常接近，但并不完全一致。因此，在项目渲染过程中，建议不要中途切换渲染引擎。

b. V-Ray CPU的优点：

ⓐ 支持V-Ray所有的功能；

ⓑ 可以渲染需要占用大量内存的复杂场景。

c. V-Ray GPU的优点：

ⓐ 在处理并行任务（例如光线追踪）时，GPU的性能通常优于CPU设备，GPU的渲染速度更快；

ⓑ一台机器可以承载多个GPU设备，但大多数情况下只有一个CPU。

② **交互式：** 即交互式渲染，每次调整SketchUp场景角度，或者修改各项参数，都可以自动更新渲染图像。

交互式渲染始终使用“渐进式”图像采样模式。

△ 提示

开启“交互式”渲染后，参数面板会发生相应变化。

③ **渐进式：** 切换“渐进式”渲染模式或“块”（传统式）渲染模式。

打开“渐进式”开关，则使用“渐进式”图像采样模式，快速呈现渲染图像，并经过多次迭代，使图像越来越清晰，图像噪点越来越少。

关闭“渐进式”开关，则使用“块”（传统式）图像采样模式，按照一定规律分块渲染图像。

“渐进式”是V-Ray的默认渲染方式，在测试渲染阶段，推荐使用“渐进式”渲染模式，在最终出图阶段，推荐使用传统“块”渲染模式。

④ **渲染质量：** 通过滑块快速调整图像渲染的参数，有“低”“低+”“中等”“中等+”“高质量”“高质量+”6个级别。

如果在右侧“高级选项面板”调整参数，则会自动转变为“自定义质量”。

⑤ **更新效果：** 控制“渐进式”渲染后，降噪器、镜头效果、照明分析等效果更新的规律性。

“At the End”——（最大频率的0%）禁止渐进式效果更新。

“Rapid”——（最大频率的100%）尽可能频繁地进行更新。

“很少”“经常”——介于“At the End”和“Rapid”之间。

⑥ **降噪器：** 启用“降噪器”渲染元素，将图像存在噪点的区域进行平滑，如图5-3所示。

有三种降噪算法，分别是“V-RAY”“英

（a）　　（b）

图5-3　未降噪图像（a）与降噪后图像（b）

伟达AI”“英特尔开放图像”。

“V-RAY”——V-Ray的降噪算法，使用CPU或GPU进行降噪，对所有的渲染元素进行降噪时是一致的。

“英伟达AI”——V-Ray与NVIDIA的基于AI的降噪算法的集成，降噪速度更快，但对渲染元素进行降噪时不一致。

“英特尔开放图像”——V-Ray与英特尔开放图像降噪算法的集成，英特尔开放图像降噪器最适合交互式渲染。

5.3 相机设置

相机设置：控制场景中的物体投影到图像上的方式，包括类型、曝光、景深、效果等内容，如图5-4所示。

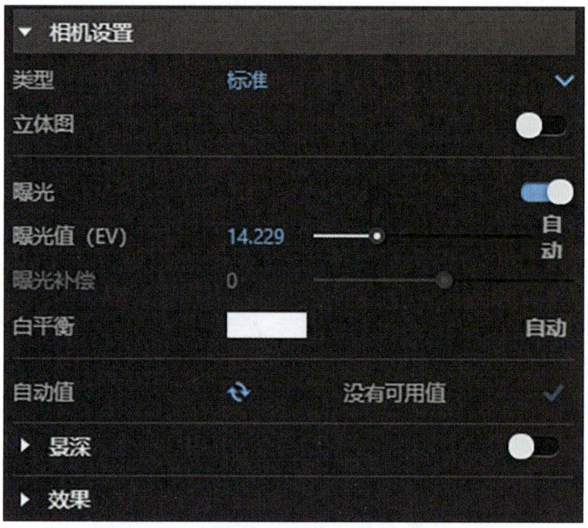

图5-4 “相机设置”

① **类型：**指定相机的类型，有“标准”“VR球形全景”“VR立方体”三种相机类型。

“标准”——常用的标准相机，生成平面图像。

“VR球形全景”——用来生成球形全景图，如图5-5所示。

图5-5 VR球形全景图

“VR立方体”——立方体侧面排列成单行或上下两行的立方体（盒子）相机，开启“立方图”后，可在“渲染输出”面板选择“单行”或“上下”，如图5-6所示。

图5-6 VR立方体图

② **曝光：**是否开启物理相机曝光。

③ **曝光值（EV）：**控制相机对场景照明的敏感度，曝光值越小，场景越亮。

用鼠标左键单击“自动”，可将曝光值调成自动，此时曝光值无法被手动修改。

> △ 提示
>
> “曝光值”的数值滑杆较为特殊，向右移动滑块，表示降低数值。
>
> “曝光值”对场景亮度的影响非常明显，微调数值即可。

④ **曝光补偿：**将“曝光值（EV）”设置为“自动”后，可以调整曝光补偿，用来对自动曝光值进行额外补偿。

单位为“f”，数值为“1.0”，则场景亮2倍；数值为“-1.0”，则场景暗2倍。

⑤ **白平衡：**将场景中具有指定颜色的对象，在图像中渲染为白色。

单击“颜色框”，弹出“颜色选择器”，即

可选择指定的颜色，使该颜色在图像中转变为白色。

单击“自动”，可以自动调整白平衡（图5-7~图5-9）。

图5-7　白平衡“白色”

图5-8　白平衡“蓝色”

图5-9　白平衡“黄色”

⑥ **自动值：**开启“自动曝光值”或“自动白平衡”，并且进行测试渲染，测试完成后。

单击“自动值”图标（　），可以将V-Ray自动调试的参数存储下来。

参数存储后，单击“可用值”图标（　），可以将储存的参数直接应用到“曝光值”或“白平衡”。

⑦ **景深：**指相机获得清晰图像时与被拍摄物体之间的距离，可以得到背景的虚化效果。

如图5-10所示，“景深”参数面板包括散焦、焦点来源、焦距等参数。

“散焦”——图像在“拾取焦点”工具指定的平面之外的清晰度或散焦程度。

“焦点来源”——选择确定相机焦点的来源，有“固定距离”“相机目标”“固定焦点”三种类型。

“固定距离”——以“焦距”作为相机焦点的固定距离。

“相机目标”——渲染开始前自动计算焦距，等于相机位置和目标之间的距离。

“固定焦点”——渲染开始前自动计算焦距，等于相机位置和焦点之间的距离。

“焦点选择器”——用鼠标左键单击（　），可以在SketchUp视口中任一位置单击鼠标左键来确定焦点所在的位置。

“焦距”——设置相机与焦点之间的距离，可以影响相机的景深效果。

图5-10　“景深”参数面板

⑧ **效果：**给图像添加一些真实的镜头效果，包括渐晕、垂直镜头倾斜等，如图5-11所示。

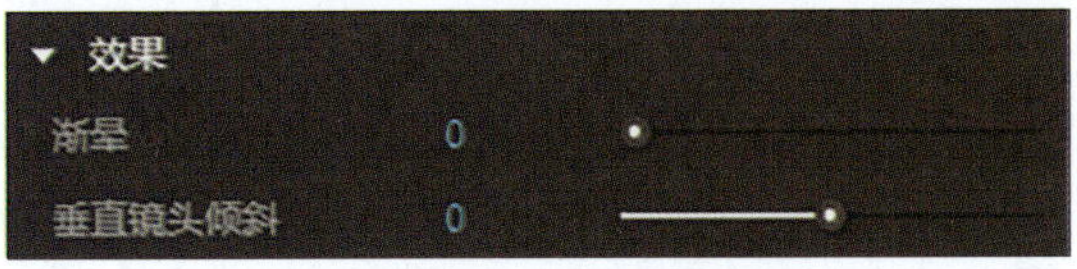

图5-11　“效果”参数面板

“渐晕”——将图像边缘的亮度降低，如图5-12和图5-13所示。

“垂直镜头倾斜”——模拟相机的垂直倾斜，可以进行透视校正或者实现两点透视效果。

图5-12　渐晕“0”

图5-13　渐晕“1”

5.4　渲染输出

渲染输出： 设置渲染图像的比例、大小、文件格式等图像输出参数，如图5-14所示。

图5-14　“渲染输出”面板

① **渲染安全框：** SketchUp视口和渲染图像的大小比例不完全一致，因此需要打开“安全框”，确定渲染区域。

如图5-15所示，开启安全框后，SketchUp视口中出现两个黑框，被黑框覆盖的区域不会被渲染。

图5-15　开启“渲染安全框”

② **图像宽度/高度：** 指定渲染图像的宽度和高度，单位是“像素”。

③ **长宽比：** 指定渲染图像的宽度和高度的比例，有“常见比例”“匹配视口”“自定义”三种类型，如图5-16所示。

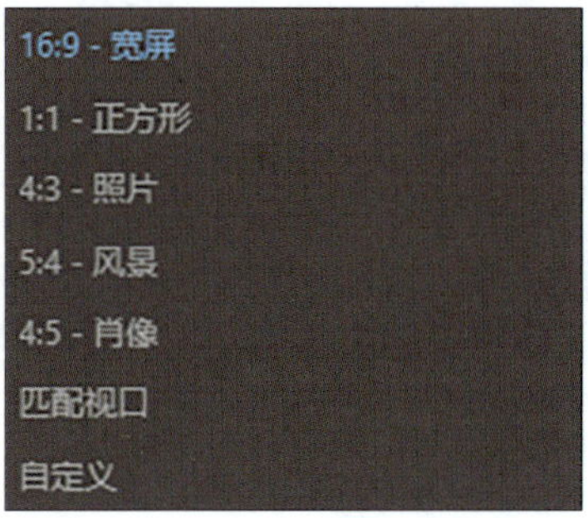

图5-16　“长宽比”

“匹配视口”——将渲染图像的比例和SketchUp视口保持一致，此时禁止使用“渲染安全框”，并且参数面板发生变化，如图5-17所示。

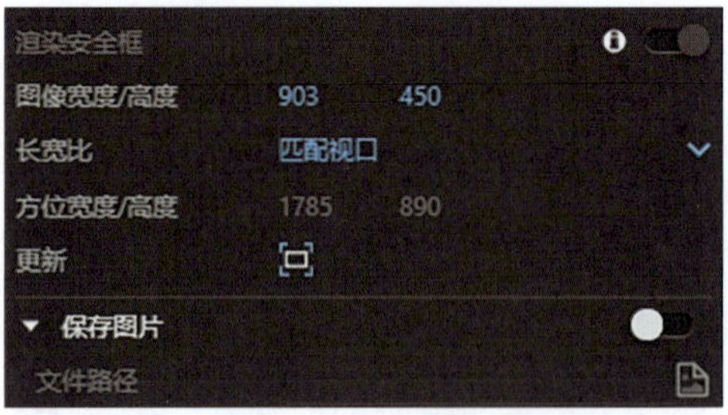

图5-17　“匹配视口”

使用“匹配视口”后，如果SketchUp视口的长宽比发生变化，单击“更新”图标（ ），即可更新图像的长宽比。

“自定义”——手动输入渲染图像的宽度和高度的比例。

④ 保存图片：开启“保存图片”，渲染完成后图像将自动保存。

步骤 01　用鼠标左键单击“保存图片”的按钮（ ），开启“保存图片”。

步骤 02　用鼠标左键单击“文件路径”图标（ ），弹出“Select an image”窗口，如图5-18所示。

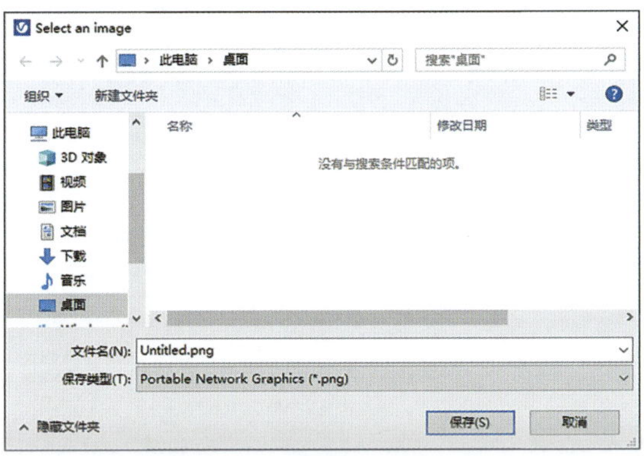

图5-18　“Select an image”窗口

步骤 03　在“保存列表”中选择图像保存的文件格式，如图5-19所示。

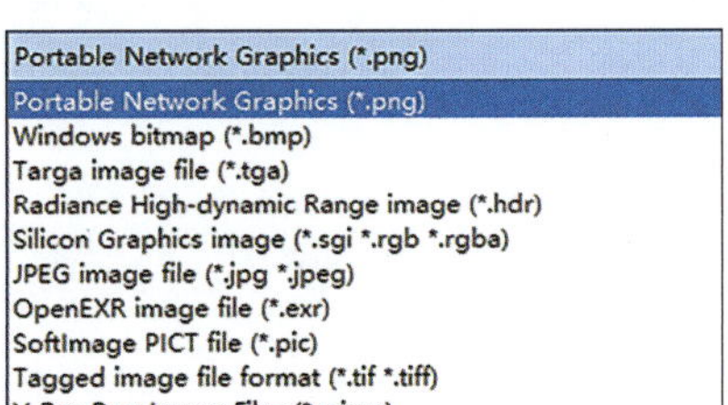

图5-19　图片“保存列表”

△ 提示

建议首选的图像格式为“.png”，本书以选择“.png”为例。

步骤 04　选择“保存位置”，输入“文件名”，单击“保存”即可。

确定“文件路径”和“文件类型”后，出现“图像选项”面板，如图5-20所示。

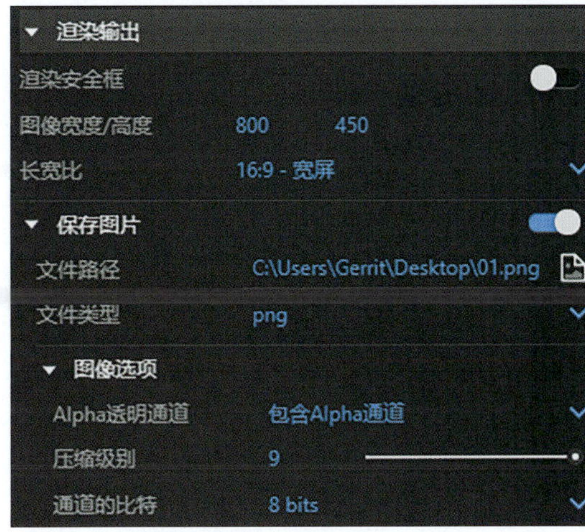

图5-20　“图像选项”

⑤ Alpha透明通道：即天空背景的透明通道，该选项适用于“.png”“.tif”“.tga”“.exr”“.sgi”和“.pic”格式的图片。有“无Alpha通道”“包含Alpha通道”“单独Alpha通道”三个选项。

“无Alpha通道”——天空背景不透明，如图5-21所示。

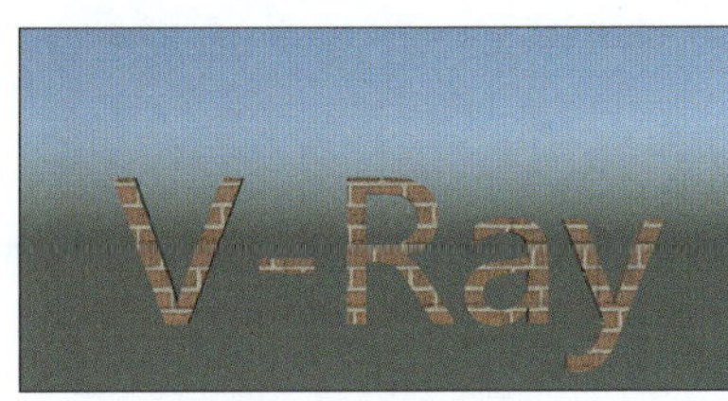

图5-21　“无Alpha通道”

“包含Alpha通道”——天空背景透明，如图5-22所示。

图5-22　“包含Alpha通道”

“单独Alpha通道”——渲染一张天空背景不透明的图像，并且另外渲染一张天空背景的通道图，如图5-23所示。

图5-23 “单独Alpha”通道

⑥ **压缩级别：** 图像的压缩级别。

⑦ **通道的比特：** 图像的“位深度”，指图像中像素的各通道占用位数，“位深度”越大，图像的色彩越丰富。

5.5 环境

环境： 设置环境光（天空光）、反射、折射等计算光线时使用的颜色或纹理贴图。

环境光默认在“背景图像”中加载了一张天空贴图，如图5-24所示。

图5-24 “环境”面板

背景图像： 可以设置环境光的颜色、强度、贴图。

“颜色框”——环境光的颜色。

“数值框”——环境光的强度。

“贴图框”——环境光加载的贴图；勾选“贴图框”则启用当前纹理贴图。

“颜色框”“数值框”“贴图框”的操作方法详见本书2.1.2.5小节“参数面板通用操作”。

5.6 材质覆盖

材质覆盖： 使用一种颜色或材质覆盖场景中的其他材质，可以用于测试灯光、渲染手工模型图、渲染AO图等，如图5-25所示。

图5-25 “材质覆盖”面板

⚠ 提示

开启“材质覆盖”后，会覆盖其他所有材质，如果希望“材质A”不被覆盖，则需要在“材质A”的参数面板中，取消勾选“允许覆盖”，如图5-26所示。

图5-26 “材质覆盖”

5.6.1 覆盖颜色

覆盖颜色： 使用一种颜色覆盖场景中的其他材质。

操作方法

如图5-27所示，未使用“材质覆盖”的场景。

图5-27 未开启“材质覆盖”

开启“材质覆盖”，使用“颜色框”或“颜色滑杆”选择覆盖用的颜色即可，渲染结果如

图5-28所示。

图5-28　“材质覆盖”（灰色）

5.6.2　覆盖材质

覆盖材质：使用一种材质覆盖场景中的其他材质。

操作方法

如图5-27所示，未使用“材质覆盖”的场景。

开启“材质覆盖”，在“覆盖材质”列表选择“V-Ray材质列表”中已有的材质即可，渲染结果如图5-29所示。

图5-29　“材质覆盖”（木材纹理）

5.6.3　AO 图

AO图：Ambient Occlusion，环境光遮蔽。AO图用于描绘物体和物体相交或靠近的时候遮挡周围漫反射光线的效果，可以综合改善细节，尤其是暗部阴影，增加空间的层次感、真实感。

操作方法

如图5-27所示，未使用材质覆盖的场景。

方法 01　使用“材质覆盖”。

步骤 01　在V-Ray“材质列表”新建“通用材质A”，并在“漫反射”中添加“污垢”贴图，如图5-30所示。

“污垢”贴图参数详见本书第3章“V-Ray材质系统”。

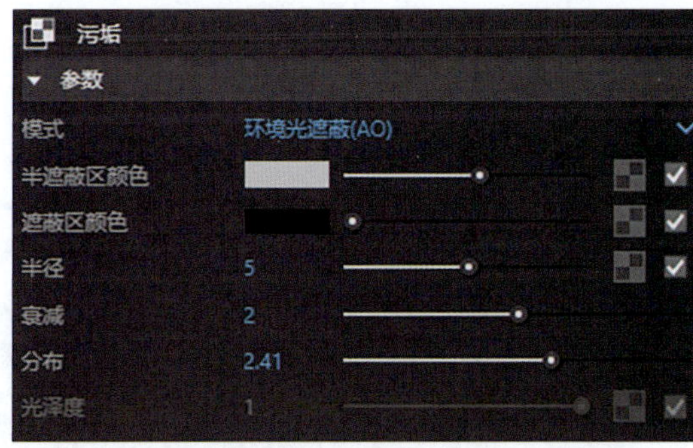

图5-30　“污垢”贴图

步骤 02　开启“材质覆盖”，在“材质覆盖”列表中选择“通用材质A”，渲染结果如图5-31所示。

图5-31　“材质覆盖”（污垢贴图）

方法 02　直接使用“渲染元素”中的“环境光遮蔽（AO）”通道图。

> **△ 提示**
>
> 使用“渲染元素”中的“环境光遮蔽（AO）”通道图，需要单独测试该通道图的参数。
>
> 详见本书第6章V-Ray元素系统。

5.7 保存设置

在设置系统底部，有“加载设置”“保存设置”“重置设置”，如图5-32所示。

① **加载设置**——用鼠标左键单击1，弹出“Load Render Settings”窗口。

选择计算机中的“.vropt”文件，单击“打开”即可将该参数加载到设置系统中。

② **保存设置**——用鼠标左键单击2，弹出“Save Render Settings”窗口。

选择“文件保存位置”，输入“文件名”，单击“保存”即可将当前渲染设置的参数保存为“.vropt”文件。

③ **恢复设置**——用鼠标左键单击3，弹出“Revert settings”对话框，如图5-33所示（“Revert to the default render settings?”意为“恢复到默认设置？”）。

单击“Revert”可将设置参数重置；单击“Cancle”可取消重置。

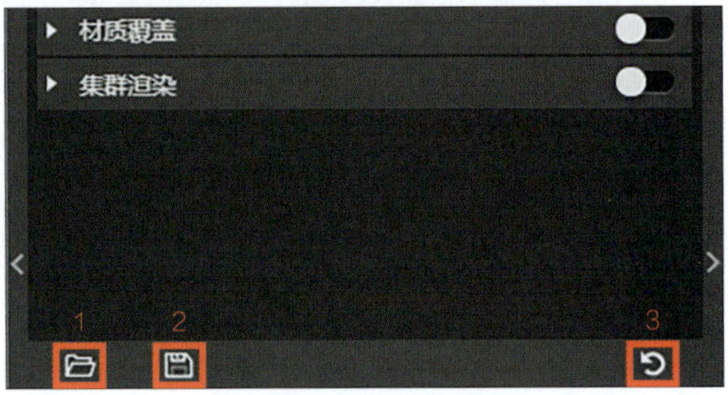

图5-32 “设置系统”底部

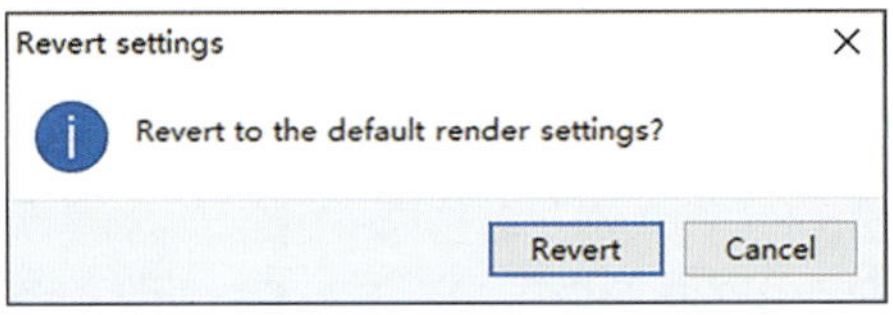

图5-33 “Revert settings”对话框

第 6 章　元素系统

6.1 元素基础操作方法

本节主要介绍元素系统的基础操作方法。元素系统分为ID类、材质属性类、灯光类、综合类四大类，其中包含41种纹理，由于有些元素使用率较低，并且有些纹理操作原理基本大同小异，所以本节主要讲解材质ID、材质随机颜色、渲染ID、对象ID、漫反射、原始反射、高光、原始折射、几何体法线、自发光、灯光、原始全局光、原始总灯光、原始阴影、环境光遮蔽、轮廓、Z深度17种元素。

元素的作用主要是进一步为渲染效果图进行后期处理，例如在Photoshop软件中，若要将效果图中某一类材质的亮度提高，就需要通过材质ID元素用魔棒进行选区，然后亮度提高；再如若要将效果图中地面的反射强度提高，就需要借助原始反射元素增强反射等。在效果图后期处理过程中，元素的配合十分重要，它可以从根本上提高效果图后期的效率与质量。

元素基础操作方法包含添加元素、删除元素、保存元素、导入元素。

6.1.1 添加元素

添加元素：为场景添加的V-Ray元素。

操作方法

步骤 01 单击资源编辑器工具栏中“元素系统”的图标（ ）。

步骤 02 单击“元素系统”选项框中需要添加的元素，如图6-1所示。

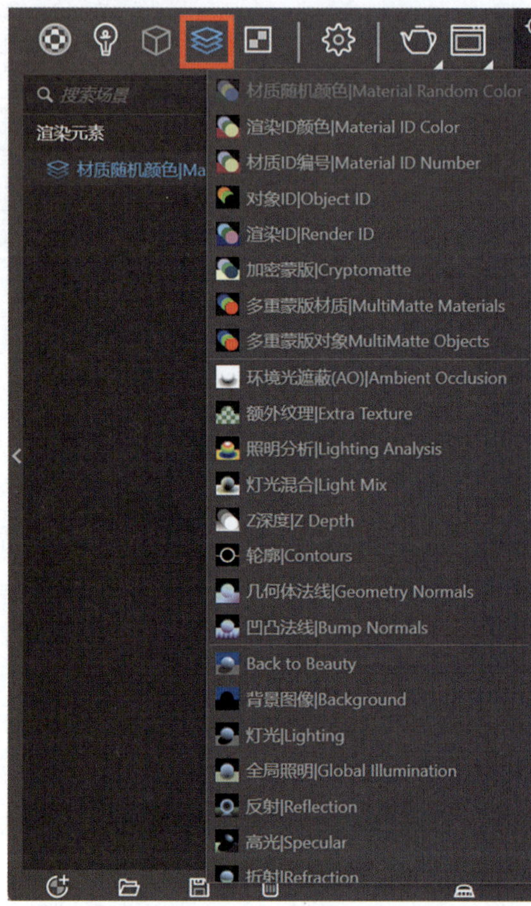

图6-1 添加元素

6.1.2 删除元素

删除元素：将元素列表中的元素进行删除。

操作方法

步骤 01 单击元素列表中需要删除的元素。

步骤 02 单击元素列表下方工具栏中“Delete Asset”的图标 ，如图6-2所示。

6.1.3 保存元素

保存元素：保存元素到计算机文件中，用于下次使用此元素时可重新导入。

操作方法

步骤 01 单击并按住“Ctrl”键或“Shift”键，选择元素列表中需要保存的多个元素。

步骤 02 单击元素列表下方工具栏中“Save Asset to File”的图标（ ），如图6-3

图6-2　删除预设

图6-3　保存预设到文件

所示。

步骤 03　选择文件位置并单击“保存（S）”按钮，如图6-4所示。

6.1.4　导入元素

导入元素： 将外部文件中的元素导入元素列表中。

操作方法

步骤 01　选择计算机文件中需要导入的元素。

步骤 02　直接将元素从文件夹中拖拽到元素列表中，如图6-5所示。

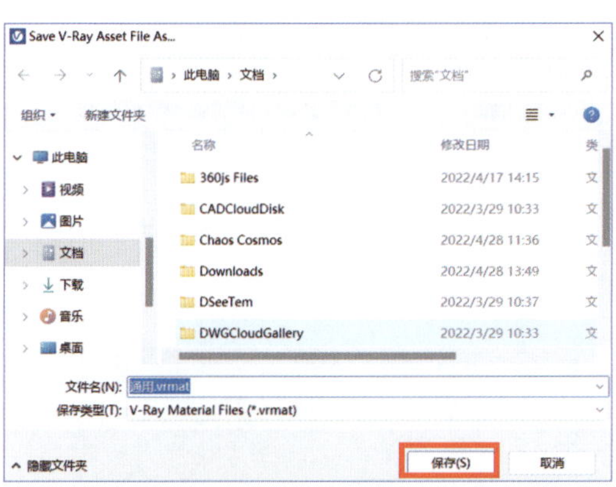

图6-4　保存元素

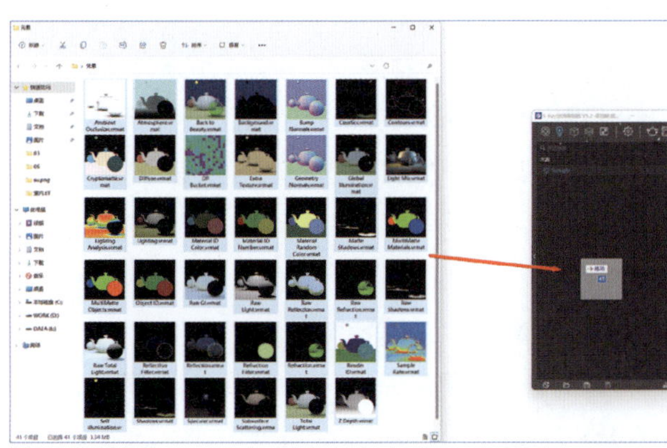

图6-5　导入元素

6.2　RGB 原片和降噪原片

RGB 原片： 在不添加任何元素的情况下，V-Ray渲染完成后会生成RGB原片，文件名称为“自定义文件名”。RGB原片主要用作效果图原片底图处理。另外在V-Ray渲染完成后还有一个文件名称为“effectsResult”的图像文件，同样也是RGB原片。

降噪： 在设置系统中，如果开启降噪器，V-Ray渲染完成后会生成降噪原片，文件名称为“Denoiser”。该元素与RGB原片的区别为降噪原片在RGB原片的基础上进行了降噪处理，效果更加理想。一般情况下，效果图的后期处理多以降噪原片作为底图。

6.3 ID类元素

ID类元素中使用频率最高的四个元素为材质ID、材质随机颜色、渲染ID和对象ID。ID类元素的统一特点是为场景中不同材质或不同群组的物体创建不同的颜色遮罩蒙版。

元素概念

材质ID： 根据不同材质编号分配不同颜色，通常V-Ray会自动编号，也可自定义编号。生成文件名称为“Material_ID_Color”。

材质随机颜色： 为不同材质随机分配不同颜色。

渲染ID： 基于材质ID为不同材质分配不同颜色的同时，将没有材质属性的物体显示为黑色。

对象ID： 为不同群组或组件随机分配不同颜色。

功能： 在效果图后期处理过程中，如果需要对效果图中某一个材质或群组进行色相、饱和度、亮度甚至移动、变形等调整，ID类元素则可快速对某一个材质或物体进行快速选区，这就节省了大量时间去将需要调整的部分进行抠图选区。

操作方法

步骤 01 将降噪原片在Photoshop软件中打开。

步骤 02 将ID类元素作为图层叠在降噪原片图层之上。

步骤 03 选择ID类元素图层。

步骤 04 使用“魔棒”工具（快捷键W），选择需要选区的颜色，如图6-6所示。

图6-6 选择选区

步骤 05 选择降噪原片图层，如图6-7所示。

图6-7 选择原片

步骤 06 针对选择好的降噪原片图层的选区进行调整，如图6-8所示。

图6-8 调整选区

6.4　材质属性类元素

材质属性类元素中使用频率最高的五个元素为漫反射、原始反射、高光、原始折射和自发光。材质属性类元素的统一特点为独立显示场景中材质的属性。

元素概念

漫反射：独立显示场景中所有材质的漫反射属性，如图6-9所示。

图6-9　漫反射元素

原始反射：独立显示场景中所有材质的原始反射属性，如图6-10所示。

图6-10　原始反射元素

高光：独立显示场景中所有材质的高光属性，如图6-11所示。

图6-11　高光元素

折射：独立显示场景中所有材质的折射属性，如图6-12所示。

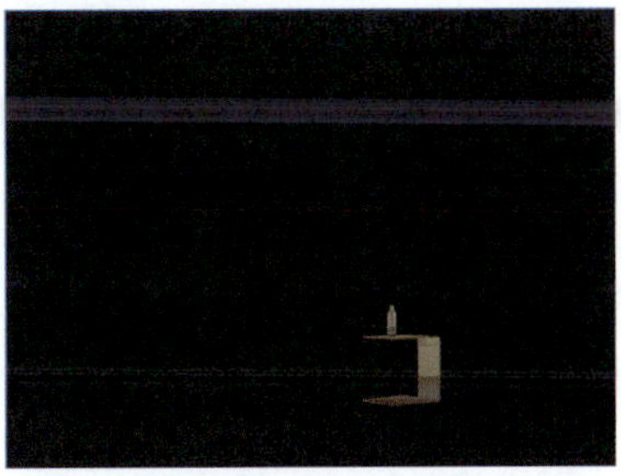

图6-12　原始折射元素

自发光：独立显示场景中所有材质的自发光属性，如图6-13所示。

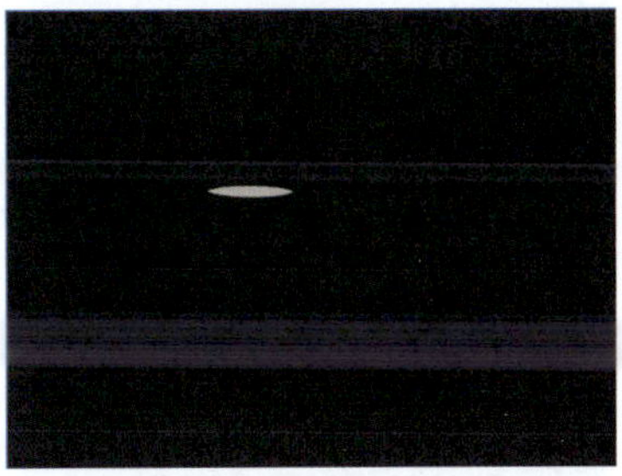

图6-13　自发光元素

功能：在效果图后期处理过程中，如果需要对效果图中某一个材质的某一个属性进行增强调整，材质属性类元素则可在降噪原片基础上叠加材质属性对其进行增强。

操作方法

步骤 01　将降噪原片在Photoshop软件中打开，如图6-14所示。

图6-14　降噪原片

步骤 02 将材质属性类和ID类元素作为图层叠在降噪原片图层之上。

步骤 03 选择ID类元素图层。

步骤 04 使用“魔棒”工具（快捷键W），选择需要增强材质属性的选区，如图6-15所示。

图6-15 选择地面选区

步骤 05 关闭ID类元素图层可见性并选择材质属性类元素图层，如图6-16所示。

图6-16 复制地面原始反射元素

步骤 06 复制强材质属性的选区图层（快捷键“Ctrl键+J”）。

步骤 07 关闭材质属性的选区图层可见性，如图6-17所示。

图6-17 关闭原始反射元素图层

步骤 08 针对复制强材质属性的选区图层进行透明度调整，如图6-18所示。

图6-18 降低复制地面原始反射元素透明度

> △ 提示
>
> 以上操作案例中，降噪原片通过材质ID元素和原始反射元素加强了地面的反射。

6.5 灯光类元素

灯光类元素中使用频率最高的四个元素为灯光、原始总灯光、原始全局光和原始阴影。灯光性类元素的统一特点为独立显示场景中光源照明情况。

元素概念

灯光：独立显示场景中每一个灯光的照明情况，如图6-19和图6-20所示。

原始总灯光：独立显示场景中所有灯光的照明情况但不包含材质，如图6-21所示。

原始全局光：独立显示场景中所有灯光的间接照明情况但不包含材质，如图6-22所示。

原始阴影：独立显示场景中所有灯光照明产生的阴影情况但不包含材质，如图6-23所示。

功能：在效果图后期处理过程中，如果需要对效果图中某个或整体灯光进行增强调整，灯光性类元素则可在降噪原片基础上叠加灯光元素对其进行增强。

图6-19　半球灯灯光元素

图6-20　面光源灯光元素

图6-21　原始总灯光元素

图6-22　原始全局光元素

图6-23　原始阴影元素

△ 提示

以上操作案例中，在灯光系统中创建了一个半球灯和一个面光源。

操作方法

步骤 01　将降噪原片在Photoshop软件中打开，如图6-24所示。

步骤 02　将灯光元素作为图层叠在降噪原片图层之上，如图6-25所示。

步骤 03　将灯光元素图层的混合模式调试为“滤色”（隐藏图层中黑色像素），如图6-26所示。

步骤 04　针对灯光元素图层进行亮度调整。

图6-24　降噪原片

图6-25　面光源灯光元素

图6-26　调整图层混合模式为滤色

6.6　综合类元素

综合类元素为其他类元素，其中使用频率最高的四个元素为几何体法线、环境光遮蔽、轮廓和Z深度，本小节将对这四种元素进行详细介绍。

6.6.1　几何体法线元素

元素概念： 几何体法线元素是根据物体表面法线角度的变化而分配不同的颜色遮罩蒙版。

功能： 在效果图后期处理过程中，如果需要对效果图中某一个地面或某一面墙壁进行色相、饱和度、亮度甚至移动、变形等调整，同时ID类元素又不能满足需求，几何体法线元素则可快速对某一法线角度不同的面进行快速选区。假设墙面和地面使用的是同一个材质，ID类元素就无法达到几何体法线元素的效果，如图6-27所示。操作方法与ID类材质类似，此处不再赘述。

图6-27　几何体法线元素

6.6.2　环境光遮蔽元素

元素概念： 环境光遮蔽元素是根据物体表面法线角度的变化在物体表面产生污垢效果，以此弥补V-Ray程序模拟渲染的光线追踪的不足。通俗来讲就是假设墙壁和天花板都是白色乳胶漆材质，在渲染结果中墙壁和天花板交界处轮廓不清晰，通过法线角度变化产生污垢来增强轮廓，这在贴图系统的污垢贴图中已经介绍过。

功能： 在效果图后期处理过程中，如果需要对效果图中轮廓不清晰且有法线变化的地方加强轮廓，环境光遮蔽元素则可满足强化轮廓的需求。

操作方法

步骤 01　将降噪原片在Photoshop软件中打开，如图6-28所示。

步骤 02　将环境光遮蔽元素作为图层叠在降噪原片图层之上，如图6-29所示。

步骤 03　将环境光遮蔽元素图层的混合模式调试为“正片叠底”（隐藏图层中白色像素），如图6-30所示。

图6-28　降噪原片

图6-29　环境光遮蔽元素

图6-30　调整图层混合模式为“正片叠底”

步骤 04　针对环境光遮蔽元素图层进行透明度调整。

6.6.3　轮廓元素

元素概念： 轮廓元素是根据物体群组或组件的情况为物体添加轮廓线效果。

功能： 在效果图后期处理过程中，轮廓元素可满足对所有物体描边的需求。

操作方法

步骤 01　将降噪原片在Photoshop软件中打开，如图6-31所示。

图6-31　降噪原片

步骤 02　将轮廓元素作为图层叠在降噪原片图层之上，如图6-32所示。

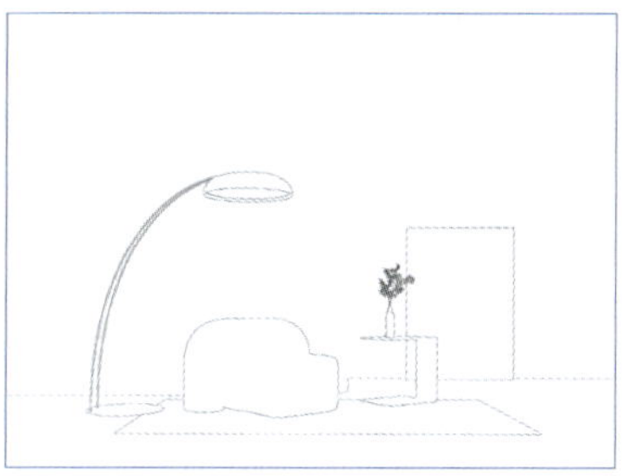

图6-32　环境光遮蔽元素

步骤 03　将轮廓元素图层的混合模式调试为“正片叠底”（隐藏图层中白色像素），如图6-33所示。

图6-33　调整图层混合模式为正片叠底

步骤 04　针对轮廓元素图层进行透明度调整或者复制图层进行加强。

6.6.4　Z 深度元素

元素概念： Z深度元素是根据物体距离镜头的远近关系添加景深效果。

功能： 在效果图后期处理过程中，Z深度元素可满足效果图景深效果的需求。

操作方法

步骤 01　将降噪原片和Z深度元素分别在Photoshop软件中打开，如图6-34所示。

图6-34　降噪原片

步骤 02　在Z深度元素文件中执行选区全选（快捷键“Ctrl键+A”），如图6-35所示。

图6-35　环境光遮蔽元素

步骤 03　执行复制选区（“Ctrl键+C”）并进入降噪原片文件的通道面板 。

步骤 04　点击通道面板下面的创建新通道的图标（ ）。

步骤 05　执行粘贴选区（“Ctrl键+V”）并关闭“Alpha1”通道的可见性，如图6-36所示。

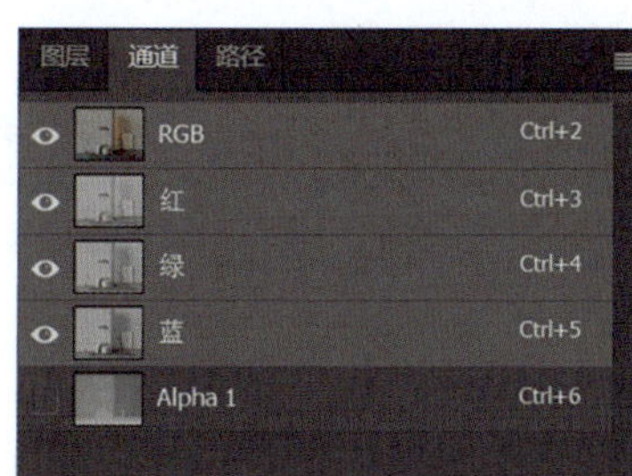

图6-36　调整图层混合模式为正片叠底

步骤 06　在降噪原片文件中执行“滤镜>模糊>镜头模糊”菜单指令，如图6-37所示。

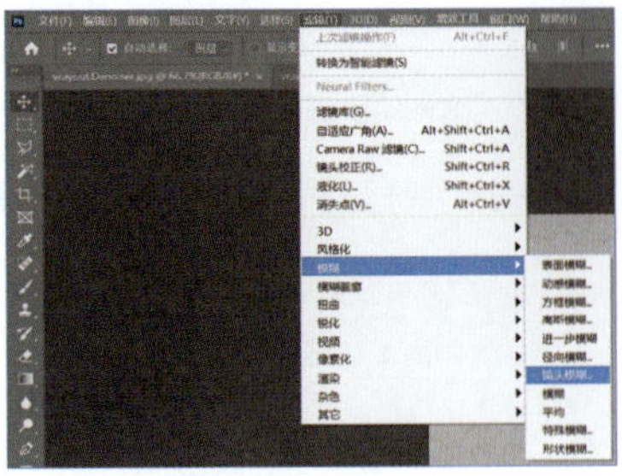

图6-37　降噪原片

步骤 07　在镜头模糊窗口中的“源”选项中选择“Alpha1”选项，如图6-38所示。

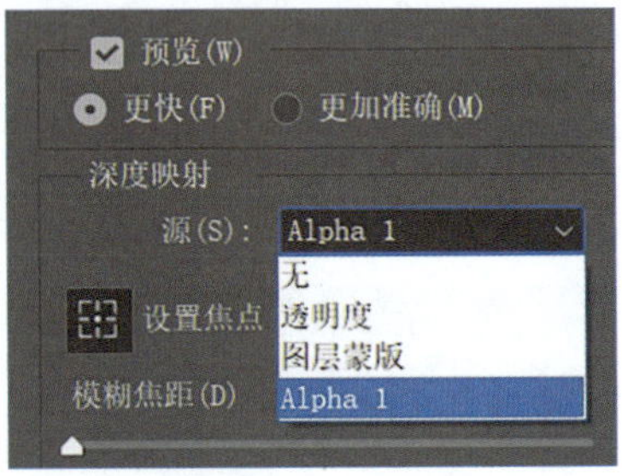

图6-38　环境光遮蔽元素

步骤 08　在镜头模糊窗口中通过“模糊焦距调试栏”调试出需要的景深效果，如图6-39所示。

图6-39　调整图层混合模式为正片叠底

第 7 章　V-Ray for SketchUp 渲染与实操

7.1 渲染

渲染： 开始渲染，本节包括“帧缓存窗口”“批量渲染”。

7.1.1 帧缓存窗口

帧缓存窗口： V-Ray Frame Buffer（VFB），是V-Ray特定的帧缓存器（图像缓存器），具有查看渲染图像、查看历史记录、图像调整等功能。

操作方法

方法 01 如图7-1所示，在“V-Ray for SketchUp”工具栏中，用鼠标左键单击“Frame Buffer”工具的图标，即可打开帧缓存窗口，如图7-2所示。

图7-1 “Frame Buffer”工具图标

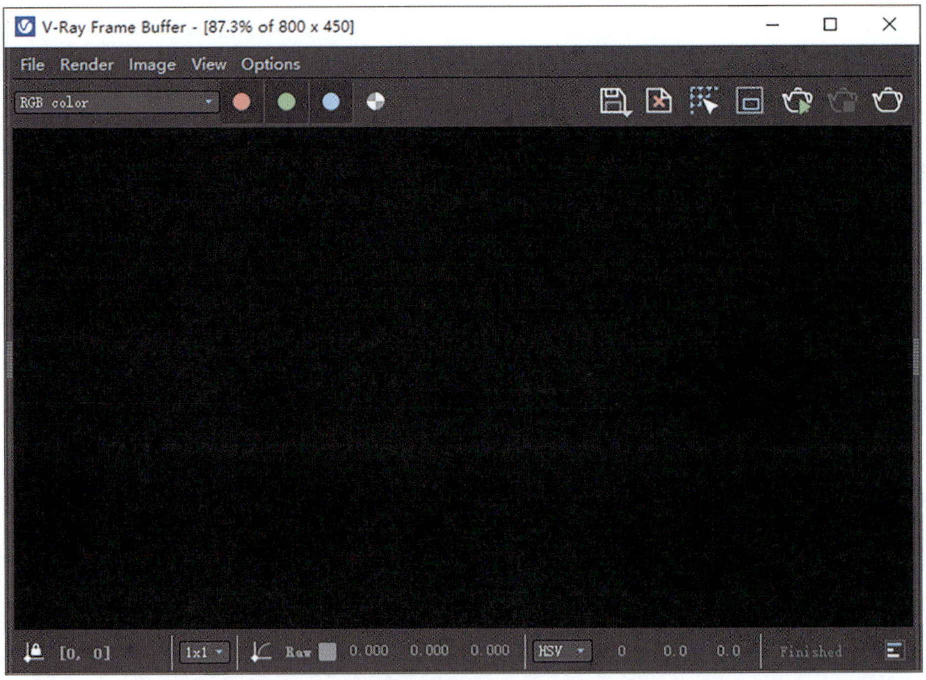

图7-2 “帧缓存窗口”基础界面

方法 02 如图7-3所示，在“V-Ray资源编辑器”中，用鼠标左键单击“Frame Buffer”工具的图标，即可打开帧缓存窗口。

图7-3 “V-Ray资源编辑器”

方法 03 执行“扩展程序>V-Ray>Frame Buffer”菜单指令，即可打开帧缓存窗口。

将“帧缓存窗口”左右两侧向内拖动，可以打开两侧的扩展界面，如图7-4所示。

① **VFB菜单栏：** 帧缓存窗口的菜单栏。

② **渲染元素切换：** 渲染完成后，可在此列表查看已添加的渲染元素。

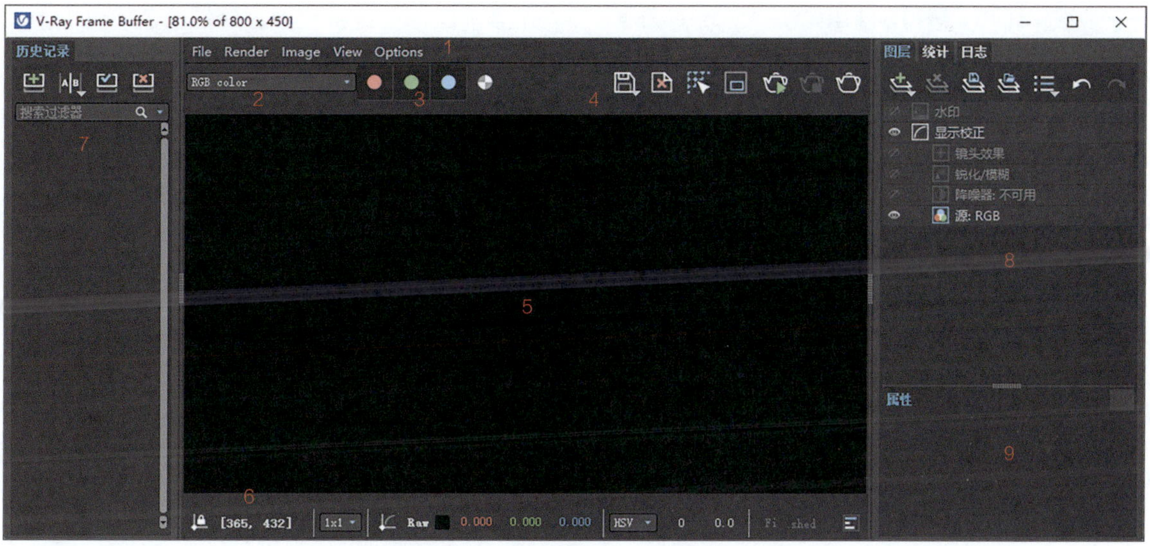

图7-4 “帧缓存窗口”扩展界面
1—VFB菜单栏；2—渲染元素切换；3—颜色通道切换；4—顶部工具栏；
5—帧缓存区；6—底部工具栏；7—历史记录；8—图层、统计、日志；9—图层属性

默认情况下，“RGB颜色”和“Alpha通道”可用。

用鼠标左键单击“列表”，或者将鼠标放置在“列表”上并且滚动滚轮，即可切换查看渲染元素，如图7-5所示。

图7-5　渲染元素切换栏

③ 颜色通道切换： 切换当前图像或通道图的预览模式。

单击（ ）——显示红色通道。

单击（ ）——显示绿色通道。

单击（ ）——显示蓝色通道。

单击（ ）——显示Alpha透明通道，即天空背景透明通道。

④ 顶部工具栏： 主要功能为保存图像、清除图像、跟随鼠标、区域渲染、交互式渲染、停止渲染、开始渲染等。

保存图像（ ）：用鼠标左键长按（ ）可以打开工具列表，如图7-6所示。

“保存当前通道”——将当前窗口（通道）的图像保存到计算机中。

“所有通道保存到单独的文件”——将所有图像通道保存到一个文件夹中；单击（ ）可以将VFB颜色校正保存到渲染元素。

“保存所有图像通道到单个文件”——将所有图像保存到一个“.exr”或“.vrming”文件中，“.exr”和“.vrming”文件是多通道文件，当VFB载入多通道文件时，可以加载所有图像通道。

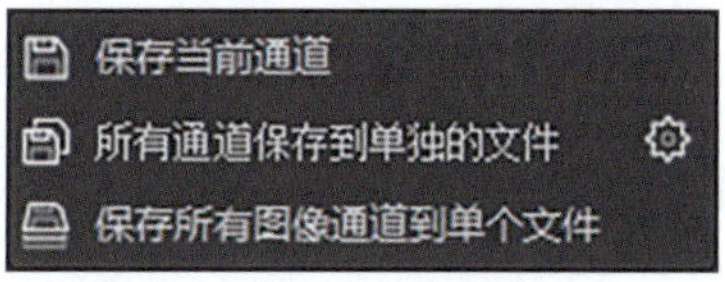

图7-6　保存图像

加载图像： 执行“File>Load image”的VFB菜单指令，可以将计算机中的图片加载到VFB中。

清除图像（ ）： 清除帧缓存区的图像。

将当前通道复制到剪切板： 执行“File>Image>将当前通道复制到剪切板”的VFB菜单指令，可以把当前VFB中的图像复制到剪切板。

跟随鼠标（ ）：使用传统式“块”图像采样器时，可以开启“跟随鼠标”。

开启“跟随鼠标”后，V-Ray渲染区块优先渲染鼠标指向的区域。

在图像上单击鼠标右键，可以锁定渲染的起点区域。

区域渲染（ ）：可以在VFB中划定一小块区域，则只渲染区域内的图像。

“区域渲染框”可以调整大小；再次单击（ ），可以取消区域渲染。

交互式渲染（ ）：单击（ ）开启交互式渲染。

停止渲染（ ）：开始渲染后，图标亮显，单击（ ）停止当前渲染。

开始渲染（ ）：单击（ ）开始渲染。

⑤ 帧缓存区：查看渲染图像的窗口。

⑥ 底部工具栏：在图像上移动鼠标，可以在底部工具栏查看鼠标选定像素的位置、RGB等信息。鼠标移动过程中，单击快捷键“L”，可以锁定指针的位置。

——锁定鼠标指针并显示选定像素的信息。

[206, 351] ——显示鼠标指针的坐标。

1x1 ——指定采样区域的大小，单击列表可以选择“1×1”“3×3”“5×5”和“7×7”。

——显示校正后的颜色。

Raw ——指定在当前鼠标指针位置显示采样像素值时是否应用（RGB）或不应用颜色和显示校正（RAW）。

0.000 0.000 0.000 ——在应用任何颜色校正之前，显示当前鼠标指针位置下像素的RGB值。

HSV ——指定RGB值，单击列表可以选择“无”“HSV”“Web”“8bit”。

选择“HSV”，右侧数值为（0.0 0.00 0.00），显示当前鼠标指针位置下像素的色相、饱和度、明度。

选择“Web”，右侧数值为（#000000），显示当前鼠标指针位置下像素的颜色代码（十六进制颜色码）。

选择“8bit”时，右侧数值为（0 0 0），显示当前鼠标指针位置下像素的R、G、B数值。

⑦ 历史记录：保留以前渲染的图像，并在渲染历史记录面板中列出带数字、缩略图的图像。

在历史记录中可以调用2个或4个图像进行对比。

⑧ 图层、统计、日志。

图层：颜色校正和调整图像的工具。

统计：提供有关场景、引擎、设备、性能和内存的跟踪报告。

日志：显示日志报告。

⑨ 图层属性：显示被选定图层的详细参数。

7.1.1.1 历史记录

历史记录：保留以前渲染的图像，并在渲染历史记录面板中列出带数字、缩略图的图像，在历史记录中可以调用2个或4个图像进行对比。

历史记录文件作为“.vrming”文件存储在计算机中，使用前需要启用“历史记录”。

计算机中历史记录“.vrming”文件删除后，VFB窗口将无法加载该图像。

启用“历史记录”操作方法

执行“Options>VFB设置>历史记录”的VFB菜单指令，如图7-7所示，勾选“启用”，并且在“历史记录”文件夹中选择文件存储位置，单击“保存并关闭”即可开启“历史记录”功能。

“历史记录”使用方法

保存到历史记录（ ）：将当前图像从VFB保存到历史记录，如图7-8所示。

图像A/B水平对比（ ）：启用/禁用图像A/B水平对比，启用后，可在历史记录中选择“图像A”和“图像B”，如图7-9所示，“图像A”和“图像B”用白线左右隔开，移动白线可以对比观察两张图像。

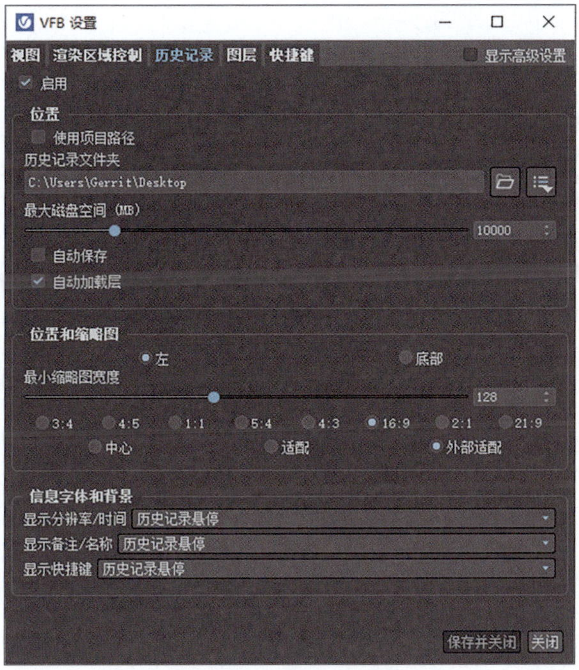

图7-7 “历史记录”设置

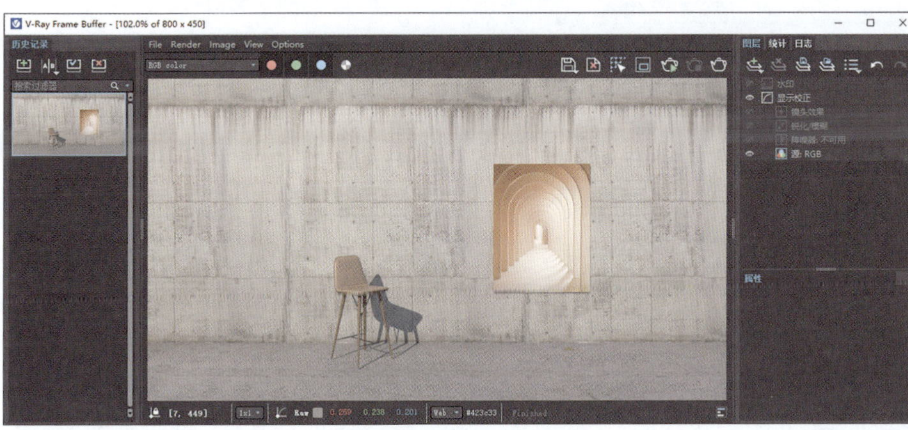

图7-8 保存到历史记录

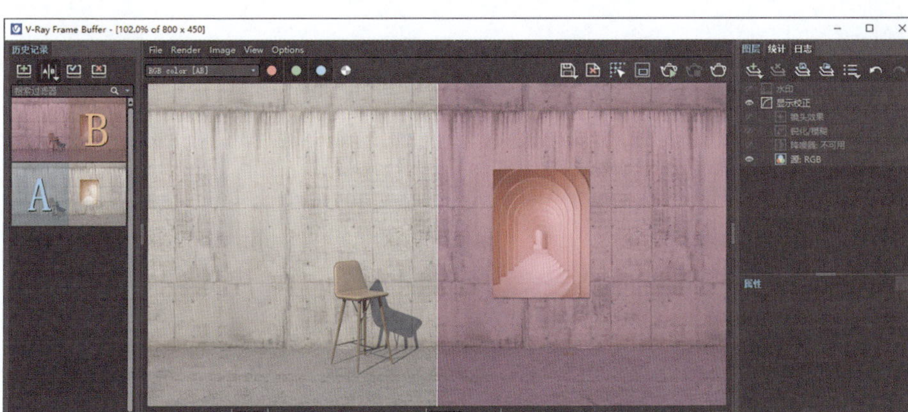

图7-9 图像A/B水平对比

长按（ ）可以切换图像对比的方式，如图7-10所示。

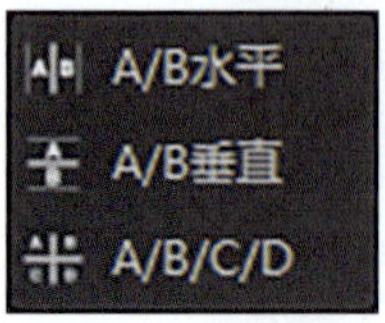

图7-10　图像对比

图像A/B垂直对比（ ）：启用/禁用图像A/B垂直对比。

图像A/B/C/D对比（ ）：启用/禁用图像A/B/C/D对比。

加载到VFB（ ）：将渲染历史中的选定图像加载到VFB中。

删除（ ）：从渲染历史中删除选定的图像。

7.1.1.2　图层

图层：颜色校正和调整图像的工具。

本小节仅介绍“图层面板”中的基础工具，具体各类图像调整的方式与Photoshop图像调整方式类似，本书不再详细介绍。

创建图层（ ）：创建一个新图层。

删除选定层（ ）：删除选定的图层。

保存图层树预设（ ）：保存图层的设置。

加载图层树预设（ ）：加载图层的设置。

图层预设（ ）：快速访问图层预设。需要在“Options>VFB设置>图层”菜单指令中设置“预设路径”。

撤销（ ）：撤销创建图层。

重做（ ）：重做创建层。

7.1.1.3　灯光混合

灯光混合：在渲染开始之前添加“灯光混合/Light Mix”渲染元素，渲染过程中或渲染结束后，可以直接在帧缓存窗口的“图层”面板中修改灯光的开关、颜色和强度倍增。

操作方法

如图7-11所示，在场景中有“1个矩形灯光”和“2个球形灯光”，2个球形灯光是同一个“组件”。

图7-11　“1个矩形灯”和“2个球形灯”

步骤01　在渲染开始之前添加“灯光混合/Light Mix”渲染元素。

步骤02　渲染结束后，在帧缓存窗口打开“源：LightMix”（灯光混合）图层。

步骤03　在“属性”面板中可以显示场景中的所有灯光，如图7-12所示。

“√”——灯光开关。

“数值框”——灯光强度的倍数，在原有灯光强度的基础上增倍。

用鼠标左键单击“数值框”，可以输入数值。

用鼠标左键单击“数值框”中的“箭头”，可以增大或减小数值。

用鼠标左键按住“数值框”中的“箭头”，上下移动鼠标，可以增大或减小数值。

用鼠标右键单击“数值框”中的“箭头”，可以重置数值。

“颜色框”——灯光颜色。

用鼠标左键单击“颜色框”，可以修改灯光的颜色。

用鼠标右键单击“颜色框”，可以重置灯光的颜色。

“重置”——将所有更改重置为默认值。

“保存”——将当前更改保存为“灯光混合预设”（“.lightmix”文件）。

“加载”——加载“灯光混合预设”（“.lightmix”

文件）。

“到场景”——将当前“灯光混合”对灯光的颜色、强度更改，应用到“V-Ray灯光列表”中。

只有当“灯光混合”渲染元素的分组为“组实例”时，“到场景”才有效。

“最近”——显示最近的灯光混合预设列表。

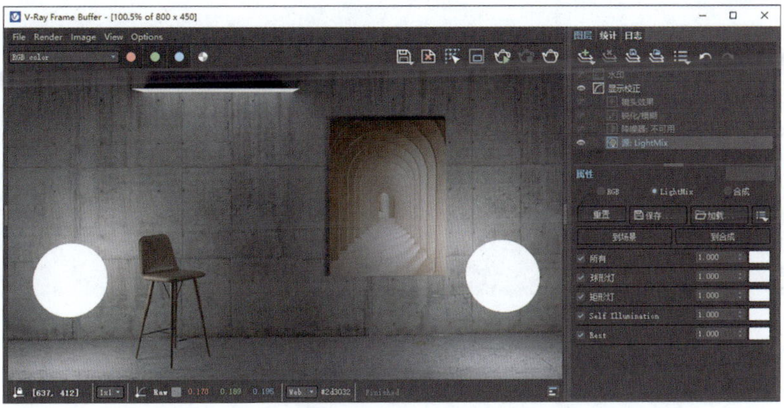

图7-12 使用“灯光混合”

△ 提示

在渲染之前添加“灯光混合/Light Mix”渲染元素，其参数面板如图7-13所示，有四种“分组”方式。

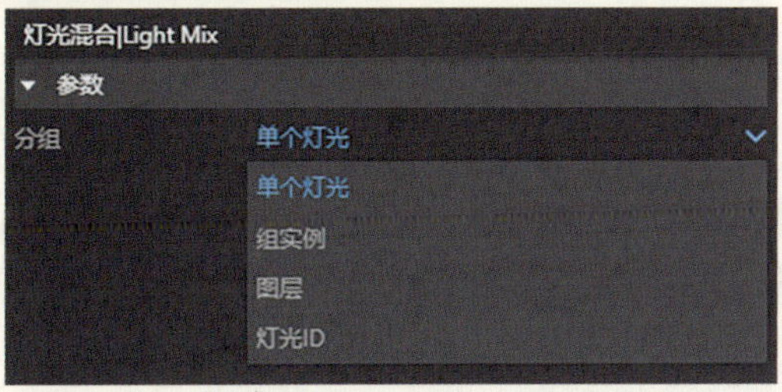

图7-13 灯光混合“分组”

“单个灯光”——每个灯光的照明信息存储在单独的通道中。

同一个“组件”的灯光，仍然存储为不同的灯光，灯光混合列表中有两个球形灯，可单独修改每个球形灯的开关、颜色和强度，如图7-14所示。

“组实例”——如果场景中存在灯光“组件”，则每个“组件”共同使用同一个通道。

同一个“组件”的所有灯光，使用同一个通道，可同时修改该组件所有灯光的开关、颜色和强度，如图7-15所示。

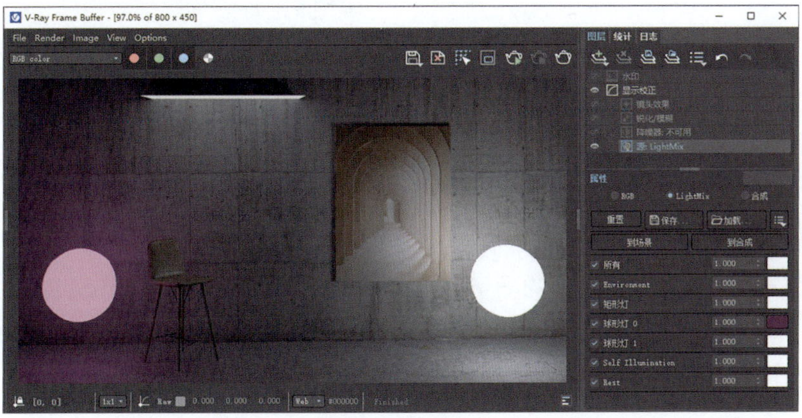

图7-14 修改每个球形灯的颜色

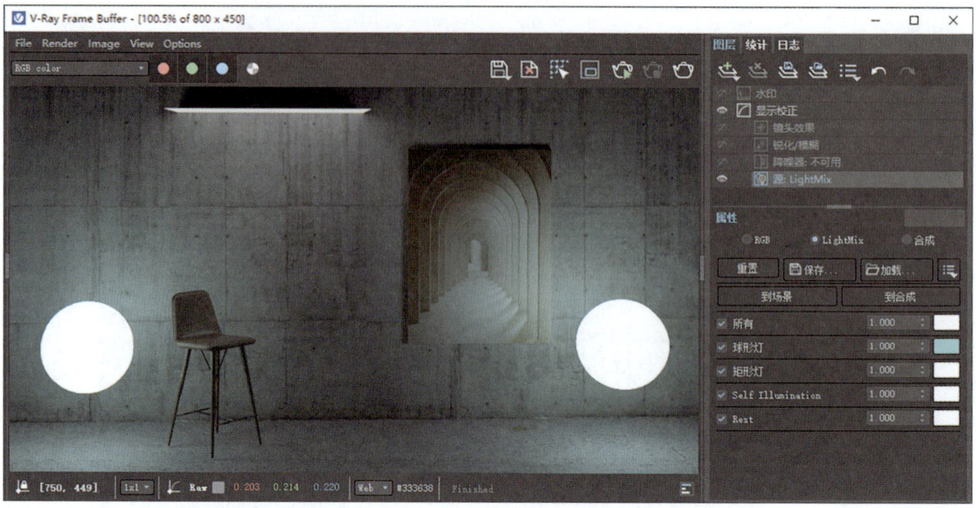

图7-15　修改球形灯“组件”的颜色

7.1.2　批量渲染

批量渲染：一次性渲染多个场景。

操作方法

步骤 01　在“设置系统>渲染输出”面板中，开启“保存图片”并设置文件保存路径。

步骤 02　如图7-16所示，在“V-Ray for SketchUp”工具栏中，用鼠标左键单击“Batch Render”工具的图标；或者执行“扩展程序>V-Ray>V-Ray Rendering>Batch Render”，V-Ray即可自动渲染所有场景。

图7-16　“Batch Render”工具图标

> **△ 提示**
>
> 如果只有一个SketchUp场景，无法使用“Batch Render”工具。

7.2　渲染工作流程

在整个V-Ray渲染的工作流程中，如果没有科学合理的流程安排，将极大降低渲染工作效率。

通常情况下，渲染应分为七个环节，分别为：升级模型、模型构图、创建自然光、创建材质、创建人造光、渲染设置、提交渲染。

7.2.1　升级模型

模型的质量直接影响效果图制作的质量和效率，这一点经常被工作者忽视。值得注意的是，这里的高质量并不是单纯的高精度模型，而是适用于V-Ray for SketchUp的模型。根据实际项目经验，对于优质的模型，需要从三个方面入手，分别为：控制模型大小、丰富模型细节、添加高质量贴图。

7.2.1.1　控制模型大小

控制模型大小指的是控制SketchUp模型文件的大小，模型小则意味着流畅的模型操作，较低的软件出错率和崩溃率，以及较短的渲染时间。一般情况下可以从以下几个方面入手。

① **合理创建群组和组件。**为模型中不同的材质、不同的构件和不同的整体合理创建组件及群组可以有效降低模型大小。

② **合理控制曲线段数和曲面面数。**二十五

棱柱、六十棱柱和一百棱柱相比，二十五棱柱显得粗糙，六十棱柱和一百棱柱渲染结果看似精度基本相同，但一百棱柱曲线段数和曲面面数较多，模型也大，所以选择创建较为合理的六十棱柱作为圆柱，合理控制曲线段数和曲面面数也尤为重要。同时也可以通过类似“Skimp”的减面插件对模型中面数比较多的高精度模型进行减面处理。

③ 合理控制纹理贴图数量和大小。创建模型过程中，有经验的设计师一般会在看不到或看到部位小的面上不添加贴图并以颜色代替，添加贴图前会对贴图进行压缩以控制贴图大小。

④ 清理模型垃圾和未使用项。通过部分插件可以清理模型中的孤立线和未使用项，以达到模型变小的效果。

⑤ 制作代理物体。可直接通过V-Ray的几何体系统或者类似“Transmutr”的插件将高精度模型制作成代理物体，以减少模型大小。

⑥ 善用图层。图层的运用并不能控制模型大小，但可以有效降低软件的运算负荷。通常情况下复杂的模型应独立放入图层，例如植物、家具、家电等，一般只有在需要显示的时候才开启此类图层的显示，大部分时间都是图层关闭显示的状态。

7.2.1.2 丰富模型细节

丰富模型细节指的是模型层次感要丰富，层次感源于对写实的追求，一般情况下可以从以下几个方面入手。

① 合理控制曲线段数和曲面面数。上一小节已经介绍过其重要性，但通常情况下，很多初学者在建模过程中还是会使用默认的曲线或曲面的段数和面数，这会导致模型显得粗糙，没有细节，所有丰富模型细节的第一步就是控制曲线段数和曲面面数。

② 完善模型结构。一个窗户包含窗洞、窗框、窗台石、窗锁、玻璃、纱窗大致6个部件。而在实际建模过程中，能够完整创建模型所有构件的初学者少之又少。如果要丰富模型细节，就要做到对模型的基础结构有写实的态度，不只是窗户，所有在构图内的模型都应该完善应有的模型结构。

③ 合理控制边缘细节。边缘细节大致分为三个情况：一是要在模型结构间注意留出缝隙，比如沙发、床、电器等模型不应该与地面保持零距离，最好保持一定的微小距离才会显得真实；二是比较明显且呈直角或锐角的边缘应该通过边贴图添加倒角效果，这样才会更贴近现实生活；三是模糊不清的转角边缘应该通过污垢贴图添加AO效果，同样也会显得更加真实。

7.2.1.3 添加高质量贴图

添加高质量贴图指的是要添加超写实的贴图才会让模型效果更佳。通常情况下，好的材质胜过三维模型，一方面翔实的三维模型过大，软件带起来吃力，另一方面高质量的材质通过逼真的漫反射、反射、反射光泽、法线凹凸等贴图可以在很大程度上还原真实效果，如图7-17所示。

（a） （b） （c） （d） （e）

图7-17 岩石效果预览图（a）、漫反射贴图（b）、反射贴图（c）、反射光泽度贴图（d）、法线贴图（e）

7.2.2 模型构图

模型构图是决定效果图品质的基础，构图的好坏可直接影响到效果图的品质。如果是构图的初学者可以借助黄金分割法、三等分法等一些现成法则。构图最好的法则即没有法则，一个艺术家在经过千百万张的构图训练后，从来不会以法则为工具，而是以自然状态进行构图。构图一般分为六个步骤：设定图像宽高比>设定视点位置>设定焦点位置>设定视野角度>设定镜头缩放>添加场景。

7.2.2.1 设定图像宽高比

设定图像宽高比是构图的第一步，一般情况下会根据多方面因素进行设定，例如输出的结果展示设备如果是投影仪或显示器，一般比例为16：9；如果是打印纸张的比例，则按照纸张的固定比例；如果是照片，一般比例为1：1或7：5等。当然图像宽高比也会根据版式设计的需求进行自定义设定。

7.2.2.2 设定视点位置

设定视点位置指的是确定效果图拍照的*XYZ*坐标位置，*XY*坐标确定地面位置，*Z*坐标确定视点高度，通常情况下，人视点高度一般低于2m，鸟瞰视点高度一般高于10m。视点高度如果为2~10m就会让效果图在一定程度上显得不自然，甚至不协调，因为这个高度范围不是人类常用视点高度。

7.2.2.3 设定焦点位置

设定焦点位置指的是拍照相机的方向，通常情况下焦点位置决定了效果图是一点透视、两点透视还是三点透视，同时也决定了地平线的高度。

7.2.2.4 设定视野角度

设定视野角度指的是拍照的相机的镜头采用标准镜头还是广角镜头。

标准镜头通常默认为35°。

在遇到特别狭小的空间或者焦距特别短的情况下，需要设定大一点的视野角度，通常广角的视野角度为60°~84°。

超广角的视野角度为94°~118°。

7.2.2.5 设定镜头缩放

设定镜头缩放指的是在确定镜头位置、焦点位置和视野角度后，镜头还需要简单的镜头缩放来调整到理想的构图。通常可以使用“缩放相机视野”工具来完成镜头缩放，图标为🔍。

7.2.2.6 添加场景

添加场景是构图的最后一步，通过添加场景保存构图角度。一个作品通常情况下需要多个场景，添加场景保证了多个场景的自由切换。

7.2.3 创建自然光

创建自然光是整个渲染工作流程中第三步，有了光线才可以真正呈现渲染效果。创建自然光指的是创建半球灯和太阳，加载相对应场景的高质量HDR贴图来模拟写实的自然光环境。具体需要表现的地貌环境、气候条件、季节时段都可借助HDR贴图进行表现。具体创建和使用方法可参考灯光系统章节。自然光效果如图7-18所示。

图7-18 自然光效果

△ 提示

半球灯和太阳可同时使用，也可分开使用。需要表现阴天、雨雪天气、夜晚等没有太阳的环境光时可单独使用半球灯；需要冷色调作为环境光基础，同时又需要太阳光作为主色调，则可以两者兼用；对环境光并无需求，只需要太阳光时可单独使用太阳。

7.2.4　创建材质

创建材质之所以放在创建自然光后面一步，主要原因为没有光源，观察不出材质效果，当然也不需要把人造光一同创建，只需要有简单的自然光便可看清材质的漫反射、反射、反射光泽度、折射、凹凸等材质属性。具体创建和使用方法可参考灯光系统章节。自然光与材质效果如图7-19所示。

图7-19　自然光与材质效果

7.2.5　创建人造光

创建人造光之所以放在创建材质后面一步，主要原因为如果没有提前创建材质，人造光表现的颜色、亮度、衰减等效果都不是最终结果，故而需要先创建材质，再创建人造光。人造光效果如图7-20所示。

图7-20　人造光效果

7.2.6　渲染设置

渲染设置为渲染工作流程的第六步，这一步工作略显简单，只需要注意几个方面即可。

① **开启降噪器。**不开启降噪器，渲染结果没有降噪原片。

② **保存图片的格式选择TIF或PNG。**TIF和PNG都具有16位颜色通道，便于后期处理且格式类型比较流行。

③ **设置元素。**将准备好的渲染元素直接导入到V-Ray渲染器。

△ 提示

如设置系统所述，渲染设置参数只需调节渐进式、渲染质量、降噪器、渲染安全框、图形宽度/高度、长宽比、方位宽度/高度、保存图片、文件路径、文件类型、通道的比特以及元素设置12个选项即可。

7.2.7　提交渲染

提交渲染为渲染工作流程中的最后一步，提交渲染也并非想象中那么简单，同样需要合理的步骤才可以完成，步骤如下。

① 保存并打包项目。忽略这一步，渲染结果将会有出入，同时为避免意外情况，打包项目是提交渲染工作前的必选项，具体方法如图7-21所示。

② 直接渲染/批量渲染或云渲染/批量云渲染。这一步为真正的最后一步，渲染完成即可看到文件位置中的渲染结果。具体方法如图7-22和图7-23所示。

△ 提示

如果直接使用个人计算机进行渲染/批量渲染，则需要等待计算机渲染完毕后获取渲染结果。如果使用炫云等云渲染器渲染，在提交数据完成后，炫云显示任务状态为“渲染中”，即可关闭计算机，通过炫云手机App可查看渲染过程和下载渲染结果，也可在第二次开机后开启炫云程序等待下载结果。

图7-21　打包项目

图7-22　渲染/批量渲染

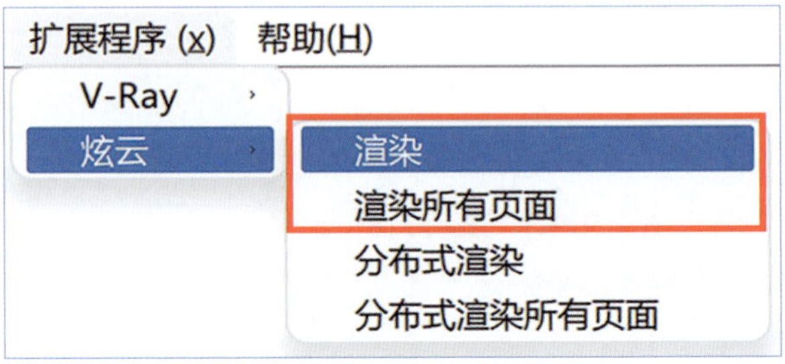

图7-23　云渲染/批量云渲染

7.3　效果图渲染案例

本书的效果图渲染案例操作以“弗里茨汉森家居馆”为例，如图7-24所示。读者可以关注公众号“卓越软件官微”，回复“弗里茨汉森家居馆”获取渲染所需的文件，如图7-25所示，V-Ray渲染的方法和参数并不唯一，在编写过程中，本节使用的方法和调试的参数仅供读者参考。

图7-24　弗里茨汉森家居馆渲染效果图

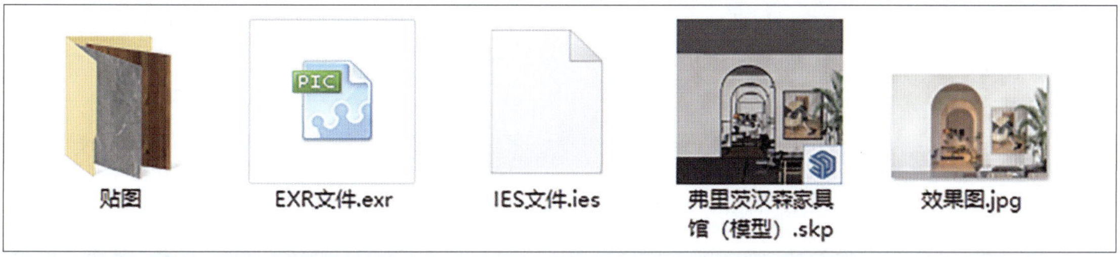

图7-25　渲染素材

7.3.1　擦除旧版本 V-Ray 数据

（1）打开文件

使用SketchUp打开“弗里茨汉森家居馆（模型）”，如图7-26所示（屋顶被隐藏），从外到内四个房间依次是“客厅”“展厅”“会议室”“休息室”。

（2）打开“V-Ray资源编辑器”

如图7-27所示，在“V-Ray for SketchUp”工具栏中，用鼠标左键单击“Asset Editor”工具的图标，即可打开资源编辑器。

（3）擦除V-Ray数据

如果SketchUp中存在旧版本V-Ray创建的材质，打开资源编辑器中的材质列表后，会发现新旧版本的材质面板差异较大，使用新版本的V-Ray渲染旧材质会出现颜色误差、渲染通道错误等问题，因此在渲染测试开始前，需要先擦除旧版本V-Ray数据。

步骤 01　执行“扩展程序>V-Ray>Tools>Wipe V-Ray data from project”菜单指令，如图7-28所示。

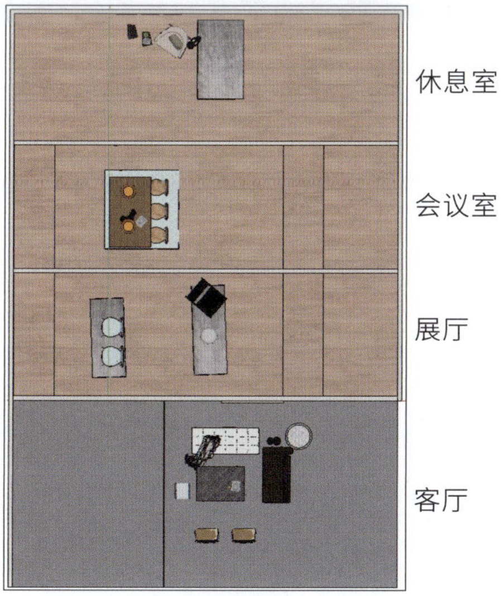

图7-26　家居馆布局

图7-27　“V-Ray for SketchUp”工具栏

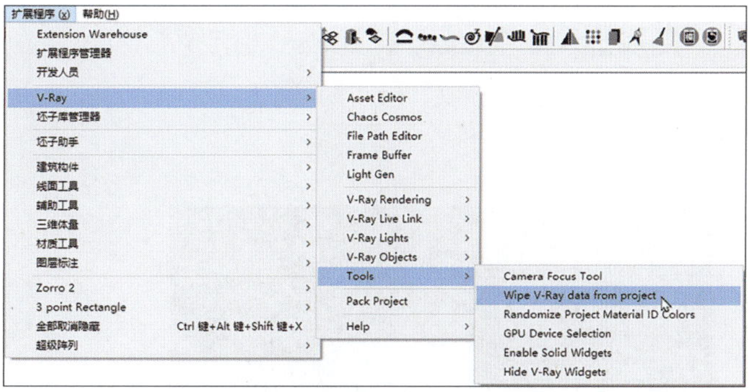

图7-28　Wipe V-Ray data from project

步骤 02　弹出“是否清除V-Ray相关信息”对话框，如图7-29所示，意为“你要清除场景中所有的V-Ray相关信息吗？包括V-Ray灯光、组件、代理物体和材质？”，用鼠标左键单击“是（Y）”。

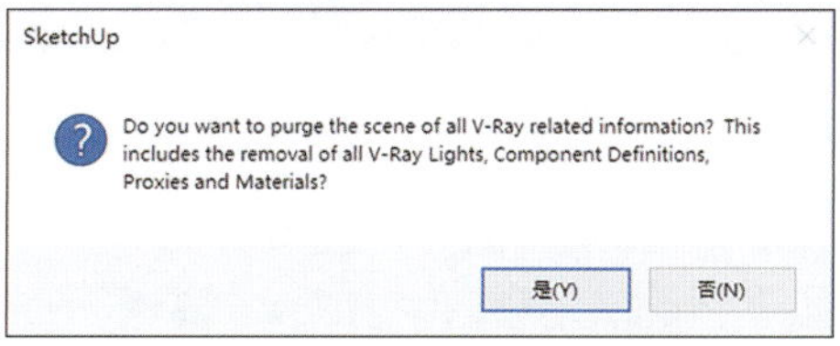

图7-29　是否清除V-Ray相关信息

步骤 03　弹出“是否清除未使用的SketchUp材质和组件？”对话框，如图7-30所示，意为“你要清除未使用的SketchUp材质和组件吗（推荐）？”用鼠标左键单击“是（Y）”，即可清除旧版本V-Ray数据。

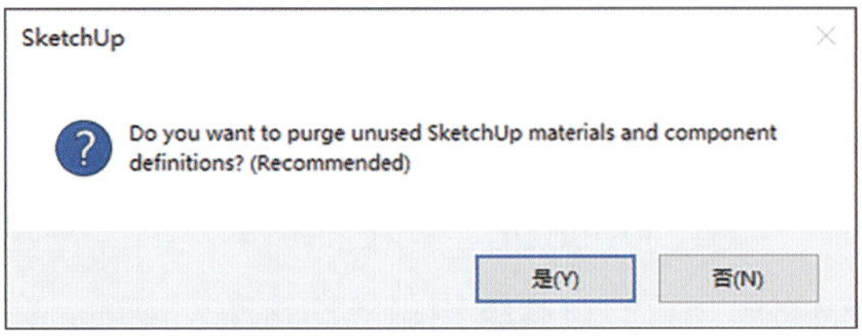

图7-30　是否清除未使用的SketchUp材质和组件

△ 提示

当正式渲染测试开始后，请勿“擦除V-Ray数据”，否则会清除掉已经调试好的灯光和材质。

7.3.2　模型构图

7.3.2.1　设定图像宽高比

（1）打开“渲染输出”面板

打开“V-Ray资源编辑器＞设置＞渲染输出”面板。

（2）设定图像宽高比

步骤 01　将“长宽比”修改为“自定义”，并且将“方位宽度/高度”修改为“1.5/1”，如图7-31所示。

图7-31　渲染输出面板

步骤 02　打开“渲染安全框”，如图7-31所示，SketchUp视口中出现两个黑框，即可设定成功。

步骤 03　渲染测试过程中，用户可调整“图像宽度/高度”的数值，来控制图像的清晰度。

7.3.2.2　设定视点位置

（1）确定视点位置

打开“V-Ray资源编辑器＞设置＞渲染输出”面板。

如图7-32所示，在SketchUp中使用“卷尺”工具（ ）创建两条参考线，“参考线1”距离地面缝隙0.2m，“参考线2”距离地面边界2.4m，两条参考线的交点即视点位置。

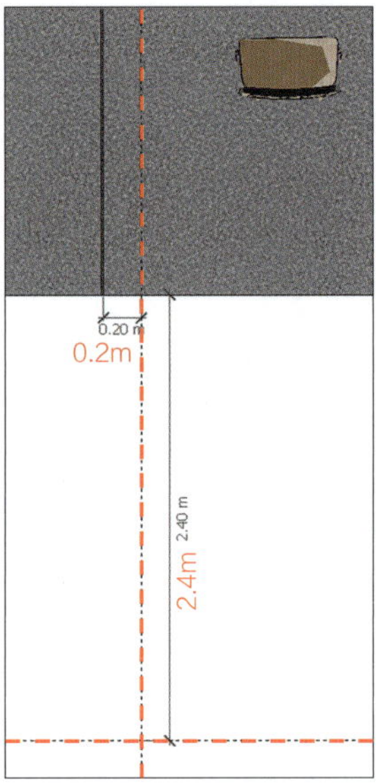

图7-32　创建参考线

（2）确定视点高度

步骤 01　在SketchUp中执行“相机＞定位相机”菜单指令，图标为（ ），在“参考线1”和“参考线2”的交点处单击鼠标左键，即可固定相机位置。

相机将处于一般人眼所在的高度上（默认视点高度约为1.68m），同时光标自动切换为（ ），用户进入“绕轴旋转”工具中，可以在度量值框中输入新的视点高度。

步骤 02　直接输入“0.4m”，即可将视点高度调整为“0.4m”，如图7-33所示。

图7-33　确定视点高度（0.4m）

7.3.2.3　调整相机透视

确定视点高度后，需要根据渲染效果图调整相机的透视。

渲染效果图为“一点透视”，水平和竖直的线处于完全水平/竖直状态。此时相机透视为“三点透视”，水平和竖直的线均处于倾斜状态。

△ 提示

快速判断线条是否水平/竖直

在SketchUp中执行“窗口>系统设置>OpenGL”菜单指令，如图7-34所示，将“多级采样消除锯齿”调整为“0x”并确认。

此时，SketchUp中水平/竖直的线如果不是完全水平/竖直状态，则会呈现出多段锯齿，通过是否有锯齿即可快速判断线条是否水平/垂直。

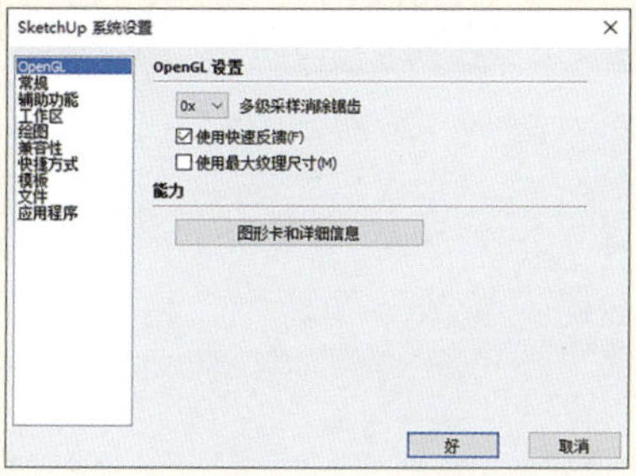

图7-34　OpenGL设置

（1）设定焦点位置（调整水平透视）

“定位相机”后，自动进入“绕轴旋转”工具中，图标为（ ），按住鼠标左键向任意方向移动光标即可调整焦点位置，即调整透视。

按住鼠标左键左右移动光标，以屋顶和墙壁的交界线为参考，当交界线为完全水平（无锯齿）时松开鼠标左键，即可完成水平透视的调整。

（2）设定两点透视（调整竖直透视）

在SketchUp中执行“相机>两点透视图”菜单指令，即可将竖直的线调整为完全竖直状态。

水平和竖直的线处于完全水平和竖直后，相机透视即为“一点透视”，如图7-35所示。

图7-35　“一点透视”图

7.3.2.4 设定镜头缩放

（1）缩放相机视野

在SketchUp中执行“相机>缩放”菜单指令，图标为（ 🔍 ），按住鼠标左键并上下移动光标，即可放大/缩小相机视野，将画面缩放至合适的大小。

（2）调整镜头位置

在SketchUp中执行“相机>平移”菜单指令，图标为（ ），按住鼠标左键并向任意方向移动光标，即可调整镜头位置，将画面平移至合适的位置。

7.3.2.5 添加场景

如图7-36所示，在SketchUp的“默认面板>场景”面板中，点击“⊕”即可添加一个新的场景，从而将当前镜头角度保存到场景中。

图7-36 添加场景

在SketchUp视口中点击“场景标签”即可回到被保存的镜头角度，如图7-37所示。

图7-37 渲染效果图构图

7.3.2.6 测试渲染

测试渲染前，可以添加“灯光混合_Light Mix”渲染元素，即可在“帧缓存窗口”中打开“LightMix”属性面板，以便于快速调节各个灯光的开关、强度和颜色。

步骤 01 如图7-38所示，打开“V-Ray资源编辑器”，用鼠标右键单击“渲染元素”工具的图标添加“灯光混合/Light Mix”元素。

图7-38 “V-Ray资源编辑器”-“渲染元素”

如图7-39所示，在“灯光混合_Light Mix”右侧“参数”面板中，将“分组”改为“组实例”。

步骤 02 如图7-40所示，在“V-Ray

资源编辑器”中，用鼠标左键单击“Frame Buffer”工具的图标打开“帧缓存窗口”，单击（ ）开始测试渲染。

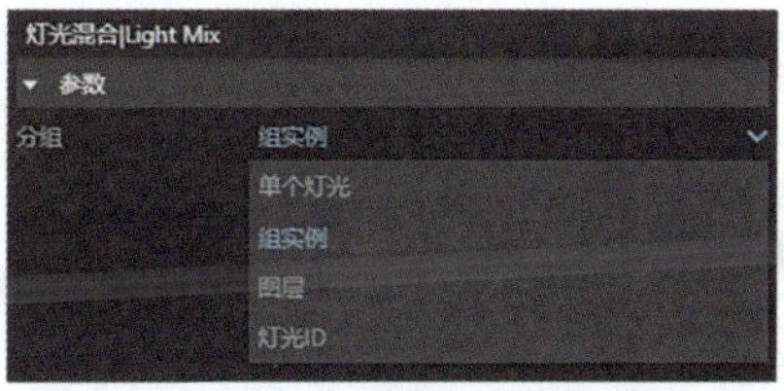

图7-39　灯光混合“组实例”

图7-40　“V-Ray资源编辑器”-“帧缓存窗口”

步骤 03　如图7-41所示，在帧缓存窗口右侧的“图层”面板中，选择“源：LightMix”即可在下方打开灯光混合“属性”面板，以快速调节各个灯光的开关、强度和颜色。

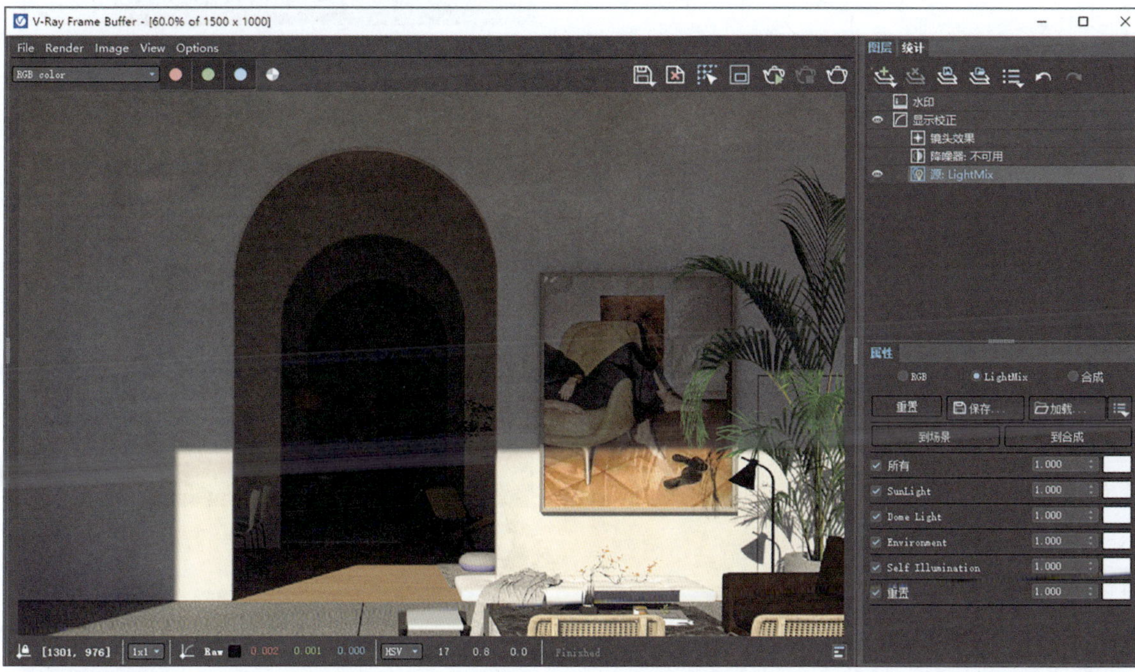

图7-41　测试渲染（只有“太阳光”）

7.3.3　创建自然光

自然光包括太阳光、穹顶灯（半球灯）、其他补光（模拟自然光）等。

7.3.3.1　太阳光

本场景中无需太阳光，因此关闭“太阳光”即可，如图7-42所示。

图7-42　“太阳光”关闭

7.3.3.2　穹顶灯

创建穹顶灯（半球灯）的步骤如下。

步骤 01　创建穹顶灯

如图7-43所示，在“V-Ray灯光”工具栏中，用鼠标左键单击“穹顶灯”工具的图标；在绘图区任意一点单击鼠标左键，即可完成“穹顶灯”的创建，如图7-44所示。

图7-43　“穹顶灯”工具的图标

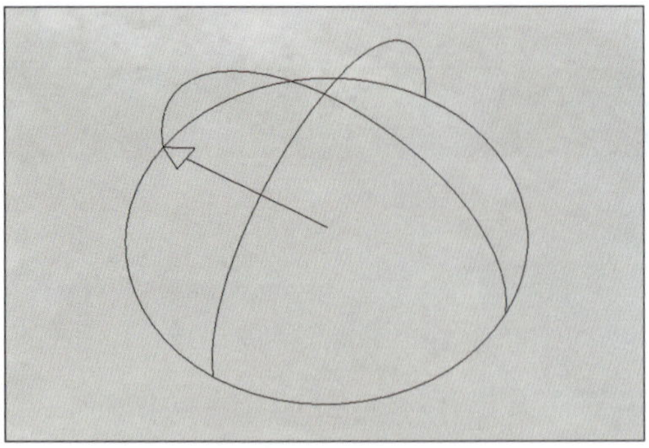

图7-44 “穹顶灯”模型

同时，在V-Ray资源编辑器的灯光列表中，同步出现一个新的穹顶灯，双击鼠标左键修改灯光名称为“穹顶灯”，如图7-45所示。

图7-45 V-Ray灯光列表

步骤 02 更改穹顶灯贴图

如图7-46所示，在穹顶灯“参数”面板中，用鼠标左键单击“颜色/纹理 HDR”的“贴图框”。弹出“位图”面板，如图7-47所示，用鼠标左键单击“文件”图标，选择案例素材包中的“exr”图像文件并确认，返回至穹顶灯“参数”面板。

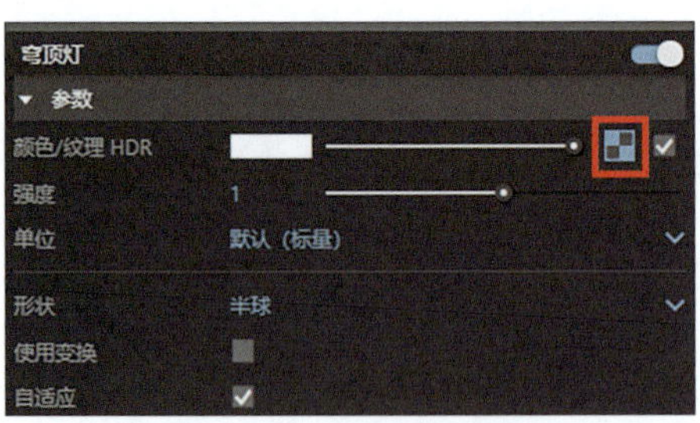

图7-46 穹顶灯“参数”

图7-47 “位图”参数

步骤 03 调整穹顶灯参数

如图7-48所示，在穹顶灯“参数”中，将“形状”类型修改为“球形”；

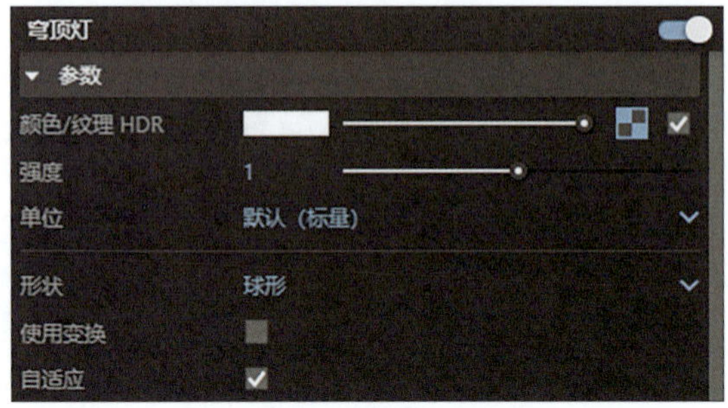

图7-48 形状-“球形”

如图7-49所示，在穹顶灯“选项”中，将“纹理分辨率”数值修改为“2048”。

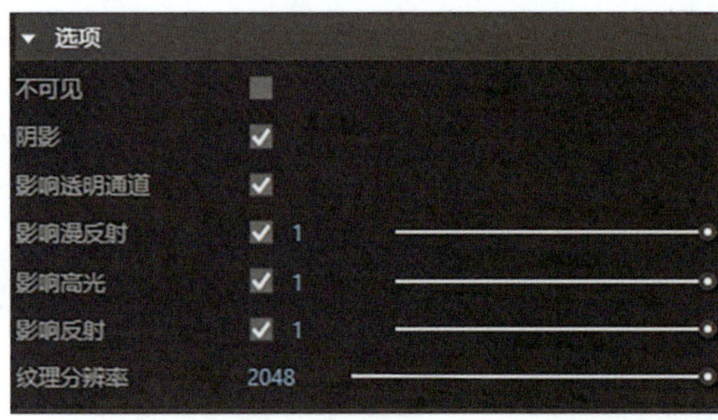

图7-49 纹理分辨率-“2048”

步骤 04 测试渲染并调整灯光参数

如图7-50所示，在“帧缓存窗口”中单击（）开始测试渲染。

测试渲染后，在灯光混合“属性”面板调整灯光的强度参数，以达到较理想的渲染结果。

> △ 提示
>
> 本书调试的参数仅供参考，读者可根据计算机实际渲染结果进行调整。

7.3.3.3 自然光补光

在部分情况中，需要创建人造光以模拟自然光。

步骤 01 创建面光源

如图7-51所示，在“V-Ray灯光”工具栏中，用鼠标左键单击“矩形灯”工具的图标。

图7-50　测试渲染（只有“穹顶灯”）

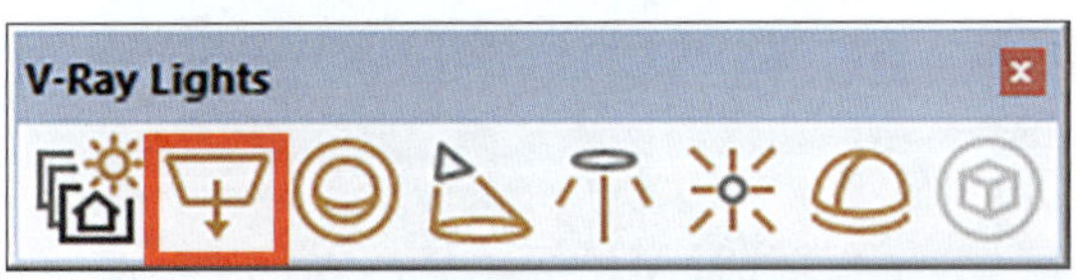

图7-51　“矩形灯”工具的图标

图7-53　V-Ray灯光列表

在绘图区单击鼠标左键确定“对角点A”，移动光标在绘图区单击鼠标左键确定“对角点B”，即可完成“矩形灯”的创建，如图7-52所示。

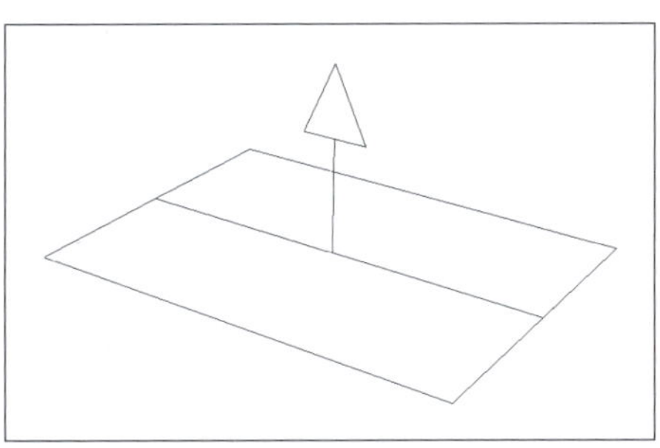

图7-52　“矩形灯”模型

同时，在V-Ray资源编辑器的灯光列表中，同步出现一个新的矩形灯，双击鼠标左键修改灯光名称为“自然光补光”，如图7-53所示。

步骤 02　调整面光源位置

如图7-54所示，在SketchUp中使用“移动”“旋转”“缩放”等工具将矩形灯移动至图示位置，并且复制一个矩形灯，形成双层自然光补光。

图7-54　“自然光补光”位置

步骤 03　调整面光源参数

如图7-55所示，在矩形灯“选项”中，勾选“不可见”；取消勾选“影响反射”。

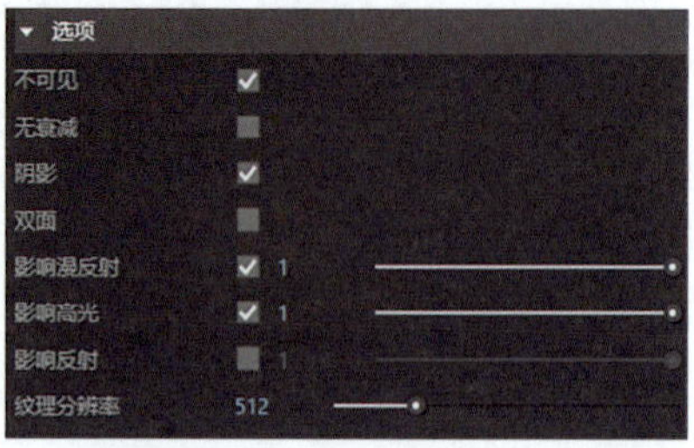

图7-55 “自然光补光”选项

步骤 04　测试渲染并调整灯光参数

如图7-56所示，在“帧缓存窗口”中单击（ ）开始测试渲染。

测试渲染后，在灯光混合“属性”面板中调整灯光的强度参数，以达到较理想的渲染结果。

> △ 提示
>
> 本书调试的参数仅供参考，读者可根据计算机实际渲染结果进行调整。

图7-56 测试渲染（“穹顶灯”+“自然光补光”）

7.3.4　创建人造光

光线与材质相辅相成，创建灯光与调试材质往往需要协同进行。本场景在创建人造光之前，室内光线较暗，材质的调试及渲染结果不明显，因此先在本场景中创建人造光，再调试材质参数，并不断测试和修改灯光及材质的参数，以达到较理想的渲染结果。

7.3.4.1　休息室灯光

（1）屋顶面光源

步骤 01　创建面光源

如图7-57所示，在“V-Ray灯光”工具栏中，用鼠标左键单击“矩形灯”工具的图标。

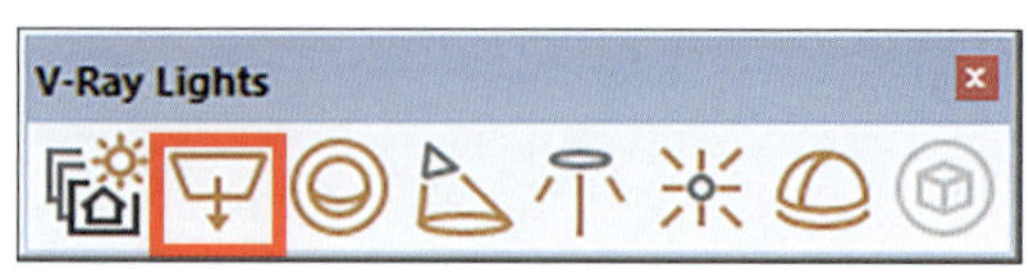

图7-57 “矩形灯”工具的图标

在绘图区单击鼠标左键确定“对角点A”，移动光标在绘图区单击鼠标左键确定“对角点B”，即可完成“矩形灯”的创建，如图7-58所示。

同时，在V-Ray资源编辑器的灯光列表中，同步出现一个新的矩形灯，双击鼠标左键修改灯光名称为“休息室——屋顶面光源”，如图7-59所示。

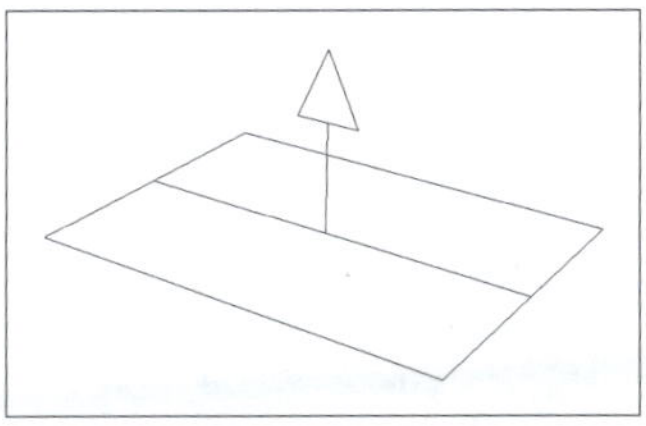

图7-58 “矩形灯”模型

图7-59 V-Ray灯光列表

步骤 02　调整面光源位置

如图7-60所示，在SketchUp中使用“移动”“旋转”“缩放”等工具将矩形灯移动至图示位置，形成屋顶面光源。

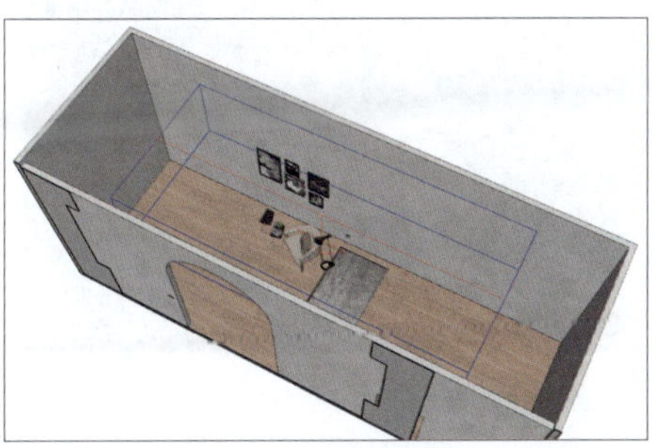

图7-60 “休息室——屋顶面光源”位置（屋顶隐藏）

步骤 03　调整面光源参数

如图7-61所示，在矩形灯“选项”中，勾选“不可见”；勾选“无衰减”；勾选“双面”。

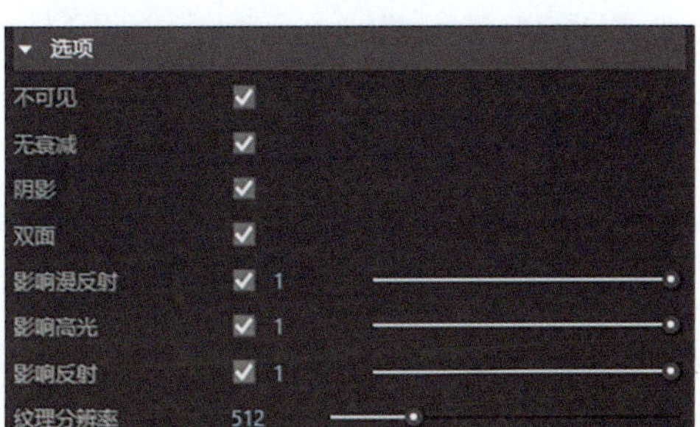

图7-61 “休息室——屋顶面光源”选项

（2）落地灯泛光灯

步骤 01　创建泛光灯

如图7-62所示，在“V-Ray灯光”工具栏中，用鼠标左键单击“泛光灯”工具的图标。

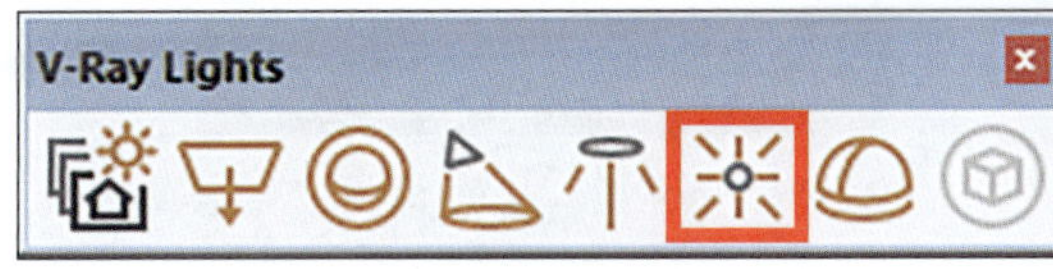

图7-62 “泛光灯”工具的图标

在绘图区任意一点单击鼠标左键，即可完成“泛光灯”的创建，如图7-63所示。

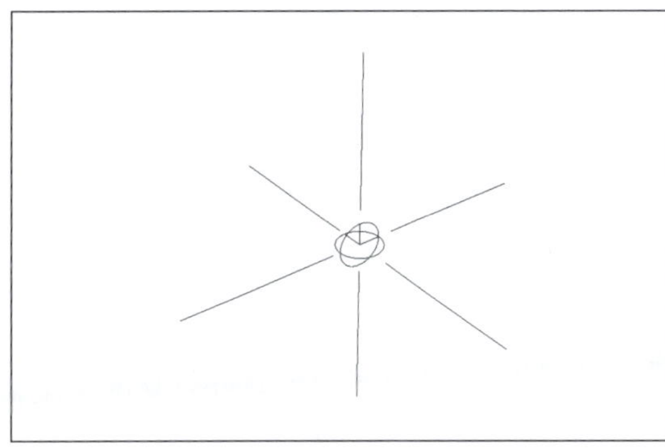

图7-63 “泛光灯”模型

同时，在V-Ray资源编辑器的灯光列表中，同步出现一个新的泛光灯，双击鼠标左键修改灯光名称为“休息室——落地灯泛光灯”，如图7-64所示。

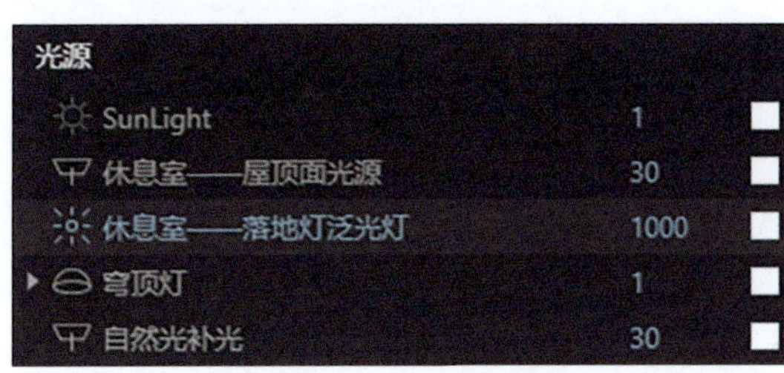

图7-64 V-Ray灯光列表

步骤 02　调整面光源位置

如图7-65所示，在SketchUp中使用“移动”等工具将面光源移动至图示位置，形成落地灯泛光灯。

图7-65 “休息室——落地灯泛光灯”位置

（3）落地灯面光源

步骤 01　创建面光源

如图7-66所示，在“V-Ray灯光”工具栏中，用鼠标左键单击“矩形灯”工具的图标。

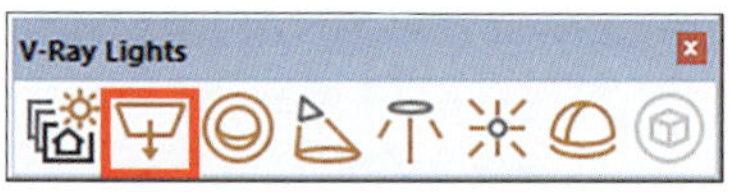

图7-66 “矩形灯”工具的图标

在绘图区单击鼠标左键确定“对角点A”，移动光标在绘图区单击鼠标左键确定“对角点B”，即可完成“矩形灯”的创建，如图7-67所示。

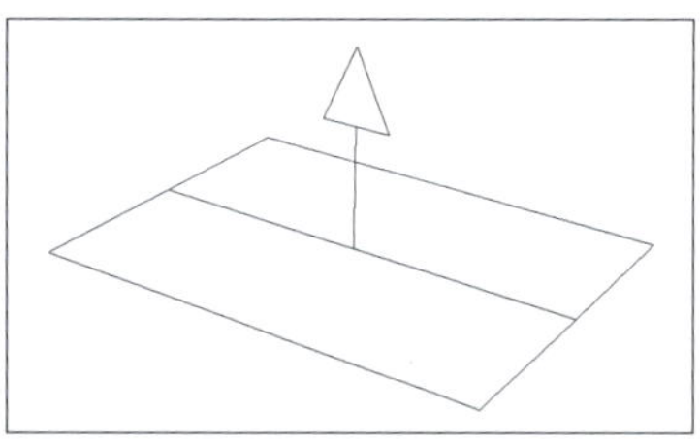

图7-67 “矩形灯”模型

同时，在V-Ray资源编辑器的灯光列表中，同步出现一个新的矩形灯，双击鼠标左键修改灯光名称为“休息室——落地灯面光源”，如图7-68所示。

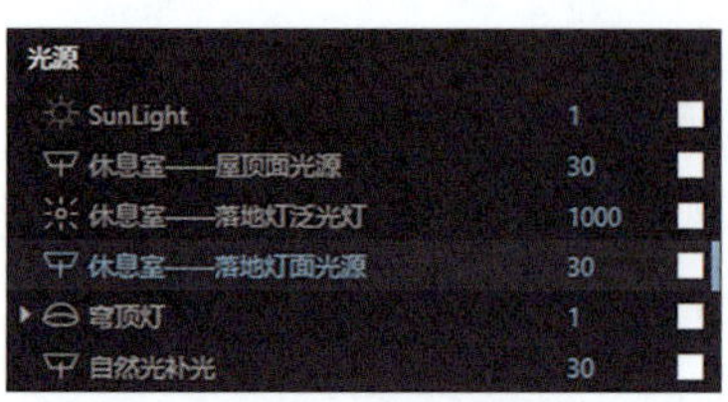

图7-68 V-Ray资源编辑器灯光列表

步骤 02　调整面光源位置

如图7-69所示，在SketchUp中使用“移动”“旋转”“缩放”等工具将矩形灯移动至图示位置，形成落地灯面光源。

图7-69 “休息室——落地灯面光源”位置

步骤 03　调整面光源参数

如图7-70所示，在矩形灯“选项”中，勾选“不可见”。

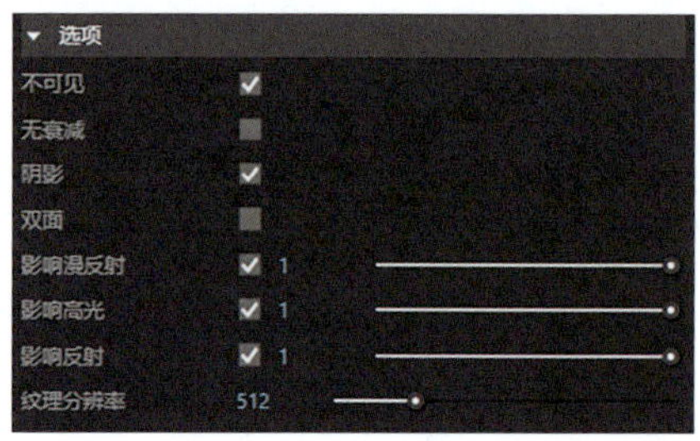

图7-70 “休息室——落地灯面光源”选项

（4）入口面光源

步骤 01　创建面光源

如图7-71所示，在“V-Ray灯光”工具栏中，用鼠标左键单击“矩形灯”工具的图标。

图7-71 “矩形灯”工具的图标

在绘图区单击鼠标左键确定“对角点A”，移动光标在绘图区单击鼠标左键确定“对角点B”，即可完成“矩形灯”的创建，如图7-72所示。

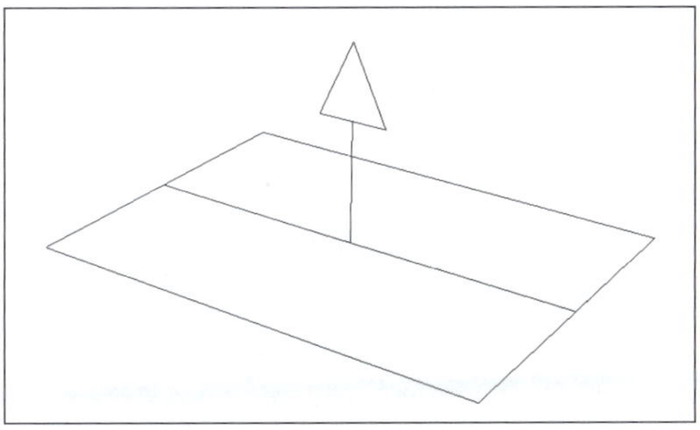

图7-72　“矩形灯”模型

同时，在V-Ray资源编辑器的灯光列表中，同步出现一个新的矩形灯，双击鼠标左键修改灯光名称为“休息室——入口面光源”，如图7-73所示。

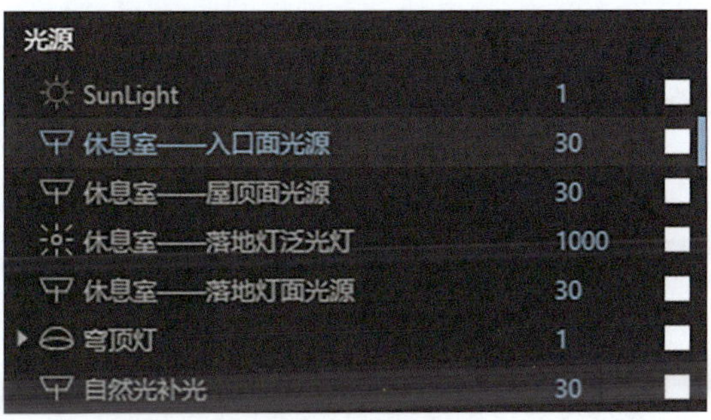

图7-73　V-Ray资源编辑器灯光列表

步骤 02　调整面光源位置

如图7-74所示，在SketchUp中使用“移动”“旋转”“缩放”等工具将矩形灯移动至图示位置，形成入口面光源。

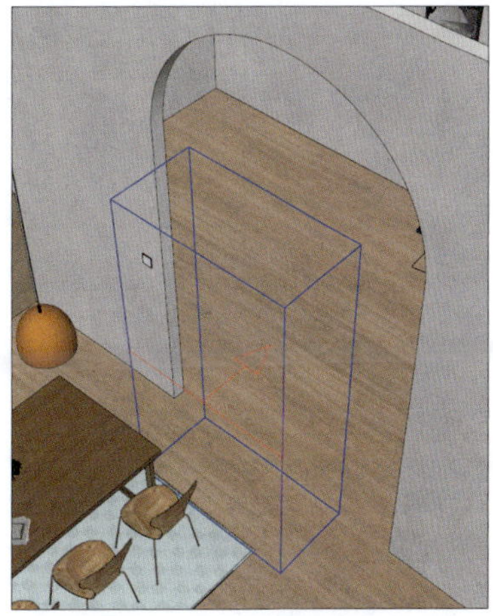

图7-74　“休息室——入口面光源”位置

步骤 03　调整面光源参数

如图7-75所示，在矩形灯“选项”中，勾选“不可见”；取消勾选“影响反射”。

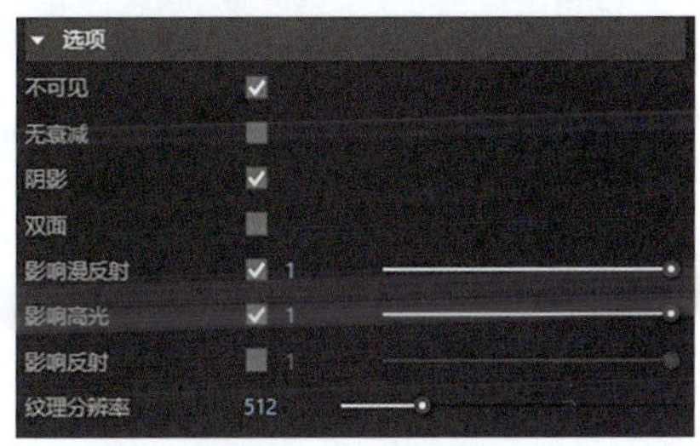

图7-75　“休息室——入口面光源”选项

（5）测试渲染并调整灯光参数

如图7-76所示，在“帧缓存窗口”中单击 开始测试渲染。

图7-76　测试渲染（“自然光”+“休息室灯光”）

测试渲染后，在灯光混合“属性”面板中调整灯光的强度、颜色等参数，以达到较理想的渲染结果。

其中，“休息室——屋顶面光源”“休息室——落地灯泛光灯”和“休息室——落地灯面光源”的灯光颜色修改为：

“色彩空间”——“sRGB”；

“范围”——“0-255”；

“R-211，G-135，B-60”。

“休息室——入口面光源”的灯光颜色为“白色（R-255，G-255，B-255）”。

> △ 提示
>
> 本书调试的参数仅供参考，读者可根据计算机实际渲染结果进行调整。

7.3.4.2 会议室灯光

（1）书架面光源

步骤 01 创建面光源

如图7-77所示，在“V-Ray灯光”工具栏中，用鼠标左键单击“矩形灯”工具的图标。

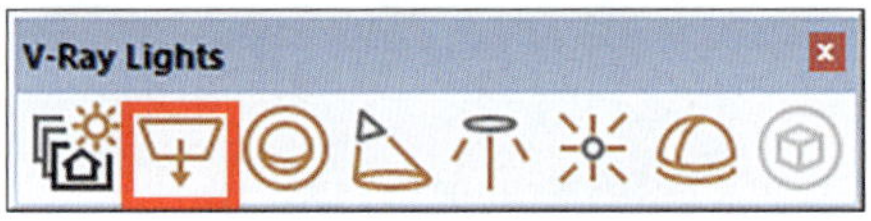

图7-77 “矩形灯”工具的图标

在绘图区单击鼠标左键确定“对角点A”，移动光标在绘图区单击鼠标左键确定“对角点B”，即可完成“矩形灯”的创建，如图7-78所示。

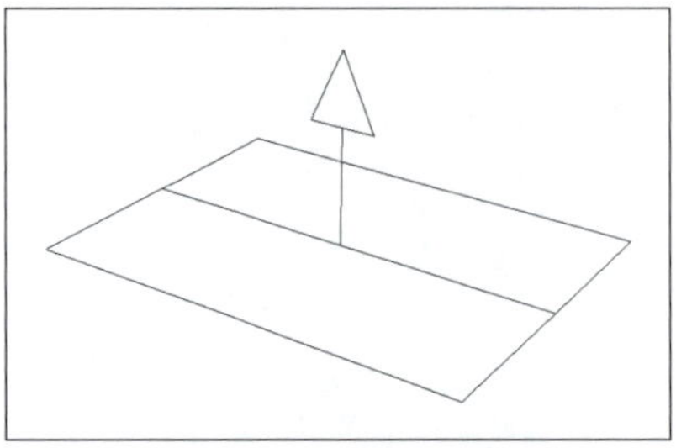

图7-78 “矩形灯”模型

同时，在V-Ray资源编辑器的灯光列表中，同步出现一个新的矩形灯，双击鼠标左键修改灯光名称为“会议室——书架面光源”，如图7-79所示。

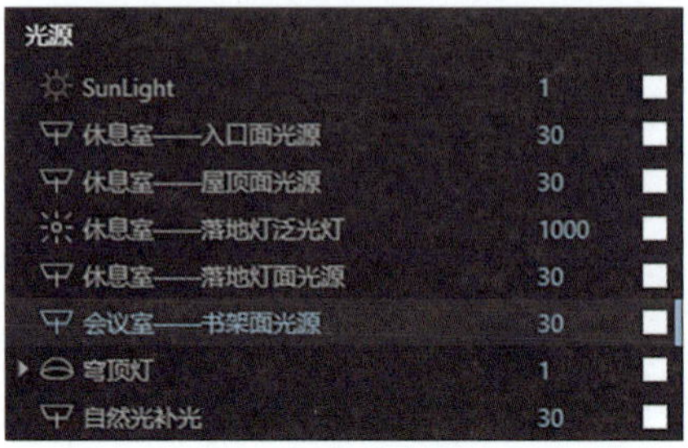

图7-79 V-Ray资源编辑器灯光列表

步骤 02 调整面光源位置

如图7-80所示，在SketchUp中使用“移动”“旋转”“缩放”等工具将矩形灯移动至图示位置，形成书架面光源。

图7-80 “会议室——书架面光源”位置

步骤 03 调整面光源参数

如图7-81所示，在矩形灯“选项”中，勾选“不可见”；勾选“双面”。

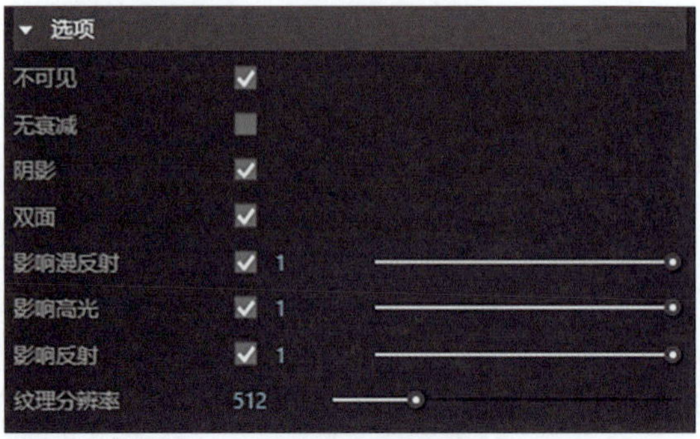

图7-81 “会议室——书架面光源”选项

（2）测试渲染并调整灯光参数

如图7-82所示，在“帧缓存窗口”中单击 开始测试渲染。

测试渲染后，在灯光混合“属性”面板中调整灯光的强度、颜色等参数，以达到较理想的渲染结果。

其中，“会议室——书架面光源”的灯光颜色修改为：

“色彩空间”——“sRGB”；

“范围”——“0-255”；

“R-211，G-135，B-60”。

> △ 提示
>
> 本书调试的参数仅供参考，读者可根据计算机实际渲染结果进行调整。

图7-82　测试渲染（“自然光”+“休息室灯光”+“会议室灯光”）

7.3.4.3　展厅灯光

（1）书架面光源

步骤 01　创建面光源

如图7-83所示，在“V-Ray灯光”工具栏中，鼠标左键单击“矩形灯”工具的图标。

图7-83　“矩形灯”工具的图标

在绘图区单击鼠标左键确定“对角点A”，移动光标在绘图区单击鼠标左键确定“对角点B”，即可完成“矩形灯”的创建，如图7-84所示。

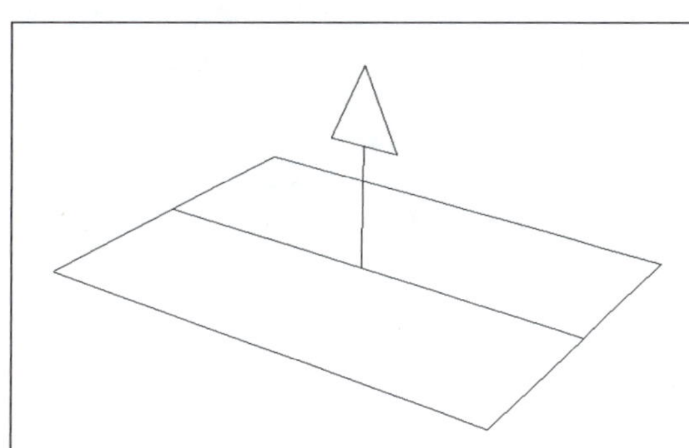

图7-84　“矩形灯”模型

同时，在V-Ray资源编辑器的灯光列表中，同步出现一个新的矩形灯，双击鼠标左键修改灯光名称为“展厅——书架面光源”，如图7-85所示。

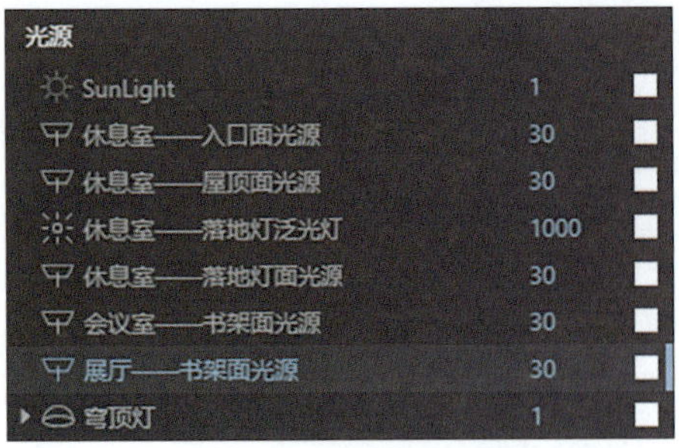

图7-85 V-Ray灯光列表

步骤 02 调整面光源位置

如图7-86所示，在SketchUp中使用“移动”“旋转”“缩放”等工具将矩形灯移动至图示位置，形成书架面光源。

图7-86 “展厅——书架面光源”位置

步骤 03 调整面光源参数

如图7-87所示，在矩形灯“选项”中，勾选“不可见”；勾选“双面”。

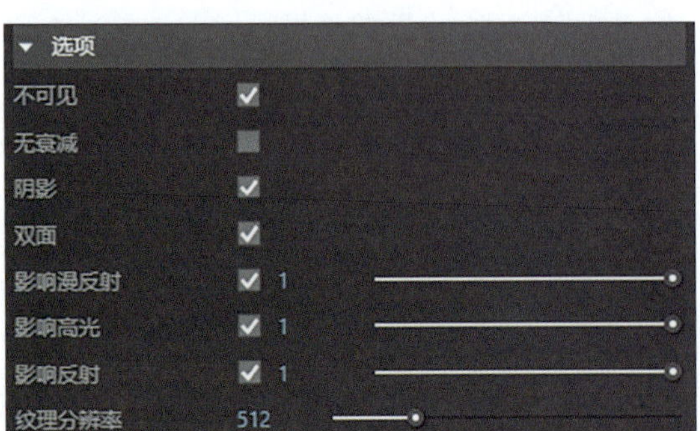

图7-87 “展厅——书架面光源”选项

（2）椅子面光源

步骤 01 创建面光源

如图7-88所示，在“V-Ray灯光”工具栏中，用鼠标左键单击“矩形灯”工具的图标。

图7-88 “矩形灯”工具的图标

在绘图区单击鼠标左键确定“对角点A”，移动光标在绘图区单击鼠标左键确定“对角点B”，即可完成“矩形灯”的创建，如图7-89所示。

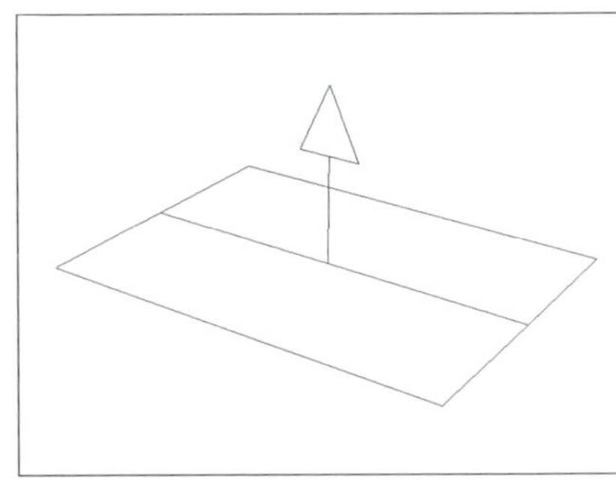

图7-89 “矩形灯”模型

同时，在V-Ray资源编辑器的灯光列表中，同步出现一个新的矩形灯，双击鼠标左键修改灯光名称为“展厅——椅子面光源”，如图7-90所示。

图7-90 V-Ray资源编辑器灯光列表

步骤 02 调整面光源位置

如图7-91所示，在SketchUp中使用“移动”“旋转”“缩放”等工具将矩形灯移动至图示位置，形成椅子面光源。

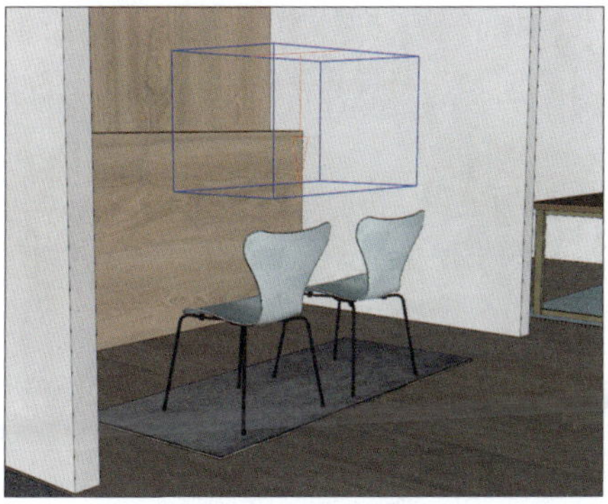

图7-91　“展厅——椅子面光源”位置

步骤 03　调整面光源参数

如图7-92所示，在矩形灯“选项”中，勾选“不可见”。

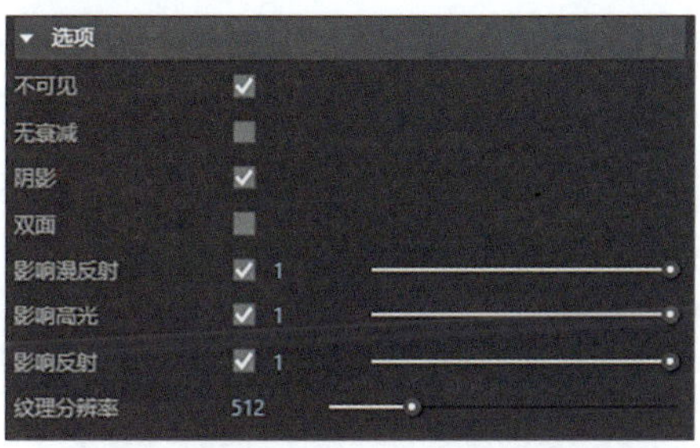

图7-92　“展厅——椅子面光源”选项

（3）坐垫面光源

步骤 01　复制面光源

在SketchUp中“复制”出另一个“椅子面光源”（副本）。

步骤 02　调整面光源位置

如图7-93所示，在SketchUp中使用“移动”“旋转”“缩放”等工具将“椅子面光源”（副本）移动至图示位置，形成坐垫面光源。

> △ 提示
>
> V-Ray灯光在SketchUp中是一个组件，因此“坐垫面光源”与“椅子面光源”完全一致，且V-Ray灯光列表中不会出现新的灯光。
>
> “坐垫面光源”的参数无需调整，与“椅子面光源”是同一个灯光。

图7-93　“展厅——坐垫面光源”位置

（4）测试渲染并调整灯光参数

如图7-94所示，在“帧缓存窗口”中单击 开始测试渲染。

图7-94　测试渲染（“自然光”+“休息室灯光”+“会议室灯光”+“展厅灯光”）

测试渲染后，在灯光混合“属性”面板中调整灯光的强度、颜色等参数，以达到较理想的渲染结果。

其中，“展厅——书架面光源”和“展厅——椅子面光源”的灯光颜色修改为：

“色彩空间”——“sRGB”；

“范围”——“0—255”；

“R-211，G-135，B-60”。

> △ 提示
>
> 本书调试的参数仅供参考，读者可根据计算机实际渲染结果进行调整。

7.3.5 调整材质参数

光线与材质相互影响，缺少灯光则材质无法呈现效果，缺少材质则灯光效果欠佳。因此，在调试材质参数的过程中，仍需不断测试和修改灯光的参数，以达到较理想的渲染结果。

7.3.5.1 材质参数调试

（1）常规材质参数调试（以“做旧漆面－墙壁”为例）

步骤 01 选择材质

如图7-95所示，在SketchUp中使用“吸管”工具，单击需要调试的材质，在SketchUp的“默认面板>材质”窗口即可显示该材质的名称，如图7-96所示。

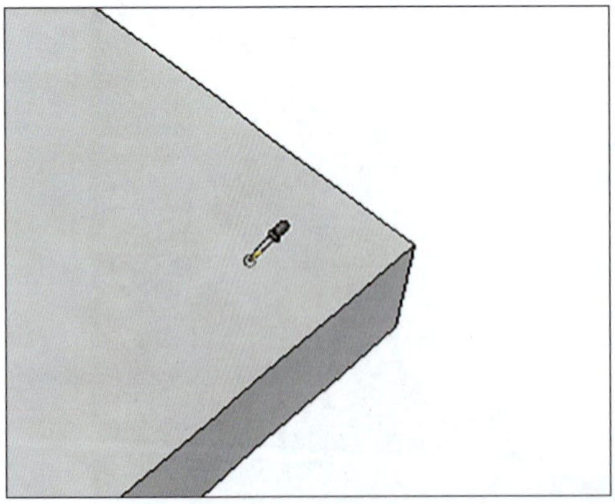

图7-95 “吸管”工具选择材质

图7-96 SketchUp材质面板

同时，在“V-Ray资源编辑器”的材质列表中，会自动跳转至“做旧漆面－墙壁”，如图7-97所示。

> △ 提示
>
> 如果在“V-Ray资源编辑器”的材质列表中无法自动选择“当前材质”，则在“材质列表搜索框”（图7-97的框1）中搜索材质名称即可。
>
> 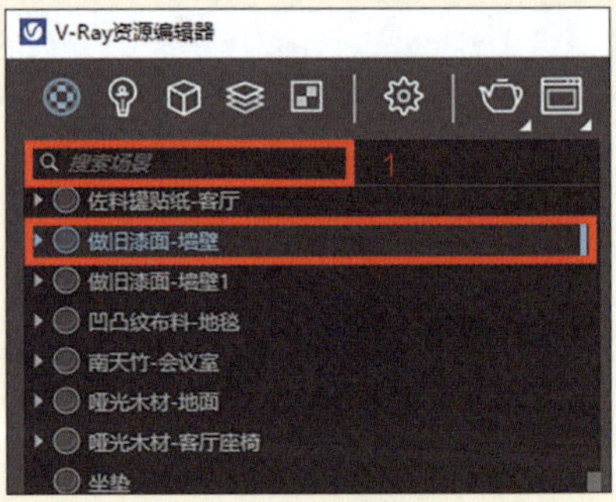
>
>
> 图7-97 V-Ray资源编辑器材质列表

步骤 02 调整材质参数

在材质列表中自动跳转至“做旧漆面－墙壁”后，即可在右侧参数面板中调整该材质的参数。

（2）官方材质库材质替换（以“丝绸_反光_02_红色_6cm”为例）

本案例在8.2.1小节中擦除V-Ray数据，模型中官方材质的参数也被清零，因此需要重新替换为材质库中的材质。

步骤 01 选择材质

如图7-98所示，在SketchUp中使用“吸管”工具（ ），单击需要调试的材质，在“V-Ray资源编辑器”的材质列表中，会自动跳转至“丝绸_反光_02_红色_6cm”，如图7-99所示。

图7-98 “吸管”工具选择材质

图7-99 选择场景中的对象

步骤 02 选择场景中的对象

如图7-100所示，在V-Ray材质列表中选择“丝绸_反光_02_红色_6cm”，并执行“右键＞选择场景中的对象”，即可在SketchUp中选中所有使用该材质的面。

步骤 03 替换官方材质库材质

如图7-100所示，在“V-Ray资源编辑器”的左侧“官方材质库”面板中选择“面料＞丝绸_反光_02_红色_6cm”，并执行“右键＞应用到选择物体”，即可将SketchUp中的旧材质替换为官方材质。

替换材质后，V-Ray材质列表中增加一个同名新材质，如图7-101所示，替换材质后无需修改参数。

> △ 提示
>
> 如果官方材质的渲染结果不理想，可在其基础上对参数进行调整。

7.3.5.2 客厅材质

如图7-102所示，客厅中的材质及渲染参数如下（不同模型使用相同材质，只调试一次即可）。

① **墙壁材质——**“做旧漆面-墙壁”，如图7-103所示。

“反射颜色”修改为“色彩空间——sRGB”；“范围——0-255”；“R-185，G-185，B-185”。

“反射光泽度”修改为0.65。

② **地面材质——**“抛光水刷石-地面”，如图7-104所示。

“反射颜色”修改为“色彩空间——sRGB”；“范围——0-255”；“R-225，G-225，B-225”。

“反射光泽度”修改为1。

勾选“反射IOR”，并将反射IOR值修改为3。

图7-100 应用到选择物体

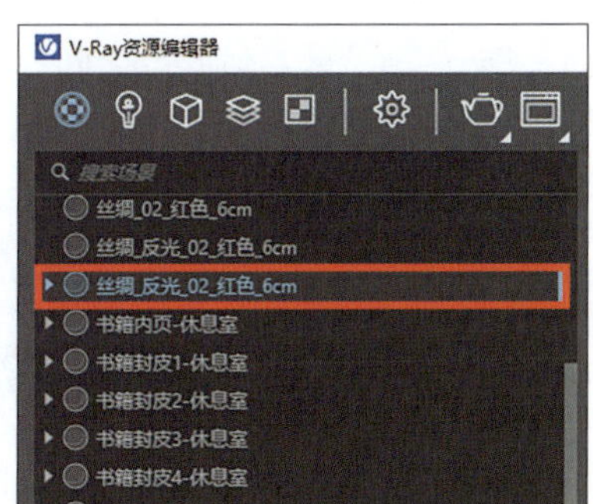

图7-101 替换材质后

图7-102 “客厅材质”调试后的渲染结果
1—墙壁材质；2—地面材质；3—折椅布料材质；4—茶几桌面材质；5—挂画边框材质；6—花瓶材质；
7—花瓶底座材质；8—木座椅材质；9—巴塞罗那椅材质；10—清理未使用的资源；11—木座椅扶手材质；
12—双人皮革沙发材质；13—黑色落地灯材质；14—门把手材质；15—花盆材质

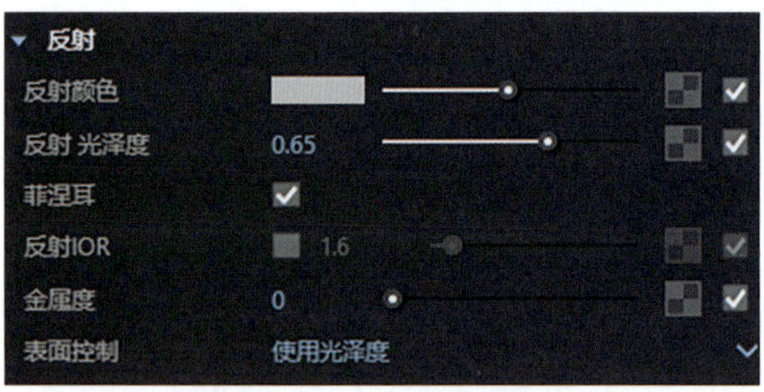

图7-103 “做旧漆面-墙壁”材质参数

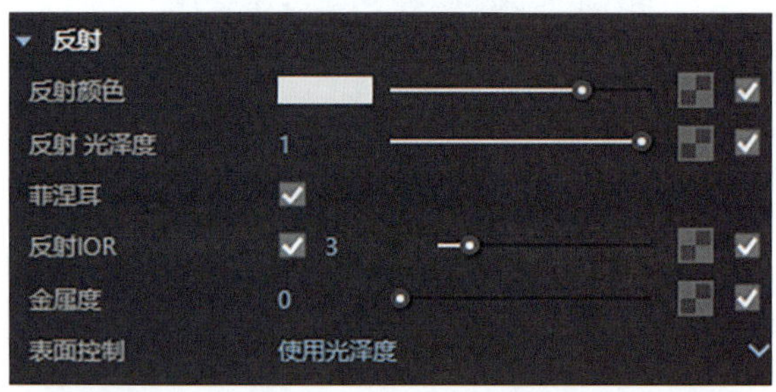

图7-104 “抛光水刷石-地面”材质参数

③ **折椅布料材质——**“丝绸_反光_02_红色_6cm”。

替换为“官方材质库>面料>丝绸_反光_02_红色_6cm”即可。

④ **茶几桌面材质——**“黑大理石-茶几桌面”，如图7-105所示。

“反射颜色”修改为“色彩空间——sRGB”；“范围——0-255”；“R-190，G-190，B-190”。

“反射光泽度”修改为0.85。

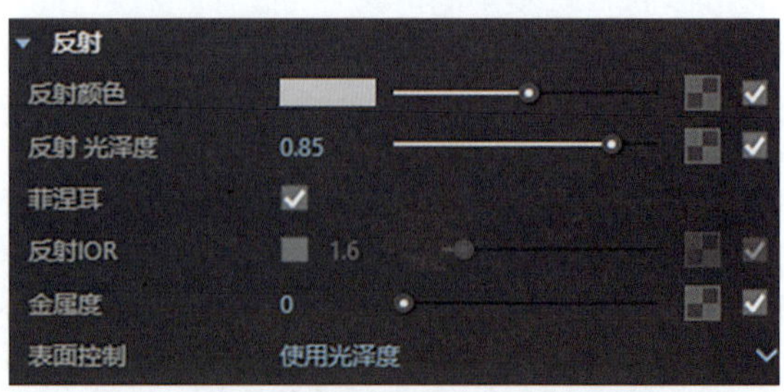

图7-105 “黑大理石-茶几桌面”材质参数

⑤ **挂画边框材质——**“灰亚光漆-客厅挂画边框”，如图7-106所示。

“反射颜色”修改为“色彩空间——

sRGB”；“范围——0-255”；“R-130，G-130，B-130”。

“反射光泽度”修改为0.55。

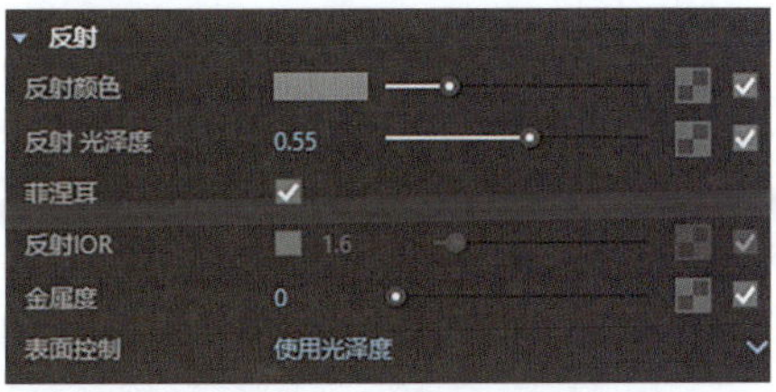

图7-106　“灰亚光漆-客厅挂画边框”材质参数

⑥ **花瓶材质**——“玻璃-客厅花瓶”，如图7-107所示。

“反射颜色”修改为“白色”。

“反射光泽度”修改为1。

“折射颜色”修改为“白色”。

“IOR折射率”修改为1.6。

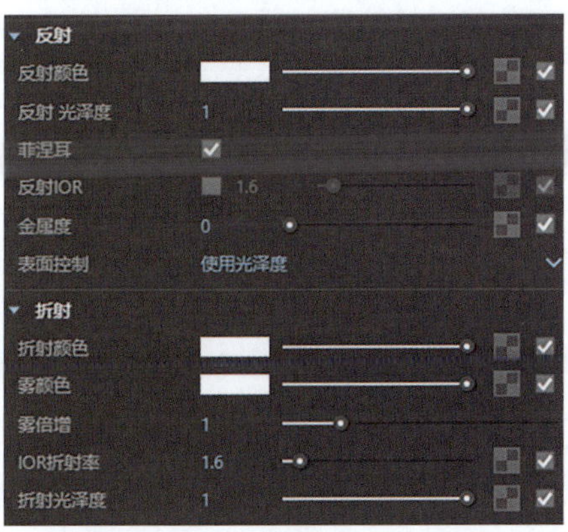

图7-107　“玻璃-客厅花瓶”材质参数

⑦ **花瓶底座材质**——“灰亚光漆-客厅花瓶底座”，如图7-108所示。

“反射颜色”修改为“白色”。

“反射光泽度”修改为1。

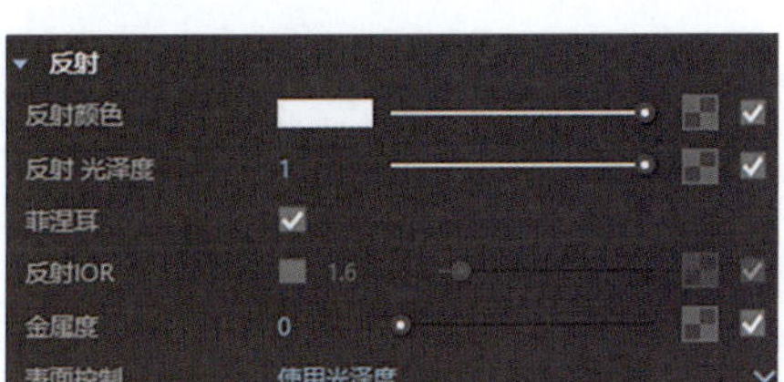

图7-108　“灰亚光漆-客厅花瓶底座”材质参数

⑧ **木座椅材质**——“亚光木材-客厅座椅”，如图7-109所示。

“反射颜色”修改为“色彩空间——sRGB”；“范围——0-255”；“R-195，G-195，B-195”。

“反射光泽度”修改为0.8。

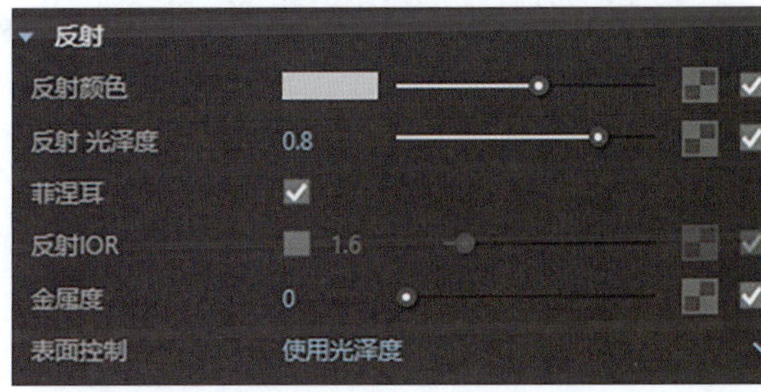

图7-109　“亚光木材-客厅座椅”材质参数

⑨ **巴塞罗那椅材质**——“皮革_I01_棕色_16cm”。

替换为“官方材质库>皮革>皮革_I01_棕色_16cm”即可。

⑩ **巴塞罗那椅绳子材质**——“丝绸_反光_03_灰色_6cm”。

替换为“官方材质库>面料>丝绸_反光_03_灰色_6cm”即可。

⑪ **木座椅扶手材质**——“灰色金属漆-客厅座椅”，如图7-110所示。

“反射颜色”修改为“白色”。

“反射光泽度”修改为1。

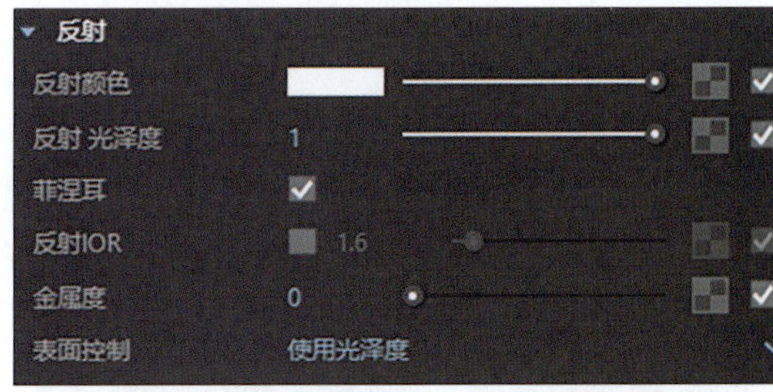

图7-110　“灰色金属漆-客厅座椅”材质参数

⑫ **双人皮革沙发材质**——“皮革-客厅双人沙发”，如图7-111所示。

“反射颜色”修改为“色彩空间——sRGB”；“范围——0-255”；“R-111，G-111，B-111”。

“反射光泽度”修改为0.6。

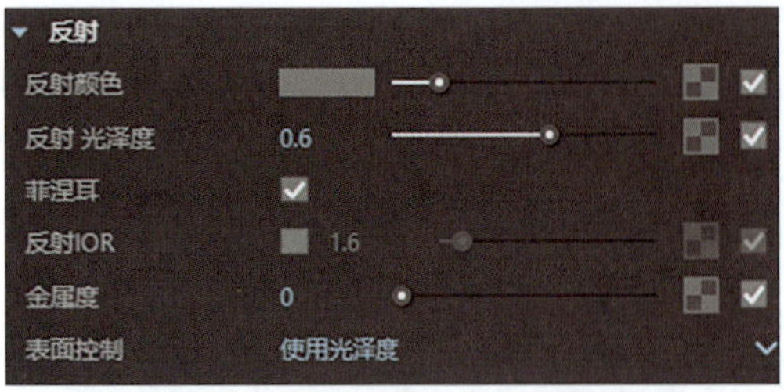

图7-111 “皮革-客厅双人沙发”材质参数

⑬ **黑色落地灯材质——**“黑亮光漆-落地灯”，如图7-112所示。

“反射颜色”修改为“色彩空间——sRGB”；“范围——0-255”；“R-130，G-130，B-130”。

“反射光泽度”修改为1。

勾选“反射IOR”，并将反射IOR值修改为2。

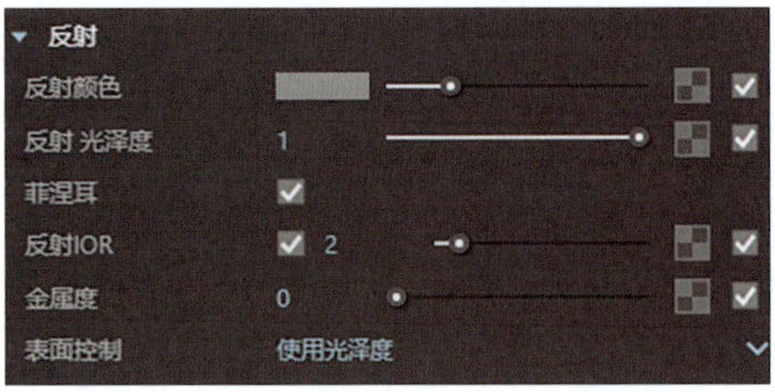

图7-112 “黑亮光漆-落地灯”材质参数

⑭ **门把手材质——**“金属_图案_N_bmp_5cm”。

替换为“官方材质库>金属>金属_图案_N_bmp_5cm”即可。

⑮ **花盆材质——**“混凝土-客厅花盆”，如图7-113所示。

“反射颜色”修改为“白色”。

“反射光泽度”修改为0.6。

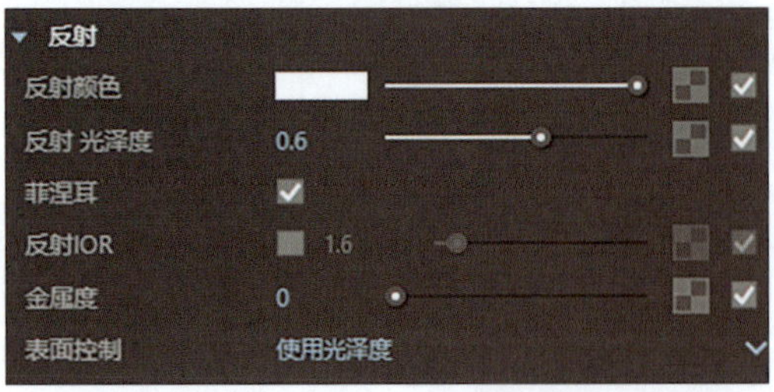

图7-113 “混凝土-客厅花盆”材质参数

测试渲染并调整材质参数：在“帧缓存窗口”中单击 开始测试渲染，测试后根据测试渲染结果不断调试各个材质的参数，以达到较为理想的渲染结果。

> △ 提示
>
> 本书调试的参数仅供参考，读者可根据计算机实际渲染结果进行调整。

7.3.5.3 展厅材质

展厅中的材质及渲染参数如下（不同模型使用相同材质，只调试一次即可）。

① **椅子材质——**“天鹅绒_03_蓝色_6cm”。

替换为“官方材质库>面料>天鹅绒_03_蓝色_6cm”即可。

② **椅子腿材质——**“铁_模糊_5cm”。

替换为“官方材质库>金属>铁_模糊_5cm”即可。

③ **木地板材质——**“饰面板_C01_120cm”。

替换为“官方材质库>木材>饰面板_C01_120cm”即可。

④ **折椅椅子腿材质——**“钢_光滑”。

替换为“官方材质库>金属>钢_光滑”即可。

⑤ **坐垫底部布料材质——**“布料_F02_军绿_40cm”。

替换为“官方材质库>面料>布料_F02_军绿_40cm”即可。

测试渲染并调整材质参数：在“帧缓存窗口”中单击（ ）开始测试渲染，测试结果如图7-114所示，测试后根据测试渲染结果不断调试各个材质的参数，以达到较为理想的渲染结果。

> △ 提示
>
> 本书调试的参数仅供参考，读者可根据计算机实际渲染结果进行调整。

7.3.5.4　会议室材质

如图7-115所示，会议室中的材质及渲染参数如下（不同模型使用相同材质，只调试一次即可）。

图7-114 “展厅材质”调试后的渲染结果
1—椅子材质；2—椅子腿材质；3—木地板材质；4—折椅椅子腿材质；5—坐垫底部布料材质

图7-115 “会议室材质”调试后的渲染结果
1—吊灯材质；2—桌子材质；3—桌子腿材质；4—椅子材质；5—椅子腿材质

① **吊灯材质——**“橘色漆面－吊灯”，如图7-116所示。

“反射颜色”修改为“色彩空间——sRGB”;“范围——0-255”;“R-235，G-235，B-235”。

“反射光泽度”修改为0.75。

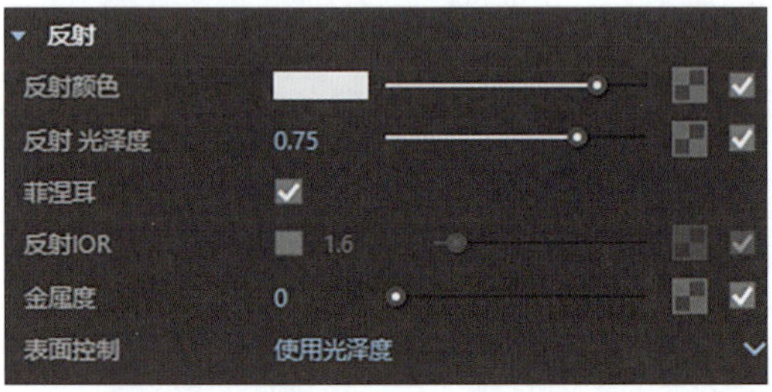

图7-116 “橘色漆面－吊灯”材质参数

② **桌子材质——**“木纹－工作室桌子”，如图7-117所示。

“反射颜色”修改为“白色”。

“反射光泽度”修改为0.65。

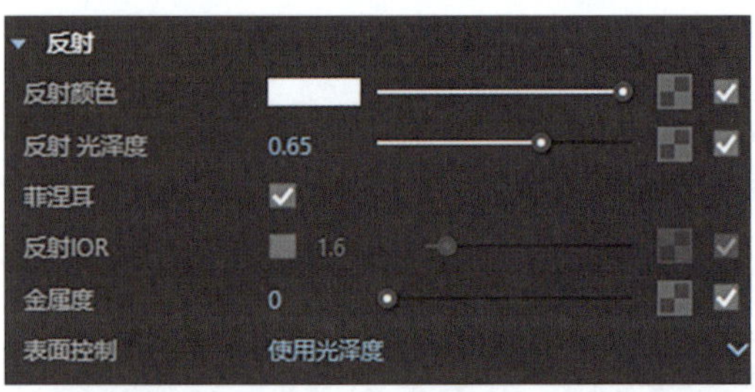

图7-117 “木纹－工作室桌子”材质参数

③ **桌子腿材质——**“木纹－工作室桌腿”，如图7-118所示。

“反射颜色”修改为“白色”。

“反射光泽度”修改为0.6。

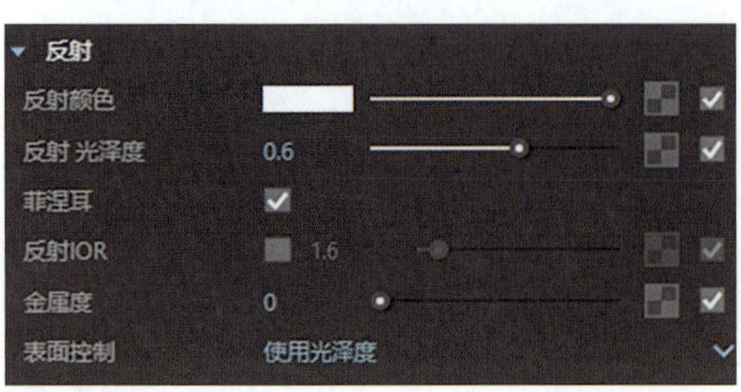

图7-118 “木纹－工作室桌腿”材质参数

④ **椅子材质——**“木材－会议室座椅”，如图7-119所示。

“反射颜色”修改为“色彩空间——sRGB”;“范围——0-255”;“R-90，G-90，B-90”。

“反射光泽度”修改为0.55。

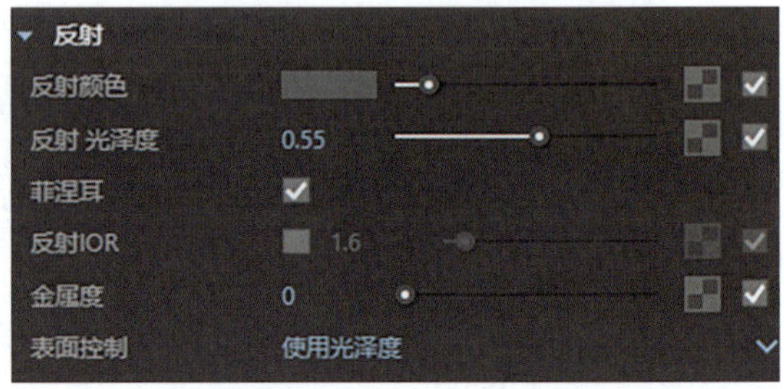

图7-119 “木材－会议室座椅”材质参数

⑤ **椅子腿材质——**“灰色亚光漆－会议室座椅腿”，如图7-120所示。

“反射颜色”修改为“色彩空间——sRGB”;“范围——0-255”;“R-187，G-187，B-187”。

“反射光泽度”修改为0.85。

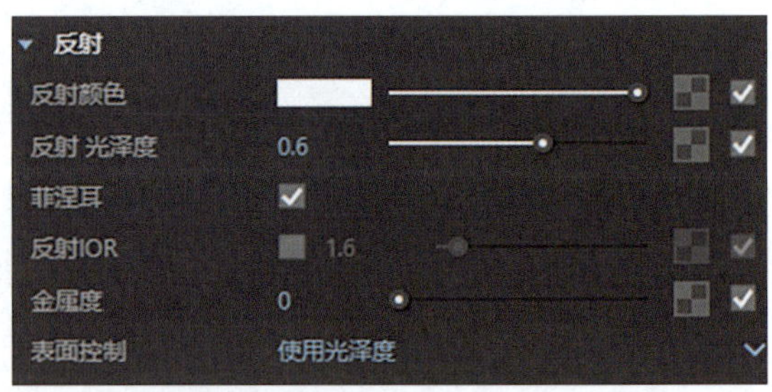

图7-120 “灰色亚光漆－会议室座椅腿”材质参数

测试渲染并调整材质参数：在“帧缓存窗口”中单击（ ）开始测试渲染，测试结果如图7-121所示，测试后根据测试渲染结果不断调试各个材质的参数，以达到较为理想的渲染结果。

> △ 提示
>
> 本书调试的参数仅供参考，读者可根据计算机实际渲染结果进行调整。

7.3.5.5　休息室材质

如图7-121所示，休息室中的材质及渲染参数如下（不同模型使用相同材质，只调试一次即可）。

图7-121　“休息室材质”调试后的渲染结果
1—中间画框玻璃；2—中间画框边框；3—黑色边几材质；4—黑色边几腿材质；5—多肉材质；6—抱枕材质；7—沙发钉子材质

① 中间画框玻璃——“挂画2-休息室墙壁”，如图7-122所示。

“反射颜色”修改为“色彩空间——sRGB”；“范围——0-255”；“R-187，G-187，B-187”。

“反射光泽度”修改为1。

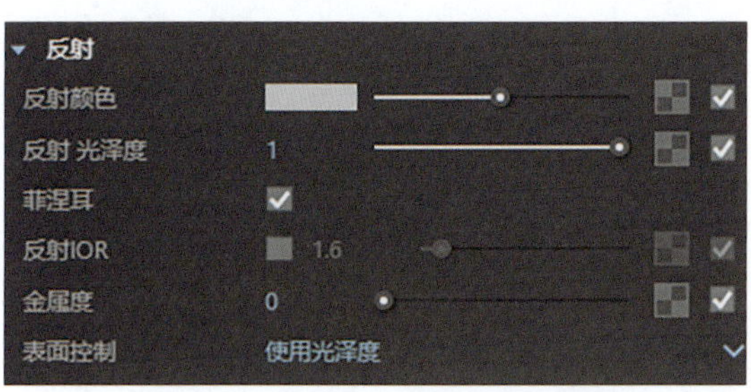

图7-122　“挂画2-休息室墙壁”材质参数

② 中间画框边框——“白亚光漆-吊灯灯罩内壁”，如图7-123所示。

“反射颜色”修改为“色彩空间——sRGB”；“范围——0-255”；“R-187，G-187，B-187”。

“反射光泽度”修改为0.55。

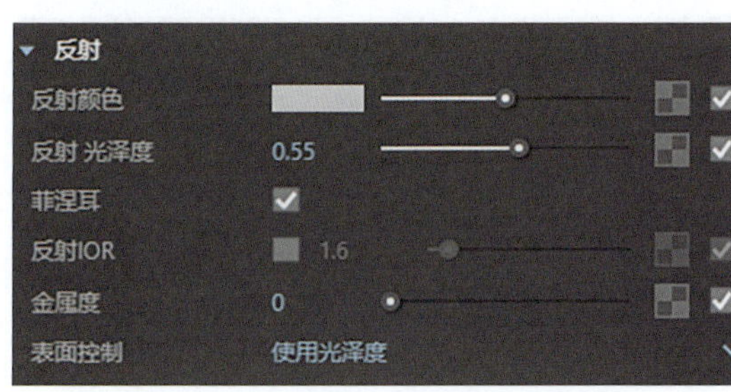

图7-123　“白亚光漆-吊灯灯罩内壁”材质参数

③ 黑色边几材质——“木纹-休息室边几”，如图7-124所示。

“反射颜色”修改为“白色”。

“反射光泽度”修改为0.8。

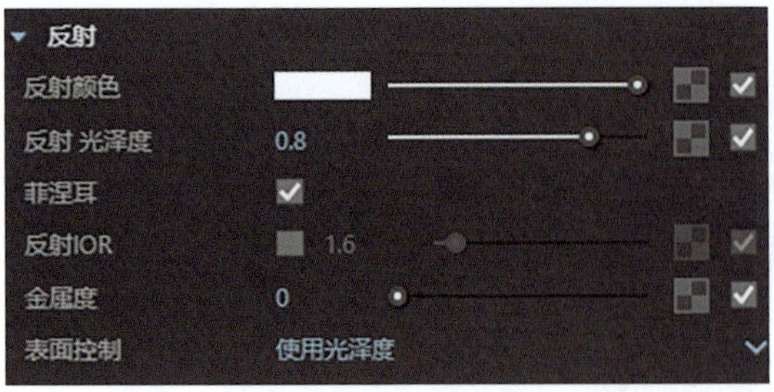

图7-124 “木纹-休息室边几”材质参数

④ **黑色边几腿材质——**“黑亮光金属-休息室边几腿”，如图7-125所示。

“反射颜色”修改为“色彩空间——sRGB”；“范围——0-255”；“R-230，G-230，B-230”。

“反射光泽度”修改为0.6。

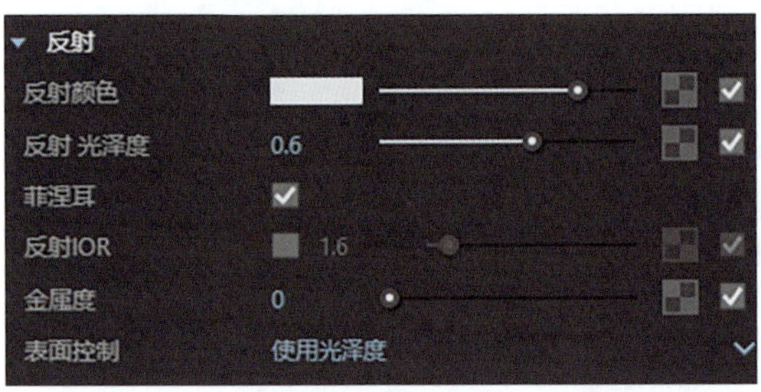

图7-125 “黑亮光金属-休息室边几腿”材质参数

⑤ **多肉材质——**“绿亚光-休息室多肉”，如图7-126所示。

“反射颜色”修改为“色彩空间——sRGB”；“范围——0-255”；“R-240，G-240，B-240”。

“反射光泽度”修改为0.8。

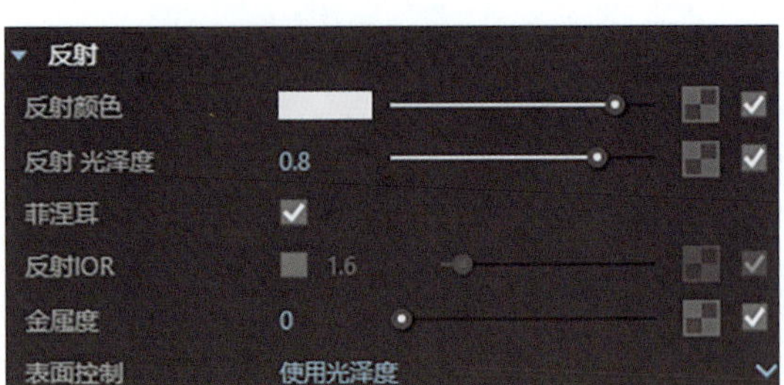

图7-126 “绿亚光-休息室多肉”材质参数

⑥ **抱枕材质——**“布料_A04_棕色_20cm”。

替换为“官方材质库>面料>布料_A04_棕色_20cm”即可。

⑦ **沙发钉子材质——**“黑钢钉-休息室沙发”，如图7-127所示。

“反射颜色”修改为“白色”。

“反射光泽度”修改为0.9。

勾选“反射IOR”，并将反射IOR值修改为4。

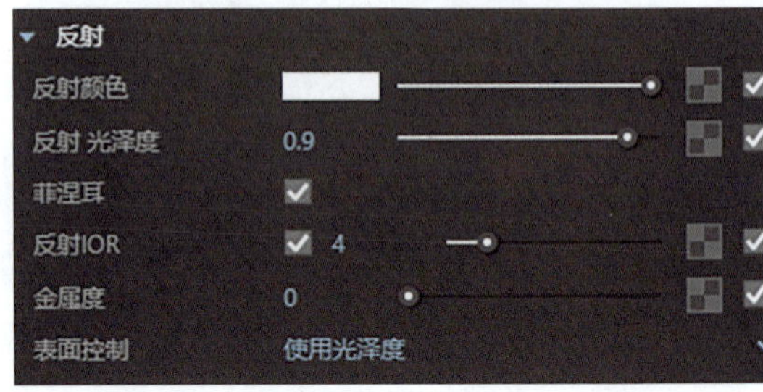

图7-127 “黑钢钉-休息室沙发”材质参数

测试渲染并调整材质参数：在“帧缓存窗口”中单击 开始测试渲染，测试后根据测试渲染结果不断调试各个材质的参数，以达到较为理想的渲染结果。

> △ 提示
>
> 本书调试的参数仅供参考，所有材质调试后，读者可根据计算机实际渲染结果调整灯光和材质的参数。

7.3.6 渲染设置

7.3.6.1 加载灯光参数

关闭当前SketchUp模型后，V-Ray“帧缓存窗口”中“灯光混合”属性栏的灯光参数会被清空重置，因此在灯光和材质测试完成后，最好将“灯光混合”属性栏中的灯光参数加载到“V-Ray资源编辑器”的“灯光列表”中，防止下一次打开模型或者使用其他计算机渲染时出现渲染错误。

操作方法

如图7-128所示，加载“灯光混合”中的灯光参数前，在“V-Ray资源编辑器”的“灯光列表”中，灯光参数均为默认值。

如图7-129所示，单击V-Ray“帧缓存窗口”中“灯光混合”属性栏的“到场景”按钮。

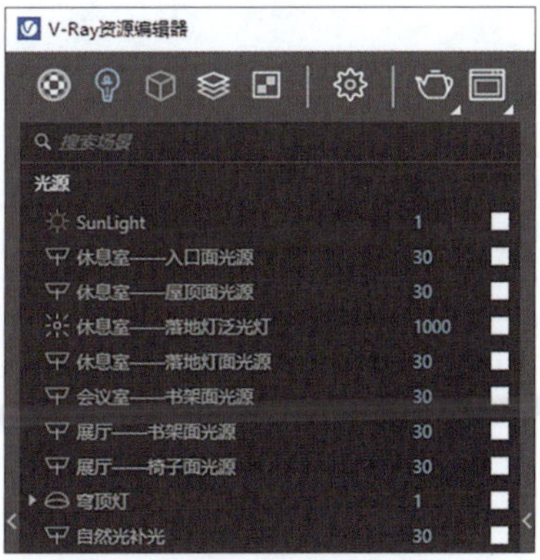

图7-128　加载灯光参数前

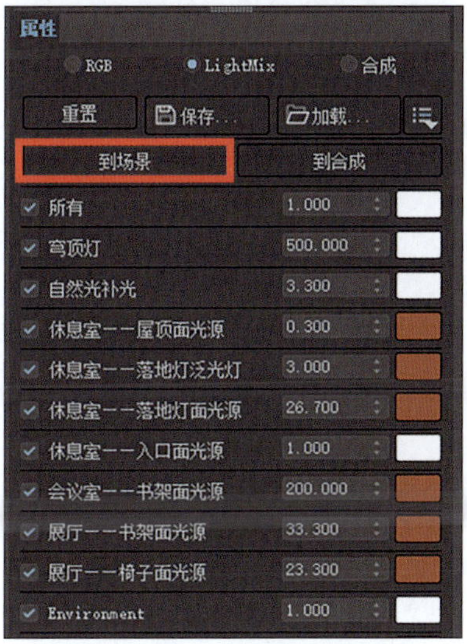

图7-129　加载灯光参数

如图7-130所示，加载“灯光混合”中的灯光参数后，在“V-Ray资源编辑器”的“灯光列表”中，灯光参数均变化为调试后的强度和颜色。

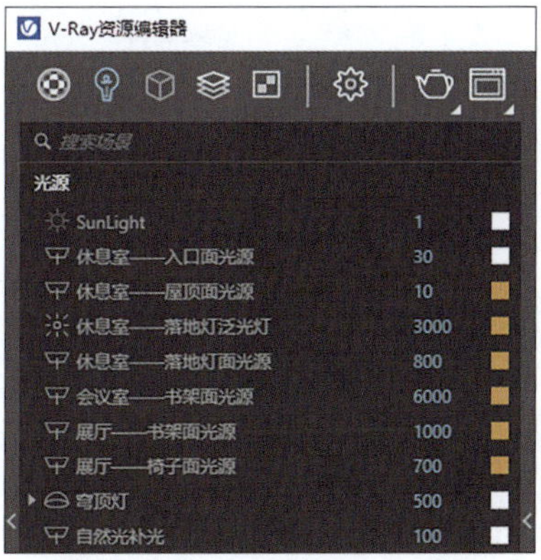

图7-130　加载灯光参数后（微调）

△ 提示

① 灯光参数加载到“V-Ray资源编辑器”的“灯光列表”后，仍可以在“灯光列表”中修改灯光的强度和颜色。

② 如果灯光参数加载缓慢，在SketchUp中执行“保存”的快捷键“Ctrl键+S”，即可快速加载灯光参数。

7.3.6.2　添加渲染元素

为方便后期使用PhotoShop等软件处理渲染图像，需要在正式渲染前添加所有的“渲染元素”。

操作方法

方法 01　如图7-131所示，在“V-Ray资源编辑器”的“渲染元素”图标上单击鼠标右键，依次添加所有的渲染元素即可。

方法 02

步骤 01　如图7-131所示，单击“Import Asset File”的图标（ ）。

步骤 02　弹出“Select a V-Ray Asset File”窗口，选择计算机中的渲染元素“.vrmat”文件，即可将渲染元素文件添加到V-Ray资源编辑器中。

图7-131　添加渲染元素

7.3.6.3 设置渲染参数

正式渲染前，需要设置渲染质量、图像大小、图像类型、文件保存位置等参数。

操作方法

如图7-132所示，在“V-Ray资源编辑器”的“渲染设置”面板中，需设置以下参数。

（1）“渲染引擎”

关闭“渐进式”，即使用“块渲染”。

设置“渲染质量”，依据实际需求调整。

开启“降噪器”。

（2）“渲染输出”

“渲染安全框”，保持开启状态。

“图像宽度/高度”，依据实际需求调整。

“长宽比”，一般在测试渲染前设置，依据实际需求调整。

“方位宽度/高度”，一般在测试渲染前设置，依据实际需求调整。

开启“保存图片”，设置“文件路径”，“文件类型”选择“tif”或“png”。

“Alpha透明通道”选择“单独Alpha透明通道”，“通道的比特”选择“16bits”。

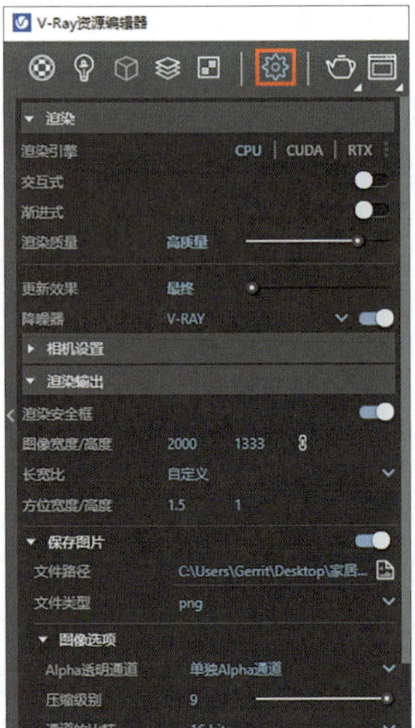

图7-132 渲染设置

7.3.6.4 提交渲染

所有参数调试及设置完成后，为避免意外情况发生，可以先打包项目，再提交渲染。

操作方法

如图7-132所示，在“V-Ray资源编辑器”的“渲染设置”面板中，需设置以下参数。

（1）“打包项目”

执行“扩展程序>V-Ray>Pack Project”的菜单指令，设置项目保存位置并单击“保存”，即可完成项目打包。

（2）“提交渲染”

方法01 使用个人计算机进行渲染

单击 即可开始渲染，渲染过程中请勿关闭当前SketchUp模型，渲染完成后才可以关闭模型，渲染完成后图片自动保存至存储位置。

方法02 使用“炫云”等其他云渲染软件进行渲染

步骤01 在SketchUp中安装“炫云”插件后，执行“扩展程序>炫云>渲染”的菜单指令，等待SketchUp导出并优化模型。

步骤02 如果弹出“多个资源丢失，是否继续”对话框，单击“是”即可。

如果弹出“内存设置”对话框，单击“是”即可。

弹出“云渲染提交成功”对话框，单击“确定”。

步骤03 打开“渲云”客户端，炫云渲染需经过“打包”“上传”“渲染”“下载”四个步骤。

等待炫云“打包”且“上传”完成，“渲染”开始后才可以关闭当前SketchUp模型，或者关闭计算机。此后，用户可以在计算机或手机中查看渲染过程中的截图，渲染完成后炫云将图片自动下载保存至存储位置。

渲染结果：如图7-133所示，渲染完成后共有几十张图片。

“名字.png”是渲染原图，如图7-134所示。

“名字.Denosier.png”是渲染原图降噪后的图片。

其余图片均为渲染元素，包括反射、折射、灯光、渲染ID、材质ID等，以便后期使用PhotoShop等软件处理渲染图像。

图7-133　渲染图像（全部）

图7-134　渲染原图

7.3.7 后期处理

渲染完成后，往往需要使用PhotoShop软件对图像的灯光、材质进行后期处理。

操作方法

将“渲染原图”和若干所需的“渲染元素图”在PhotoShop中打开。

（1）正立面墙体

步骤 01 使用“魔棒”工具，在“渲染ID”图层中选择“墙体”部分，如图7-135中的1，创建出“墙体”选区。

图7-135 渲染ID

步骤 02 在“渲染原图”上方新建空图层，修改图层名称为“白漆”，在“墙体”选区中填充白色。

步骤 03 降低“白漆”图层的不透明度，即可将“墙体”加白，如图7-136所示。

图7-136 墙体加白后

（2）灯光

选择“渲染原图”图层，执行“滤镜>Camera Raw滤镜”菜单指令，在“Camera Raw面板”中调整图像的色相、饱和度、色温、曝光、曲线等参数，使图像颜色、明暗达到较理想状态，如图7-137所示。

> △ 提示
>
> 如需修改某个灯光效果，可使用各个灯光的元素图进行处理和叠加。

因篇幅有限，对于渲染案例“弗里茨汉森家居馆”，本书仅介绍部分后期处理过程。了解更多渲染和PhotoShop处理方法，读者可关注公众号“卓越软件官微”，获取渲染所需的文件，或者观看详细教学视频。

图7-137 图像最终效果